中国城市科学研究系列报告

中国城市科学研究会　主编

中国工程院咨询项目

中国建筑节能年度发展研究报告 2020

2020 Annual Report on China Building Energy Efficiency

（农村住宅专题）

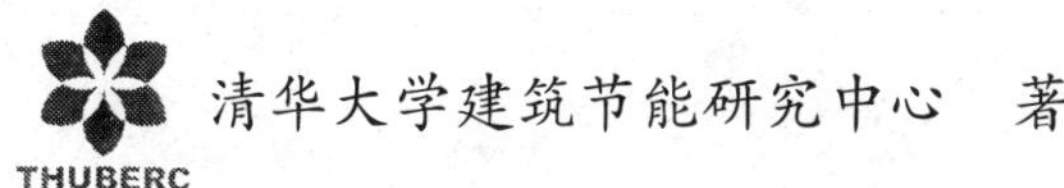

清华大学建筑节能研究中心　著

中国建筑工业出版社

图书在版编目（CIP）数据

中国建筑节能年度发展研究报告. 2020：农村住宅专题/清华大学建筑节能研究中心著. —北京：中国建筑工业出版社，2020.4

ISBN 978-7-112-24901-5

Ⅰ.①中… Ⅱ.①清… Ⅲ.①建筑-节能-研究报告-中国-2020 Ⅳ.①TU111.4

中国版本图书馆 CIP 数据核字（2020）第 034293 号

责任编辑：齐庆梅　张文胜
责任校对：赵　菲

中国城市科学研究系列报告
中国城市科学研究会　主编

中国建筑节能年度发展研究报告 2020（农村住宅专题）

2020 Annual Report on China Building Energy Efficiency

清华大学建筑节能研究中心　著

*

中国建筑工业出版社出版、发行（北京海淀三里河路 9 号）
各地新华书店、建筑书店经销
北京红光制版公司制版
北京同文印刷有限责任公司印刷

*

开本：787×1092 毫米　1/16　印张：15½　字数：266 千字
2020 年 5 月第一版　　2020 年 5 月第一次印刷
定价：**60.00** 元

ISBN 978-7-112-24901-5
（35642）

《中国建筑节能年度发展研究报告 2020》顾问委员会

本 书 作 者

清华大学建筑节能研究中心

江亿，胡姗，郭偲悦，张洋（第1章）

单明（2.1，2.2，3.2，3.3，第4章，6.1.1，6.2.2，7.1，7.4）

丁星利（2.3，7.2）

荣杏（2.4）

邓梦思（3.1）

杨旭东（5.1，5.2，5.3）

马荣江（6.2.1）

李凌杉，刘晓华（6.2.8）

李鹏超，聂亚洲（6.2.10）

陈肖萌（7.6）

特邀作者

商务部电子商务和信息化司	张双奇（4.2）
北京未来蓝天技术有限公司	张静（5.4）
中国建筑西南设计研究院有限公司	冯雅（6.1.2）
北京林业大学	俞国胜（6.2.3）
四川省天惠能源科技有限公司	赖泽民（6.2.4）
北京化工大学	李秀金（6.2.5）
山东大学	董玉平（6.2.6）
中国建筑科学研究院有限公司	李忠，贾春霞，李爱松（6.2.7）
兴悦能（北京）能源科技有限公司	李穆然（6.2.9）
内蒙古建筑科学研究院有限公司	张绍杰，胡博庆，韩涛（6.2.11）
珠海格力电器股份有限公司	林金煌，王现林，邹云辉（7.3）
河北京安生物能源科技股份有限公司	魏永（7.5）

统稿

刘彦青

总　　序

建设资源节约型社会，是中央根据我国的社会、经济发展状况，在对国内外政治经济和社会发展历史进行深入研究之后做出的战略决策，是为中国今后的社会发展模式提出的科学规划。节约能源是资源节约型社会的重要组成部分，建筑的运行能耗大约为全社会商品用能的三分之一，并且是节能潜力最大的用能领域，因此应将其作为节能工作的重点。

不同于“嫦娥探月”或三峡工程这样的单项重大工程，建筑节能是一项涉及全社会方方面面，与工程技术、文化理念、生活方式、社会公平等多方面问题密切相关的全社会行动。其对全社会介入的程度很类似于一场新的人民战争。而这场战争的胜利，首先要“知己知彼”，对我国和国外的建筑能源消耗状况有清晰的了解和认识；要“运筹帷幄”，对建筑节能的各个渠道、各项任务做出科学的规划。在此基础上才能得到合理的政策策略去推动各项具体任务的实现，也才能充分利用全社会当前对建筑节能事业的高度热情，使其转换成为建筑节能工作的真正成果。

从上述认识出发，我们发现目前我国建筑节能工作尚处在多少有些“情况不明，任务不清”的状态。这将影响我国建筑节能工作的顺利进行。出于这一认识，我们开展了一些相关研究，并陆续发表了一些研究成果，受到有关部门的重视。随着研究的不断深入，我们逐渐意识到这种建筑节能状况的国情研究不是一个课题通过一项研究工作就可以完成的，而应该是一项长期的不间断的工作，需要时刻研究最新的状况，不断对变化了的情况做出新的分析和判断，进而修订和确定新的战略目标。这真像一场持久的人民战争。基于这一认识，在国家能源办、建设部、发改委的有关领导和学术界许多专家的倡议和支持下，我们准备与社会各界合作，持久进行这样的国情研究。作为中国工程院“建筑节能战略研究”咨询项目的部分内容，从2007年起，把每年在建筑节能领域国情研究的最新成果编撰成书，作为《中国建筑节能年度发展研究报告》，以这种形式向社会及时汇报。

清华大学建筑节能研究中心

前　　言

今年这本书是在全国人民抗击新型冠状病毒、支援武汉的这样一场全民战争中完成的。抗击新型冠状病毒成为当前的第一大事，建立起科学、有效的全面公共安全防范体系、提高社会治理能力，应该是度量中国社会发展水平的重要标志之一，也是实现中国梦的重要内容。联想到这几年农村清洁取暖工程进展中的方方面面，问题的症结最后也都回到了社会治理能力和管理水平上。希望中华民族通过这样的大灾难提高全民族的防范意识，提高整个社会的治理能力与管理水平。战胜疫情上的付出会在全民族素质的进步上得到回报。

按照计划，今年《中国建筑节能年度发展研究报告》的主题是农村建筑节能。这一主题已出版的年度报告有 2012 和 2016 两版。2016 年出版以农村建筑为主题的节能报告时尚处在全国范围内大规模开展清洁取暖工程的酝酿期。2016 年 12 月习近平总书记在中央财经领导小组第十四次会议上的讲话推动了北方地区清洁取暖工程改造的全面展开。四年来，北方农村建筑用能状况可以说是出现了翻天覆地的变化。

为什么要在农村开展清洁取暖工程？第一，这是建设美丽中国、实现人民所向往的美好生活的重要内容。改革开放以来，中国农村有了巨大变化，老百姓基本解决了吃饭、穿衣和看病问题，但在解决“温饱”问题的“温”字上，多年来却进展缓慢，城乡差别仍在显著拉大。怎样让农民冬天也有温度适宜、空气清洁、居住健康的家，已经成为实现中国社会和谐发展中的重要问题。所以，改善农民冬季室内环境是这一清洁取暖工程的首要任务。第二，是中国能源革命的需要。能源革命的根本任务是改变目前以化石燃料为主的能源结构，建成以可再生能源为主的低碳能源系统，从而应对气候变化的威胁，减少我国能源对外依存度，实现能源的可持续发展。农村建筑用能是发展可再生能源的最佳场合，但面临传统的利用生物质能的方式正在迅速被燃煤替代的困境。在农村率先开始能源革命，再来一场“农村包围城市”，正是时机。第三，是大气环境治理的需要。尽管北方农村直接消耗的燃煤量不到北方燃煤总量的五分之一，但这是以散煤方式燃烧，几乎没有排烟净化措施，所排放的大气污染物接近北方燃煤排放的大气污染物总量的一半，且是在冬季集中排放，所以成为构成北方冬季雾霾现象的主要污染源。四年来的农村清洁取暖改造，使北方冬季大气质量有了明显改善，这是四年来清洁取暖工程最明显的成果。

列出上面的三大目标，是为了强调我们开展农村清洁取暖的“初心”，应该从这三方面来选择农村建筑用能改造的路径，考核、评价我们的清洁取暖改造工作。建立未来新的低碳能源结构，就要把延续百年的以化石能源为基础的能源供给和消费体系改为可再生能源为基础的完全不同的能源体系，这也是能源革命的核心内容。目前技术与经济可行的可再生能源主要是风电、水电、光电和生物质能，我国广大农、牧、林区是生物质材料的主要来源地，同时也具备发展风电、光电最主要的资源条件：空间场地。生物质更是可再生能源体系中最主要的燃料型能源形式。所以，中国的能源革命很可能应该从农村开始。充分采集利用各种废弃的生物质材料，走出清洁高效地利用生物质能源的新路；充分利用好农牧林区空间场地资源，走出发展分布式风光电发展的新路。这种分布式能源的生产系统一定首先解决当地农民的生活用能，而不是先纳入传统上以工业和城镇用能为主要服务对象的商品能系统，然后再按照传统模式通过商品能源供给网络回馈农村。这就是为什么称之为能源革命，就是要改变能源结构：由化石能源＋电力变为生物质能源＋电力；改变能源的生产与输送方式：由集中生产输送煤、气、油和电变为根据资源状况分布式采集生产生物质能与电力；改变能源的终端消费方式：由烧煤、烧气和从网上取电的方式变为烧生物质能＋末端蓄电与需求侧响应的用电方式。这将是人类用能的未来，这将真正实现人类在能源上的可持续发展。从资源与环境条件看，中国的这一伟大革命很可能先在农村发生。中国农村为中国的民主革命迈出了第一步，为中国的改革开放迈出了第一步，现在还将为中国的能源革命再迈出这伟大的第一步！

从这个角度看，农村清洁取暖方式上的各种争论就可以很清楚地辩出是非了。铺设燃气管网，把天燃气送到农村？未来应该是由农村的生物质材料资源产生生物天然气，在满足农民需求的基础上，反哺城市燃气系统；煤改清洁煤方式？除非捕捉烟气中的CO_2，否则燃煤不能作为未来的主要能源形式。而农村分散方式是不可能实现烟气碳捕捉的，所以在农村无论怎样使用燃煤也不可能持久。大力发展农村的生物质能、太阳能、风能资源，结合适当的农网扩容，以空气源热泵等高效取暖设备替代散煤，发展分布式风电、光电，集中的单向电网就必须改变为自发、自用和自储为主，通过电网互通有无，且可双向输电的智能电网。这样一张美好的蓝图看似遥远，但又是中国能源系统未来必须实现的目标，而农村的清洁能源改造正是走向这一目标的最好时机。应该这样来看待中国农村的能源问题：这是中国能源革命这一伟大事业的第一步，也是最重要的一步！

本书汇集的内容距前面讲的这个伟大目标还有不少距离，但事情总有开头，任何事情都是这样从头一步一步走起来的。本书的主要作者杨旭东教授、单明博士等以及他们所带领的团队就是看准了这个方向的起步者。算起来他们进行农村能源问题研究已超过十年，从本书中可以看到十多年的辛勤努力已经开始结出一些令人欣喜的果实。在当前科技界这种唯论文、唯 SCI 的大环境下，他们在农村能源革命方面的成果是回答科学工作者怎样“把论文写在祖国大地上”的一个很好的答卷。国内众多的企业、高校、科研院所协同攻关，在较短时间内推出了低温空气源热泵热风机、低污染高效生物质取暖和炊事炉等适合我国农村实际的革命性产品。这些成果的出现在一定程度上是搭了国家“清洁取暖工程”的车，所以这里也要对积极指导和组织这一重大工程的各级主管部门领导表示感谢，包括住房城乡建设部、科技部、国家发展改革委、国家能源局、财政部、生态环境部、农业农村部等多个部门，也要感谢北京市、河南省鹤壁市、山东省商河县和阳信县、河北省饶阳县和安平县等地方政府领导，勇于尝试和探索符合本地农村实际的清洁取暖技术及创新模式，为我国广大农村地区真正走出一条可持续发展路径提供了宝贵经验和优秀引领。

按照惯例，本书第 1 章是对全国建筑用能状况和建筑节能事业发展的综述。缓解气候变化，大幅度减少用能过程中的碳排放已成为决定能源未来发展的主要因素，为此这一章对全国建筑用能造成的直接和间接的碳排放状况也做了定量分析和估算。经过多年努力，我们已经初步搭建了中国建筑用能和碳排放分析的 CBEM 模型，这些结果主要是依靠这一模型，再结合国家有关部门的统计数据，以及越来越多的微观调查与实测综合汇总所得。这一章的作者和本书的统稿者分别为胡姗博士和刘彦青研究助理，感谢她们的辛勤付出。也要在此感谢所有参加本书编写的清华大学建筑节能研究中心的各位作者及多位特邀作者，正是他们的辛勤工作与精益求精，才能在较短时间内写出这本书。本书还是由中国建筑工业出版社的齐庆梅和张文胜两位编辑负责编辑出版，感谢他们一如既往的支持，正是两位编辑和同事春节期间的努力工作才使得这本书得以按时出版。

本书交稿时中国正处在与新型冠状病毒战斗的关键时刻，全国人民共同行动，支持武汉，打赢防疫战。在本书完成印刷，送到读者手中时，与新型冠状病毒的战斗应该结束了。中国人民又经历了这样一场重大考验，到时候天会更蓝，人会更美。武汉加油！中国加油！

江亿

2020 年元宵节于清华荷清苑

目　　录

第1篇　中国建筑能耗与温室气体排放现状分析

第2篇　农村建筑节能专题

第 1 篇　中国建筑能耗与温室气体排放现状分析

第1章　中国建筑能耗与温室气体排放

1.1　中国建筑领域基本现状

1.1.1　城乡人口

近年来，我国城镇化高速发展。2018年，我国城镇人口达到8.31亿人，城镇居民户数从2001年的1.55亿户增长到约2.99亿户；农村人口5.64亿人，农村居民户数从2001年的1.93亿户降低到约1.48亿户，城镇化率从2001年的37.7%增长到59.6%，如图1-1所示。

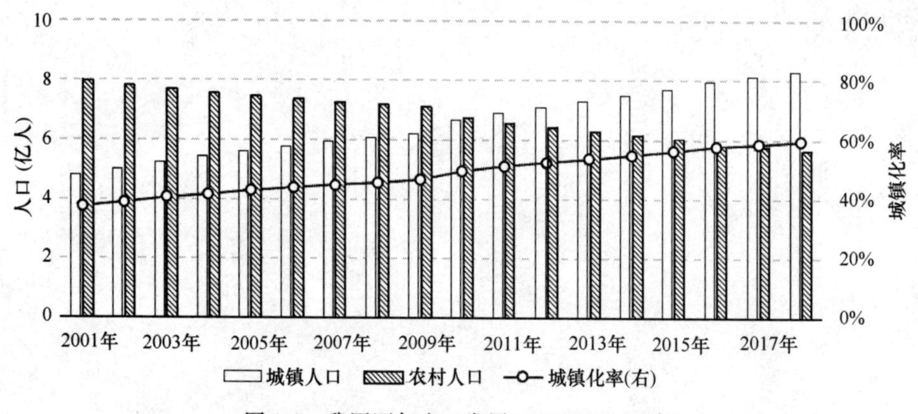

图1-1　我国逐年人口发展（2001～2018年）

大量人口由乡村向城镇转移是城镇化的基本特征，在我国城镇化过程中人口的聚集主要在特大城市和县级城市两端。根据中国城市规划设计研究院原院长李晓江的相关研究，2000～2010年城镇人口增长的41%在超大、特大、大城市，37%在县城和镇❶。近年来，由于大型城市人口过度聚集，进入门槛过高，使得这些城市

❶ 李晓江，郑德高，人口城镇化特征与国家城镇体系构建。

的人口增速都显著降低，2017 年北京、上海的常住人口数甚至出现了下降❶。

农村人口向县城和小城镇转移是我国城镇化进程的另外一极。目前，我国约有 1/4 的人口居住在小城镇，截至 2016 年，我国共有县城 1483 个，建成区总人口 1.55 亿人；建制镇 20883 个，建成区总人口 1.95 亿人，自 2001 年至今，建制镇实有住宅面积从 28.6 亿 m^2 增长到 53.9 亿 m^2，规模翻倍❷。在新型城镇化背景下，我国将持续加大对小城镇的支持力度。目前，受制于经济发展水平和发展理念，目前我国小城镇基础设施、能源系统无论从规划设计还是管理运行层面相对还较为落后，在未来为促进人口城镇化的均衡和实现经济的持续增长，需要进一步重视小城镇在我国城镇化过程中的重要地位。

1.1.2 建筑面积

快速城镇化带动建筑业持续发展，我国建筑业规模不断扩大。从 2006～2018 年，我国建筑营造速度增长迅速，城乡建筑面积大幅增加。分阶段来看（图 1-2），2006～2013 年，我国民用建筑竣工面积快速增长，从每年 14 亿 m^2 左右稳定增长至 2014 年

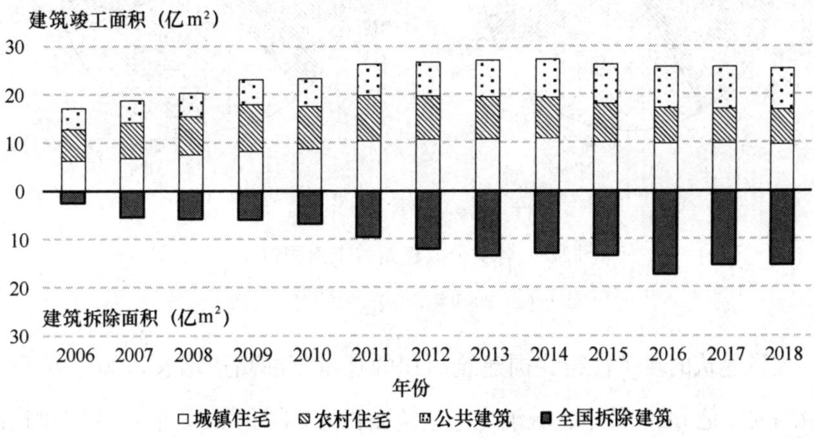

图 1-2 中国各类民用建筑竣工面积及城镇建筑拆除面积（2006～2018 年）❸

❶ 国家统计局，2017、2018 年中国统计年鉴。

❷ 数据来源：住房和城乡建设部，2006～2017 年《中国城乡建设统计年鉴》。

❸ 数据来源：竣工面积来源于《中国统计年鉴 2017》，由于 2017、2018 年未分布固定资产投资口径下的竣工面积，此两年竣工面积参考建筑业企业竣工面积折算，拆除面积来源于模型估算。

的超过 25 亿 m^2；自 2014 年至今，我国民用建筑每年的竣工面积基本稳定在 25 亿 m^2 左右；并且自 2015 年起已经连续多年小幅下降。伴随着大量开工和施工，全国拆除面积从 2006 年的 3 亿 m^2 快速增长，最终稳定在每年 15 亿 m^2 左右。

2018 年我国的民用建筑竣工面积约为 25 亿 m^2，竣工面积中住宅建筑约占 67%，非住宅建筑约占 33%。根据建筑功能的差别，可以将公共建筑分为办公、酒店、商场、医院、学校以及其他等类型，这其中各类型公共建筑在 2001～2017 年期间的竣工面积比例变化不大，以办公、商场及学校为主，2017 年三者竣工面积合计在公共建筑中的占比超过 75%，其中商场占比 31%，办公建筑占比 27%，学校占比 17%。在其余类型中，医院和酒店的占比较小，分别占 5% 和 3%（图 1-3）。

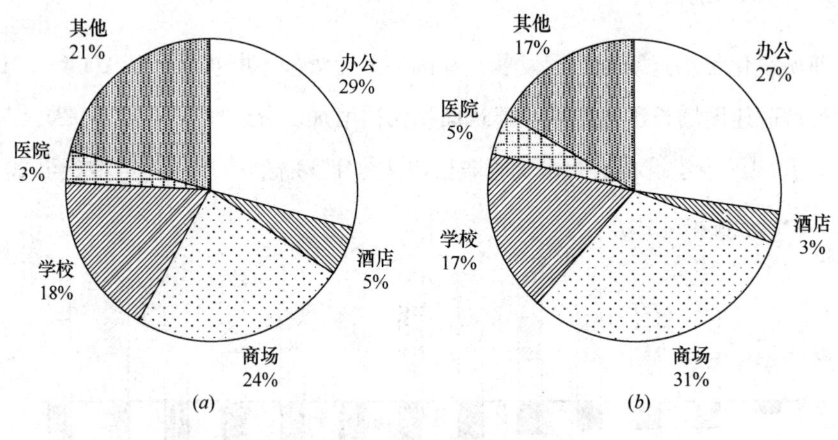

图 1-3 各类公共建筑竣工面积占比

（*a*）2001 年；（*b*）2017 年

每年大量建筑的竣工使得我国建筑面积的存量不断高速增长，2018 年我国建筑面积总量约 601 亿 m^2，其中：城镇住宅建筑面积为 244 亿 m^2，农村住宅建筑面积为 229 亿 m^2，公共建筑面积为 128 亿 m^2，北方城镇供暖面积为 147 亿 m^2（图 1-4）。

对比我国与世界其他国家的人均建筑面积水平，可以发现我国的人均住宅面积已经接近发达国家水平，但人均公共建筑面积与一些发达国家相比还相对处在低位，如图 1-5 所示。在我国既有公共建筑中，人均办公建筑面积已经较为合理，但人均商场、医院、学校的面积还相对较低。随着电子商务的快速发展，商场的规模很难继续增长，但医院、学校等公共服务类建筑的规模还存在增长空间，因此可能

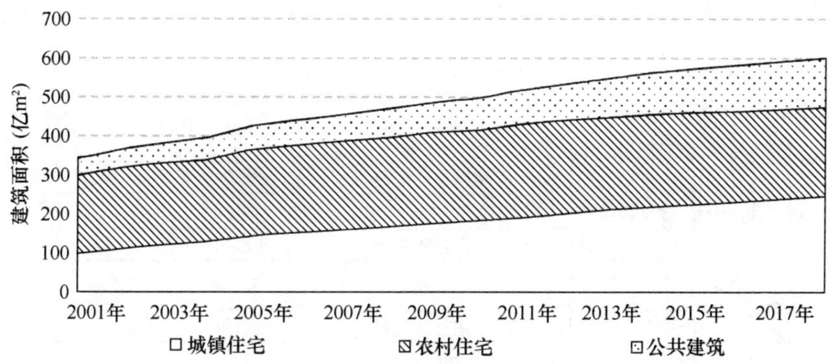

图 1-4 中国总建筑面积增长趋势（2001～2018 年）

数据来源：清华大学建筑节能研究中心估算结果。

是我国下一阶段新增公共建筑的主要分项。此外，其他建筑中包括交通枢纽、文体建筑以及社区活动场所等，预计在未来也将成为主要发展的公共建筑类型。

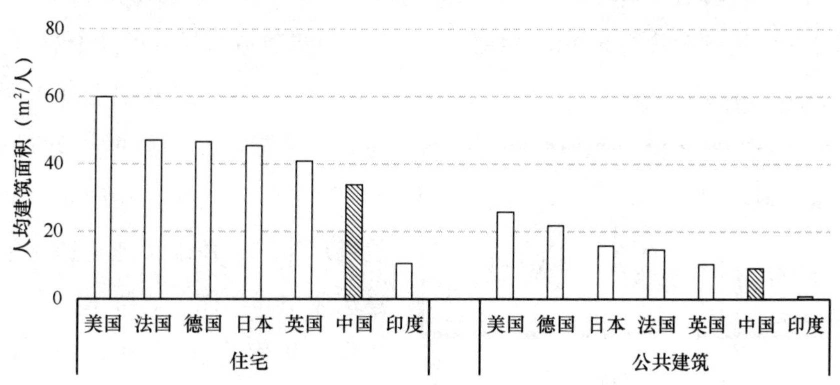

图 1-5 中外建筑面积对比（2017 年）

数据来源：Odyssee Mure 数据库，美国 Energy Information Agency 数据库，日本国土交通省数据库，印度全国抽样调查组织调研报告，Satish Kumar (2019)。❶

1.2 全球建筑领域能源消耗与温室气体排放

建筑领域的用能和排放涉及建筑的不同阶段，包括建筑建造、运行、拆除等，

❶ Satish Kumar et al.. Estimating India's commercial building stock to address the energy data challenge. Building Research & Information, 2019, 47: 24-37.

建筑领域相关的绝大部分用能和温室气体排放都是发生在建筑的建造和运行这两个阶段，因此本书所关注的是建筑的建造和建筑运行使用两大阶段，如图1-6所示。

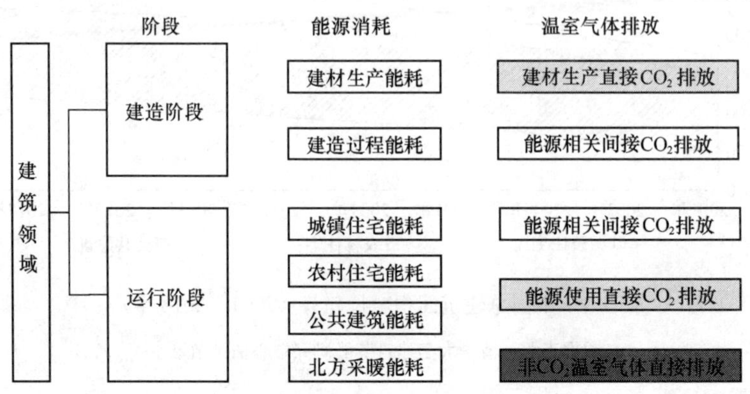

图1-6　建筑领域能耗及碳排放的边界

从能源消耗的角度来讲，建筑领域能源消耗包含建筑建造能耗和建筑运行能耗两大部分。建筑建造阶段的能源消耗指的是由于建筑建造所导致的从原材料开采、建材生产、运输以及现场施工所产生的能源消耗。在一般的统计口径中，民用建筑建造与生产用建筑（非民用建筑）建造、基础设施建造一起归到建筑业中，如图1-7所示。本书基于清华大学建筑节能研究中心的估算，提供了我国建筑业建造能耗/排放和我国民用建筑建造能耗/排放两套数据。

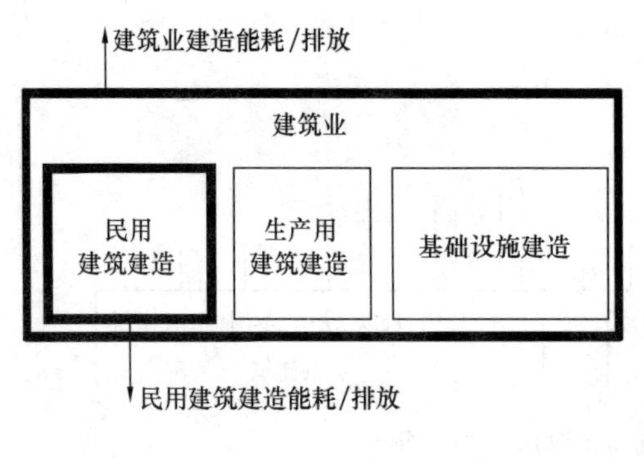

图1-7　建造能耗与排放的边界

建筑运行用能指的是在住宅、办公建筑、学校、商场、宾馆、交通枢纽、文体娱乐设施等建筑内，为居住者或使用者提供供暖、通风、空调、照明、炊事、生活热水，以及其他为了实现建筑的各项服务功能所产生的能源消耗。许多国际能源研究机构在研究全球各国建筑用能时，通常将建筑运行阶段能耗划分为居住建筑用能和非居住建筑用能两大部分。但是这种划分无法体现我国建筑能耗的真实类型及特点。基于对我国建筑用能的长期研究，本书将我国建筑用能分为城镇住宅能耗、农村住宅能耗、公共建筑能耗和北方采暖能耗这四大类，具体定义详见本书第1.3节。

从温室气体排放的角度来看，建筑领域温室气体排放分为建筑建造和运行相关二氧化碳排放，以及建筑运行相关的非二氧化碳温室气体排放。建筑建造相关二氧化碳排放包含建材生产过程和建造过程中的直接 CO_2 排放和间接 CO_2 排放。类似的，建筑运行阶段，也会导致能源使用带来的直接 CO_2 排放，例如供暖锅炉燃煤、燃气导致的直接排放，以及建筑用电所对应的间接 CO_2 排放。除二氧化碳排放以外，建筑运行阶段使用的制冷产品，包括冷机、空调、冰箱等，由于所使用的制冷剂泄露，也是导致全球温升的一种温室气体，因此建筑运行阶段还会带来这部分非 CO_2 温室气体排放。

根据国际能源署（International Energy Agency，IEA）对于全球建筑领域用能及排放的核算结果（图 1-8）：2018 年全球建筑业建造（含房屋建造和基础设施建设）和建筑运行相关的终端用能❶占全球能耗的 35%，其中建筑建造和基础设施建设的终端用能占全球能耗的比例为 6%，建筑运行占全球能耗的比例为 30%；2018 年全球建筑业建造（含房屋建造和基础设施建设）相关二氧化碳排放占全球总 CO_2 排放的 11%，建筑运行相关二氧化碳排放占全球总 CO_2 排放的 28%。

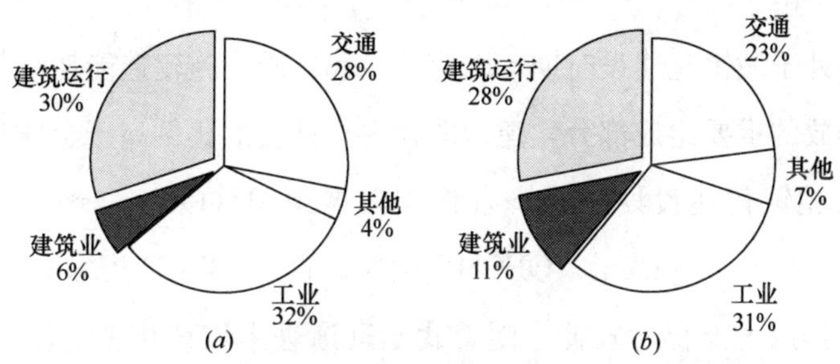

图 1-8 全球建筑领域终端用能及 CO_2 排放（2018 年）

（*a*）能耗；（*b*）CO_2 排放

注：建筑业，包含民用建筑建造、生产性建筑和基础设施建造。

数据来源：International Energy Agency，2019 Global status report for buildings and construction.

根据清华大学建筑节能研究中心对我国建筑领域用能及排放的核算结果：2018

❶ 终端用能，将供暖用热、建筑用电与终端使用的各能源品种直接相加合得到。采用终端用能法表示的建筑运行用能、建筑业用能与采用一次能耗折算方法得到的数值和比例均偏小。

年我国建筑建造和运行用能[1]占全社会总能耗的 36%，与全球比例接近。但我国建筑建造占全社会能耗的比例为 14%，建筑运行占中国全社会能耗的比例为 22%。从 CO_2 排放角度看，2018 年我国建筑建造和运行相关二氧化碳排放占我国全社会总 CO_2 排放量的比例约为 42%，其中建筑建造占比为 22%，建筑运行占比为 20%（图 1-9）。

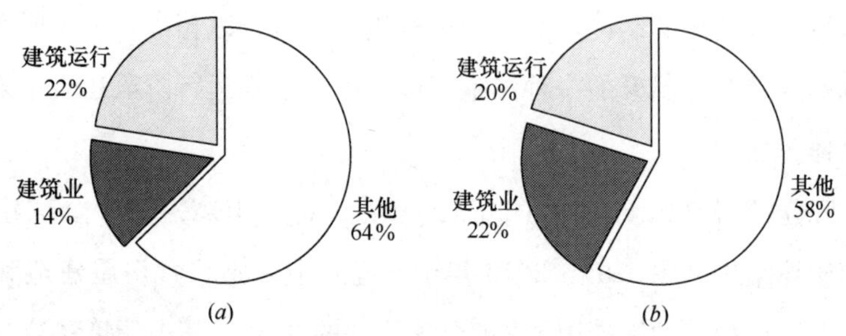

图 1-9　中国建筑领域用能及 CO_2 排放（2018 年）

（*a*）能耗；（*b*）CO_2 排放

注：建筑业，包含民用建筑建造，生产性建筑和基础设施建造。

数据来源：清华大学建筑节能研究中心模型估算。

由于我国处于城镇化建设时期，因此建筑和基础设施建造能耗与排放仍然是全社会能耗与排放的重要组成部分，建造能耗占全社会的比例高于全球整体水平，也高于已经完成城镇化建设期的经济合作与发展组织（Organization for Economic Co-operation and Development，OECD）国家。但与 OECD 国家相比，我国建筑运行能耗与碳排放占比仍然较低。随着我国逐渐进入城镇化新阶段，建设速度放缓，建筑的运行能耗和排放将成为更大的部分。

比较其他国家人均能耗与单位建筑面积能耗（图 1-10），可以看出我国建筑能耗强度目前还低于各 OECD 国家，但差距近年来迅速缩小，但高于印度。考虑我国未来建筑节能低碳发展目标，我国需要走一条不同于其他国家的发展路径，这对于我国建筑领域发展将是极大的挑战。同时，目前还有许多发展中国家正处在建筑能耗迅速变化的时期，我国的建筑用能发展路径将作为许多国家路径选择的重要参

---

[1] 按照一次能耗方法折算，将采暖用热、建筑用电折算为一次能源消耗之后，再与终端使用的各能源品种加合。

考，从而进一步影响全球建筑用能的发展。

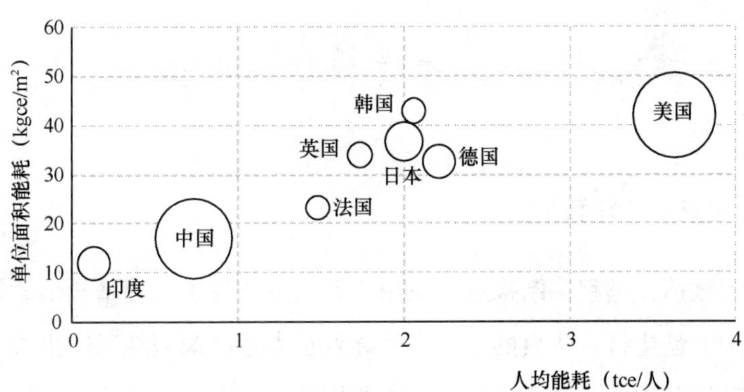

图 1-10 中外建筑能耗对比（2017 年）

注：1. 圆圈大小表示建筑能耗总量。

2. 各国消耗的电力按照我国发电煤耗系数折算为一次能耗。

数据来源：IEA 各国能源平衡表，世界银行 WDI 数据库，Odyssee Mure 数据库，美国 ERI 数据库，日本国土交通省数据库，韩国用能调研报告，印度全国抽样调查组织调研报告，Satish Kumar（2019）❶。

从碳排放来看，各国人均总碳排放与建筑部门碳排放占比如图 1-11 所示。从图中可得，目前我国人均总碳排放显著高于全球水平，建筑部门略高于全球水平，显著高于印尼、印度等国家，显著低于绝大部分发达国家。近年来，我国应对气候变化的压力不断增大，建筑部门也需要实现低碳发展、尽早达峰。如何实现这一目

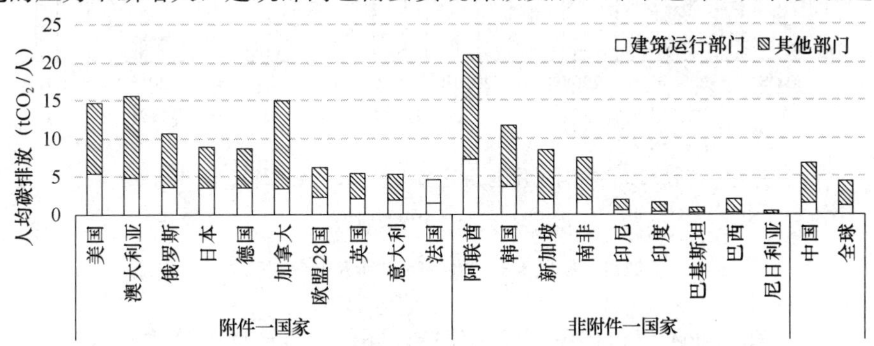

图 1-11 各国人均碳排放情况（2017 年）

数据来源：IEA，2019，CO_2 Emissions from Fuel Combustion 2019 Highlights。

❶ Satish Kumar et al. Estimating India's commercial building stock to address the energy data challenge. Building Research & Information，2019，47：24-37.

标，是建筑部门发展的又一巨大挑战。

1.3 中国建筑领域能源消耗

1.3.1 建筑建造能耗

随着我国城镇化进程不断推进，民用建筑建造能耗也迅速增长。大规模建设活动的开展使用大量建材，建材的生产进而导致了大量能源消耗和碳排放的产生，是我国能源消耗和碳排放持续增长的一个重要原因。

根据清华大学建筑节能研究中心的估算结果，我国民用建筑建造能耗从2004年的2亿 tce 增长到2018年的5.2亿 tce，如图1-12所示。在2018年民用建筑建造能耗中，城镇住宅、农村住宅、公共建筑分别占比为42%、14%和44%。

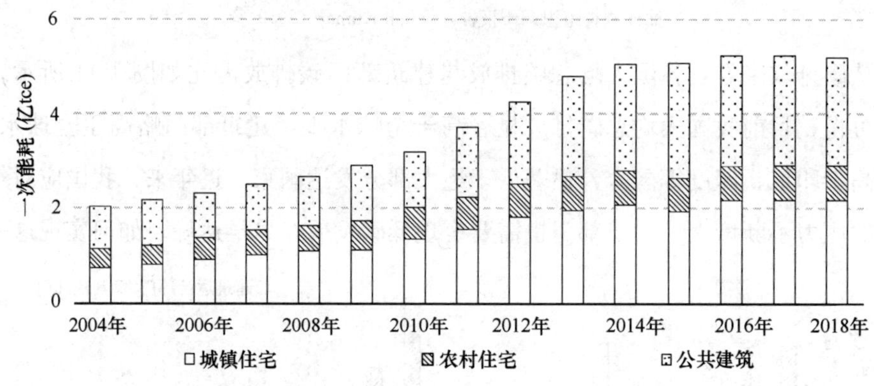

图1-12 中国民用建筑建造能耗（2004～2018年）

注：仅包含民用建筑建造。

数据来源：清华大学建筑节能研究中心估算。

实际上，建筑业不仅包括民用建筑建造，还包括生产性建筑建造和基础设施建设，例如公路、铁路、大坝等的建设。民用建筑的建造能耗约占建筑业能耗的40%。

清华大学建筑节能研究中心对全国建筑业的建造能耗进行了估算[1]，2004～

[1] 估算方法见《中国建筑节能年度发展研究报告2019》附录。

2018 年，我国建筑业建造能耗从接近 4 亿 tce 增长到 12 亿 tce，2018 年建筑业建造能耗（房屋建造与基础设施建设）占全社会一次能源消耗的百分比高达 29%，如图 1-13 所示。建材生产的能耗是建筑业建造能耗的最主要组成部分，其中钢铁和水泥的生产能耗占到建筑业建造总能耗的 80%以上。

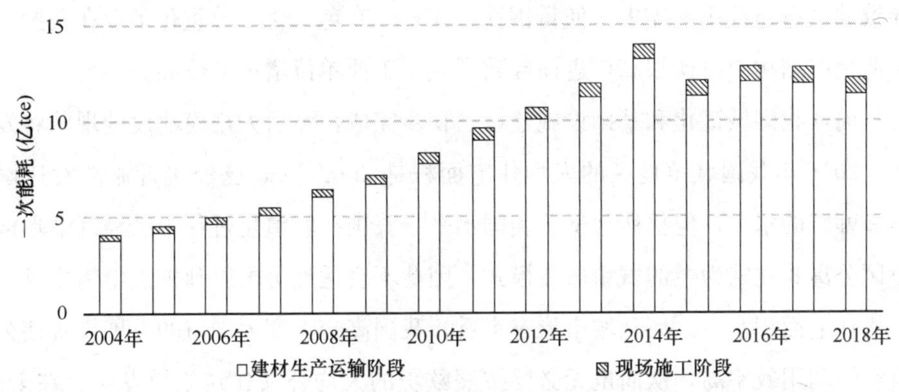

图 1-13 中国建筑业建造能耗（2004～2018 年）[1]

注：建筑业，包含民用建筑建造，生产性建筑和基础设施建造。

数据来源：清华大学建筑节能研究中心估算。

我国快速城镇化的建造需求不仅直接带动能耗的增长，还决定了我国以钢铁、水泥等传统重化工业为主的工业结构，这也是导致我国目前单位工业增加值能耗高的主要原因。目前世界主要发达国家如日本、法国、德国、英国以及其他 OECD 国家工业部门的单位增加值能耗都在 0.1kgce/2010 年不变价美元之下，全球平均的工业部门单位增加值能耗在 0.18kgce/2010 年不变价美元左右，而我国则超过 0.3kgce/2010 年不变价美元，是多数发达国家的 3 倍以上，全球平均水平的近 2 倍[2]。而在我国的工业用能中，钢铁、有色、化工、建材生产用能占到了工业总用能的 67%，多数发达国家钢铁、建材、化工的用能之和都低于 50%，部分国家如英国、美国仅在 30%左右。另一方面，重化工业单位增加值能耗要远高于其他轻工业，例如冶金业、石油工业、化学工业、建材制造业单位增加值能耗分别为 5.5tce/万元、2.8tce/万元、2.6tce/万元、2.1tce/万元，而食品制造业、纺织业、

[1] 由于《中国建筑业统计年鉴 2019》截至本书成稿暂未出版，故 2018 年各类建材消耗量为推算结果。

[2] 能耗数据来源为国际能源署数据库［OL］. http：//www.iea.org，其中各国工业用能为按照电热当量法统计的终端用能，且工业能耗中未包含能源加工转换环节；工业增加值数据来源为世界银行数据库［OL］. https：//data.worldbank.org。

专业设备制造业、计算机通信及电子设备制造业的单位增加值能耗仅为0.30tce/万元、0.45tce/万元、0.24tce/万元、0.20tce/万元。

在我国，有70%的钢铁、90%的建材、20%的有色金属用于建筑与基础设施的建设中，建设耗材生产用能约占我国工业总用能的42%。可见，我国快速城镇化导致的大量建设用材需求，使得钢铁、建材、有色、化工等重化工业在我国现有的工业生产结构中占比很高，进而导致了我国工业单位增加值偏高。

目前，我国城镇化和基础设施建设已初步完成，今后大规模建设的现状将发生转变。2018年我国城镇地区的人均住宅面积是29m^2/人，已经接近亚洲发达国家日本和韩国的水平，但仍然远低于美国水平。我国在城镇化过程中已经逐渐形成了以小区公寓式住宅为主的城镇居住模式，因此不会达到美国以独栋别墅为主模式下的人均住宅面积水平。而从城市形态来看，我国高密集度大城市的发展模式使公共建筑空间利用效率高，从而也无必要按照欧美的人均公共建筑规模发展。在未来，只要不“大拆大建”，维持建筑寿命，由城市建设和基础设施建设拉动的钢铁、建材等高能耗产业也就很难再像以往那样持续增长。因此，在接下来的城镇化过程中，避免大拆大建，发展建筑延寿技术，加强房屋和基础设施的修缮，维持建筑寿命对于我国产业结构转型和用能总量的控制具有重要意义。

1.3.2 建筑运行能耗

本书所关注的建筑运行能耗指的是民用建筑的运行能源消耗，包括住宅、办公建筑、学校、商场、宾馆、交通枢纽、文体娱乐设施等非工业建筑。基于对我国民用建筑运行能耗的长期研究，考虑到我国南北地区冬季供暖方式的差别、城乡建筑形式和生活方式的差别，以及居住建筑和公共建筑人员活动及用能设备的差别，本书将我国的建筑用能分为四大类，分别是：北方城镇供暖用能、城镇住宅用能（不包括北方地区的供暖）、公共建筑用能（不包括北方地区的供暖），以及农村住宅用能，详细定义如下。

（1）北方城镇供暖用能　指的是采取集中供暖方式的省、自治区和直辖市的冬季供暖能耗，包括各种形式的集中供暖和分散供暖。地域涵盖北京、天津、河北、山西、内蒙古、辽宁、吉林、黑龙江、山东、河南、陕西、甘肃、青海、宁夏、新疆的全部城镇地区，以及四川的一部分。西藏、川西、贵州部分地区等，冬季寒冷，也需要供暖，但由于当地的能源状况与北方地区完全不同，其问题和特点也很不相同，需要单独考虑。将北方城镇供暖部分用能单独计算的原因是，北方城镇地区的供暖多为集中供暖，包括大量的城市级别热网与小区级别热网。与其他建筑用能以楼栋或者以户为单位不同，这部分供暖用能在很大程度上与供暖系统的结构形式和运行方式有关，并且其实际用能数值也是按照供暖系统来统一统计核算，所以把这部分建筑用能作为单独一类，与其他建筑用能区别对待。目前的供暖系统按热源系统形式及规模分类，可分为大中规模的热电联产、小规模热电联产、区域燃煤锅炉、区域燃气锅炉、小区燃煤锅炉、小区燃气锅炉、热泵集中供暖等集中供暖方式，以及户式燃气炉、户式燃煤炉、空调分散供暖和直接电加热等分散供暖方式。使用的能源种类主要包括燃煤、燃气和电力。本书考察一次能源消耗，也就是包含热源处的一次能源消耗或电力的消耗，以及服务于供热系统的各类设备（风机、水泵）的电力消耗。这些能耗又可以划分为热源和热力站的转换损失、管网的热损失和输配能耗，以及建筑的最终得热量。

（2）城镇住宅用能（不包括北方城镇供暖用能） 指的是除了北方地区的供暖能耗外，城镇住宅所消耗的能源。在终端用能途径上，包括家用电器、空调、照明、炊事、生活热水，以及夏热冬冷地区的冬季供暖能耗。城镇住宅使用的主要商品能源种类是电力、燃煤、天然气、液化石油气和城市煤气等。夏热冬冷地区的冬季供暖绝大部分为分散形式，热源方式包括空气源热泵、直接电加热等针对建筑空间的供暖方式，以及炭火盆、电热毯、电手炉等各种形式的局部加热方式，这些能耗都归入此类。

（3）商业及公共建筑用能（不包括北方地区供暖用能） 这里的商业及公共建筑指人们进行各种公共活动的建筑，包含办公建筑、商业建筑、旅游建筑、科教文卫建筑、通信建筑以及交通运输类建筑，既包括城镇地区的公共建筑，也包含农村地区的公共建筑。2014 年之前的《中国建筑节能年度发展研究报告》在公共建筑分项中仅考虑了城镇地区公共建筑，而未考虑农村地区的公共建筑，农村公共建筑从用能特点、节能理念和技术途径各方面与城镇公共建筑有较大的相似之处，因此从 2015 年起将农村公共建筑也统计入公共建筑用能一项，统称为公共建筑用能。除了北方地区的供暖能耗外，建筑内由于各种活动而产生的能耗，包括空调、照明、插座、电梯、炊事、各种服务设施，以及夏热冬冷地区城镇公共建筑的冬季供暖能耗。公共建筑使用的商品能源种类是电力、燃气、燃油和燃煤等。

（4）农村住宅用能　指农村家庭生活所消耗的能源，包括炊事、供暖、降温、照明、热水、家电等。农村住宅使用的主要能源种类是电力、燃煤、液化石油气、燃气和生物质能（秸秆、薪柴）等。其中的生物质能部分能耗没有纳入国家能源宏观统计，但是农村住宅用能的重要部分，本书将其单独列出。

本书考察建筑运行的一次能耗。对于建筑使用的电力，本书根据全国平均火力供电煤耗系数转化一次能耗。对于建筑运行导致的对于热电联产方式的集中供热热源，根据《民用建筑能耗标准》GB/T 51161—2016 的规定，按照输出的电力和热量的㶲值来分摊输入的燃料。

本章的建筑能耗数据来源于清华大学建筑节能研究中心建立的中国建筑能耗模型（China Building Energy Model，CBEM）的研究结果，分析我国建筑能耗现状和从 2001～2018 年的变化情况。从 2001～2018 年，建筑能耗总量及其中电力消耗量均大幅增长，如图 1-14 所示。2018 年建筑运行的总商品能耗为 10 亿 tce❶，约占全国能源消费总量的 22%，建筑商品能耗和生物质能共计 10.9 亿 tce（其中生物质能耗约 0.9 亿 tce），具体如表 1-1 所示。

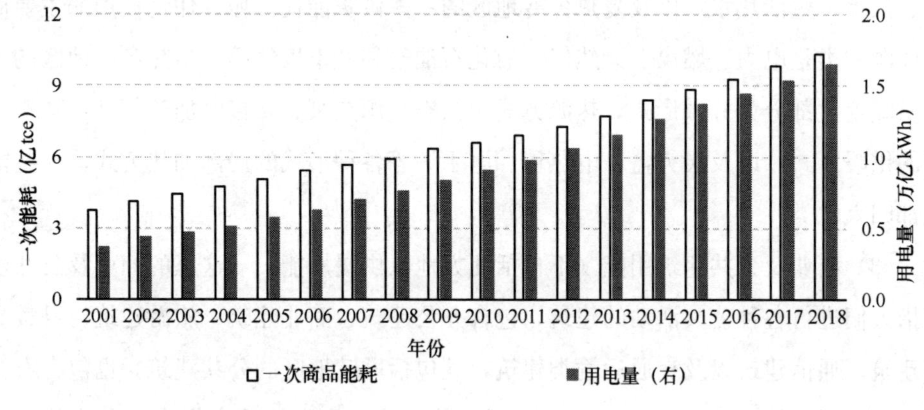

图 1-14　中国建筑运行消耗的一次能耗和电总电量（2001～2018 年）

❶ 本书中尽可能单独统计核算电力消耗和其他类型的终端能源消耗，当必须把二者合并时，2015 年以前出版的《中国建筑节能年度发展研究报告》中采用发电煤耗法对终端电耗进行换算，从《中国建筑节能年度发展研究报告 2015》起采用供电煤耗法对终端耗电量进行换算，即按照每年的全国平均火力供电煤耗把电力消耗量换算为用标准煤表示的一次能耗，本书第 2 章中在计算农村住宅能耗总量时对于电力消耗也采用此方法进行折算。因本书定稿时国家统计局尚未公布 2018 年的全国火电供电煤耗值，故选用 2017 年数值，为 309gce/kWh。

中国建筑能耗（2018 年） 表 1-1

用能分类	宏观参数 （面积或户数）	用电量 （亿 kWh）	商品能耗 （亿 tce）	一次能耗强度
北方城镇供暖	147 亿 m^2	571	2.12	14.4kgce/m^2
城镇住宅 （不含北方地区供暖）	2.98 亿户 244 亿 m^2	5404	2.41	806kgce/户
公共建筑 （不含北方地区供暖）	128 亿 m^2	8099	3.32	26.0kgce/m^2
农村住宅	1.48 亿户 229 亿 m^2	2623	2.16	1460 kgce/户
合计	14 亿人 601 亿 m^2	16697	10	717kgce/人

将四部分建筑能耗的规模、强度和总量表示在图 1-15 中的四个方块中，横向表示建筑面积，纵向表示单位面积建筑能耗强度，四个方块的面积即是建筑能耗的总量。从建筑面积上来看，城镇住宅和农村住宅的面积最大，北方城镇供暖面积约占建筑面积总量的四分之一弱，公共建筑面积仅占建筑面积总量的 1/5 弱，但从能耗强度来看，公共建筑和北方城镇供暖能耗强度又是四个分项中较高的。因此，从用能总量来看，基本呈“四分天下”的局势，四类用能各占建筑能耗的 1/4 左右。

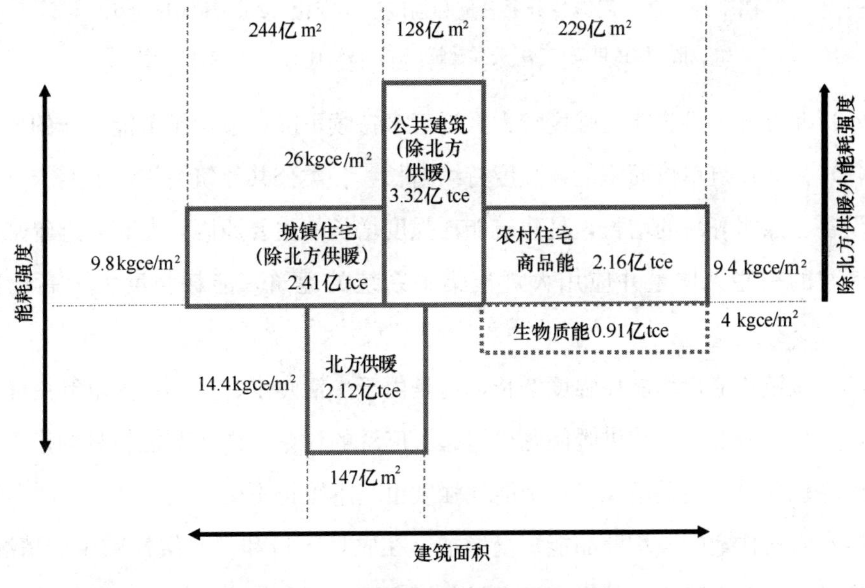

图 1-15 中国建筑运行能耗（2018 年）

近年来，随着公共建筑规模的增长及平均能耗强度的增长，公共建筑的能耗已经成为中国建筑能耗中比例最大的一部分。

2008～2018年，四个用能分项的总量和强度变化如图1-16所示，从各类能耗总量上看，除农村用生物质能持续降低外，各类建筑的用能总量都有明显增长。而分析各类建筑能耗强度，进一步发现以下特点。

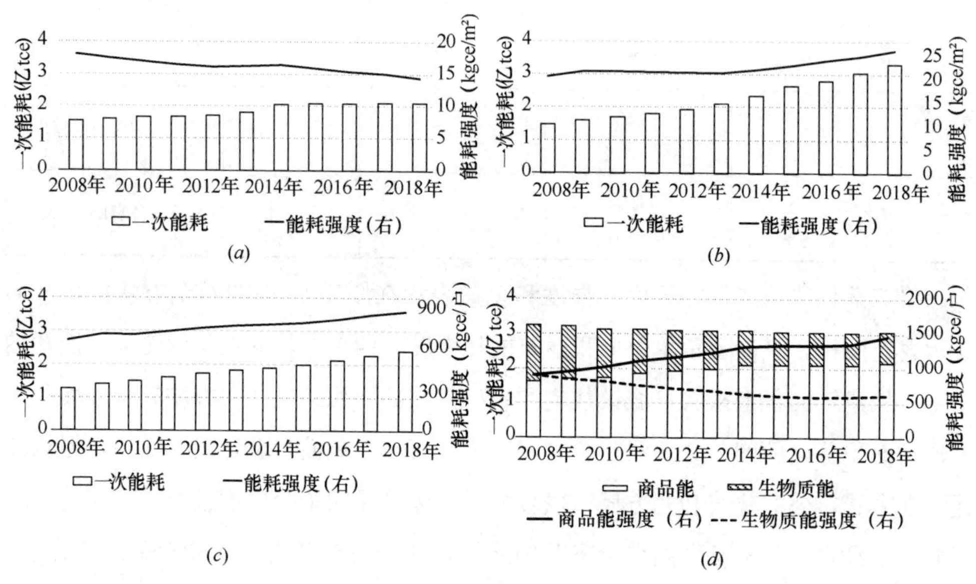

图1-16 建筑用能各分项总量和强度逐年变化（2008～2018年）

（*a*）北方城镇供暖；（*b*）公共建筑；（*c*）城镇住宅；（*d*）农村住宅

（1）北方城镇供暖能耗强度较大，近年来持续下降，显示了节能工作的成效。

（2）公共建筑单位面积能耗强度持续增长，各类公共建筑终端用能需求（如空调、设备、照明等）的增长，是建筑能耗强度增长的主要原因，尤其是近年来许多城市新建的一些大体量并应用大规模集中系统的建筑，能耗强度大大高出同类建筑。

（3）城镇住宅户均能耗强度增长，这是由于生活热水、空调、家电等用能需求增加，夏热冬冷地区冬季供暖问题也引起了广泛的讨论；由于节能灯具的推广，住宅中照明能耗没有明显增长，炊事能耗强度也基本维持不变。

（4）农村住宅的户均商品能缓慢增加，在农村人口和户数缓慢减少的情况下，农村商品能耗基本稳定，其中由于农村各类家用电器普及程度增加和北方清洁取暖

"煤改电"等原因，用电量近年来提升显著。同时，生物质能使用量持续减少，因此农村住宅总用能近年来呈缓慢下降趋势。

1. 北方城镇供暖

2018年北方城镇供暖能耗为2.12亿tce，占全国建筑总能耗的21%。2001～2018年，北方城镇建筑供暖面积从50亿m^2增长到147亿m^2，增加了将近2倍，而能耗总量增加不到1倍，能耗总量的增长明显低于建筑面积的增长，体现了节能工作取得的显著成绩——平均的单位面积供暖能耗从2001年的23kgce/m^2，降低到2018年的14.4 kgce/m^2，降幅明显。

具体来说，能耗强度降低的主要原因包括建筑保温水平提高使得需热量降低，及高效热源方式占比提高和运行管理水平提升。

(1) 建筑围护结构保温水平的提高。近年来，住房城乡建设部通过多种途径提高建筑保温水平，包括：建立覆盖不同气候区、不同建筑类型的建筑节能设计标准体系，从2004年年底开始的节能专项审查工作，以及"十二五"期间开展的既有居住建筑改造。这三方面工作使得我国建筑的保温水平整体大大提高，起到了降低建筑实际需热量的作用。

(2) 高效热源方式占比迅速提高。各种供暖方式的效率不同，总体来看，高效的热电联产集中供暖、区域锅炉方式取代小型燃煤锅炉和户式分散小煤炉，使后者的比例迅速减少；各类热泵飞速发展，以燃气为能源的供暖方式比例增加。同时，近年来供暖系统效率提高显著，特别是"十二五"期间开展的供暖系统节能增效改造，使得各种形式的集中供暖系统效率得以整体提高。

2. 城镇住宅（不含北方供暖）

2018年城镇住宅能耗（不含北方供暖）为2.41亿tce，占建筑总商品能耗的24%，其中电力消耗5404亿kWh。2001年到2018年我国城镇住宅能耗的年平均增长率达到7%，2018年各终端用能途径的能耗总量增长至2001年的3.4倍。

从用能的分项来看，炊事、家电和照明是我国城镇住宅除北方集中供暖外耗能比例最大的三个分项，由于我国已经采取了各项提升炊事燃烧效率、家电和照明效率的政策和相应的重点工程，所以这三项终端能耗的增长趋势已经得到了有效的控制，近年来的能耗总量年增长率均比较低。对于家用电器、照明和炊事能耗，最主要的节能方向是提高用能效率和尽量降低待机能耗，例如：节能灯的普及对于住宅照明节能的成效显著，对于家用电器，有一些需要注意的：电视机、饮水机等待机会造成能量大量浪费的电器，应该提升生产标准，例如加强电视机机顶盒的可控性、提升饮水机的保温水平，避免待机的能耗大量浪费。对于一些会造成居民生活方式改变的电器，例如衣物烘干机等，不应该从政策层面给予鼓励或补贴，警惕这类高能耗电器的大量普及造成的能耗跃增。而另一方面，夏热冬冷地区冬季采暖、夏季空调以及生活热水能耗虽然目前所占比例不高，户均能耗均处于较低的水平，但增长速度十分快，夏热冬冷地区供暖能耗的年平均增长率更是高达50%以上，因此这三项终端用能的节能应该是我国城镇住宅下阶段节能的重点工作，方向应该是避免在住宅建筑大面积使用集中系统，提倡目前分散式系统，同时提高各类分散式设备的能效标准，在室内服务水平提高的同时避免能耗的剧增。

3. 公共建筑（不含北方供暖）

2018年全国公共建筑面积约为128亿 m^2，其中农村公共建筑约有16亿 m^2。公共建筑总能耗（不含北方供暖）为3.32亿 tce，占建筑总能耗的33%，其中电力消耗为8099亿 kWh。公共建筑总面积的增加、大体量公共建筑占比的增长，以及用能需求的增长等因素导致了公共建筑单位面积能耗从2001年的17kgce/m^2增长到26kgce/m^2，能耗强度增长迅速，同时能耗总量增幅显著。

我国城镇化快速发展促使了公共建筑面积大幅增长，2001年以来，公共建筑竣工面积接近80亿 m^2，约占当前公共建筑保有量的79%，即3/4的公共建筑是在2001年后新建的。这一增长一方面是由于近年来大量商业办公楼、商业综合体等商业建筑的新建，另一方面是由于我国全面建设小康社会、提升公共服务的推进，相关基础设施需逐渐完善，公共服务性质的公共建筑，如学校、医院、体育场馆等的规模将有所增加。在公共建筑面积迅速增长的同时，大体量公共建筑占比也显著增长，这一部分建筑由于建筑体量和形式约束导致的空调、通风、照明和电梯等用能强度远高于普通公共建筑，这也是我国公共建筑能耗强度持续增长的重要原因。

4. 农村住宅

2018年农村住宅的商品能耗为2.16亿 tce，占全国当年建筑总能耗的22%，其中电力消耗为2623亿 kWh，此外，农村生物质能（秸秆、薪柴）的消耗约折合0.9亿 tce。随着城镇化的发展，2001～2018年农村人口从8.0亿人减少到5.6亿人，而农村住房面积从人均 26m^2/人增加到 41 m^2/人[1]，随着城镇化的逐步推进，农村住宅的规模已经基本稳定在 230 亿 m^2 左右。

近年来，随着农村电力普及率的提高、农村收入水平的提高，以及农村家电数量和使用的增加，农村户均电耗呈快速增长趋势。例如，2001 年全国农村居民平均每百户空调器拥有台数仅为 16 台/百户，2018 年已经增长至 65 台/百户，不仅带来空调用电量的增长，也导致了夏季农村用电负荷尖峰的增长。随着北方地区“煤改电”工作的开展和推进，北方地区冬季供暖用电量和用电尖峰也出现了显著增长，详见本书第 2.4 节。同时，越来越多的生物质能被散煤和其他商品能源替代，这就导致农村生活用能中生物质能源的比例迅速下降。

作为减少碳排放的重要技术措施，生物质以及可再生能源利用将在农村住宅建筑中发挥巨大作用。在《能源技术革命创新行动计划（2016～2030 年）》中，提出将在农村开发生态能源农场，发展生物质能、能源作物等。在《生物质能发展“十三五”规划》中，明确了我国农村生物质用能的发展目标，“推进生物质成型燃料在农村炊事采暖中的应用”，并且将生物质能源建设成为农村经济发展的新型产业。同时，我国于 2014 年提出《关于实施光伏扶贫工程工作方案》，提出在农村发展光伏产业，作为脱贫的重要手段。如何充分利用农村地区各种可再生资源丰富的优势，通过整体的能源解决方案，在实现农村生活水平提高的同时不使商品能源消耗同步增长，加大农村非商品能利用率，既是我国农村住宅节能的关键，也是我国能源系统可持续发展的重要问题。

近年来随着我国东部地区的雾霾治理工作和清洁取暖工作的深入展开，各级政府和相关企业投入巨大资金增加农村供电容量、铺设燃气管网、将原来的户用小型燃煤锅炉改为低污染形式，农村地区的用电量和用气量出现了大幅增长。关于农村地区电和天然气消耗量的数据详见本书第 2 章。农村地区能源结构的调整将彻底改变目前农村的用能方式，促进农村的现代化进程。利用好这一机遇，科学规划，实现农村能源供给侧和消费侧的革命，建立以可再生能源为主的新的农村生活用能系统，将对实现我国当前的能源革命起到重要作用，关于此内容的探讨详见本书第 4 章和第 5 章。

---

[1] 中国国家统计局，中国统计年鉴 2014. 北京：中国统计出版社，2014。

1.4 建筑领域温室气体排放

1.4.1 建筑建造能耗相关二氧化碳排放

建筑与基础设施的建造不仅消耗大量能源，还会导致大量二氧化碳排放。其中，除能源消耗所导致的二氧化碳排放之外，水泥的生产过程排放[1]也是重要组成部分。2018 年我国建筑业消耗水泥约 22 亿 t，生产过程导致了约 11 亿 t CO_2 的生产过程碳排放。

2018 年我国民用建筑建造相关的碳排放总量约为 18 亿 t CO_2。在这之中，建材生产运输阶段用能相关的碳排放以及水泥生产工艺过程碳排放是主要部分，分别占比 65%和 30%（图 1-17）。

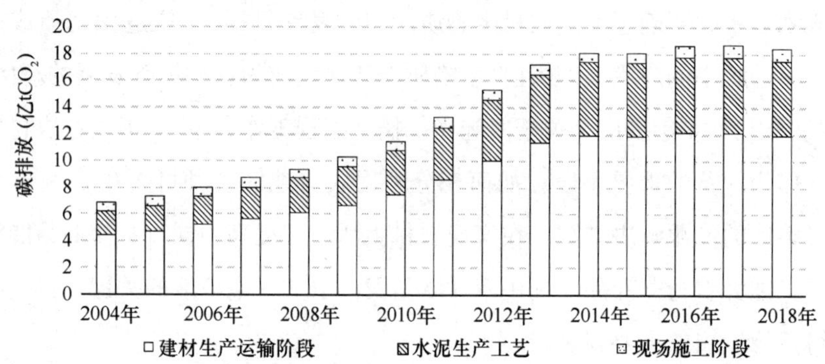

图 1-17 中国民用建筑建造碳排放（2004～2018 年）

注：仅包含民用建筑建造。

数据来源：清华大学建筑节能研究中心估算。

民用建筑建造的碳排放约占我国建筑业建造相关碳排放的 44%。2018 年我国建筑业建造相关的碳排放总量约 41 亿 tCO_2，接近我国碳排放总量的1/2（图 1-18）。

[1] 指水泥生产过程中除燃烧外的化学反应所产生的碳排放。

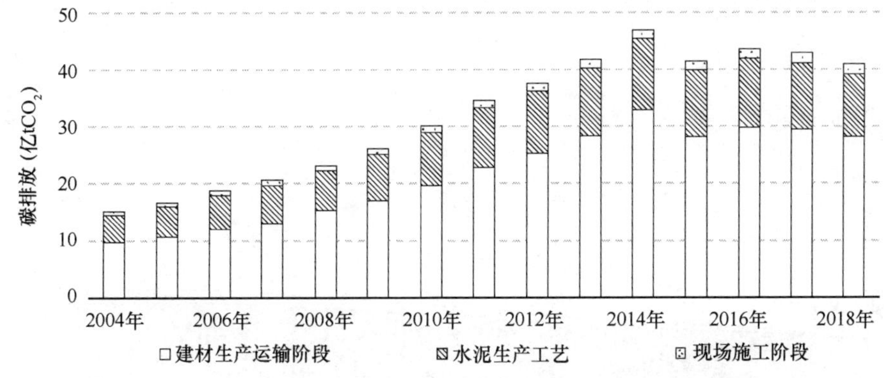

图 1-18 中国建筑业建造二氧化碳排放（2004～2018 年）

注：建筑业，包含民用建筑建造，生产性建筑和基础设施建造。

数据来源：清华大学建筑节能研究中心估算。

1.4.2 建筑运行能耗相关的二氧化碳排放

建筑能耗总量的增长、能源结构的调整都会影响建筑运行相关的二氧化碳排放。建筑运行阶段消耗的能源种类主要以电、煤、天然气为主，其中：城镇住宅和公共建筑这两类建筑中 70%的能源均为电，以间接二氧化碳排放为主，北方城镇中消耗的热电联产热力也会带来一定的间接二氧化碳排放；而北方供暖和农村住宅这两类建筑，能源消耗中使用煤的比例高于电，在北方供暖分项中用煤的比例超过了 80%，农村住宅中用煤的比例约为 60%，这会导致大量的直接二氧化碳排放。随着我国电力结构中零碳电力比例的提升，我国电力的平均排放因子[1]从 2001 年的 771gCO_2/kWh 下降到 2018 年的 553gCO_2/kWh；而电力在建筑运行能源消耗中比例也不断提升，这两方面都显著地促进了建筑运行用能的低碳化发展。

2018 年我国建筑运行的化石能源消耗相关的碳排放为 21 亿 t CO_2，如图 1-19 所示，其中直接碳排放占 50%，电力相关的间接碳排放占 42%，热电联产热力相关的间接碳排放占 8%。2018 年我国建筑运行相关二氧化碳排放折合人均建筑运行碳排放指标为 1.5t/人，折合单位面积平均建筑运行碳排放指标为 35kg/m^2。按照

[1] 2015 年及之前全国平均度电碳排放因子参考《低碳发展蓝皮书》，2015 年之后由于《低碳发展蓝皮书》的数据未继续更新，本书根据蓝皮书中基础数据以及近 3 年来零碳电力比例提升和火力发电效率提升情况折算。

四个建筑用能分项的碳排放占比分别为：农村住宅 23％，公共建筑 30％，北方供暖 26％，城镇住宅 21％。

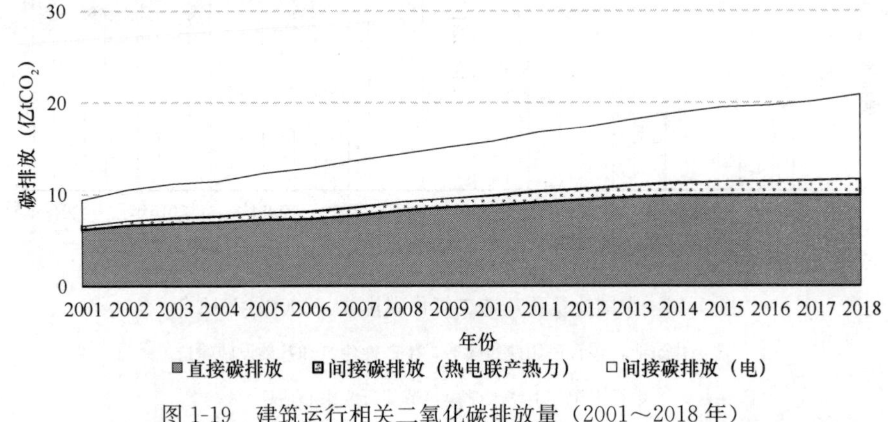

图 1-19　建筑运行相关二氧化碳排放量（2001～2018 年）

将四部分建筑碳排放的规模、强度和总量表示在图 1-20 中的方块图中，横向表示建筑面积，纵向表示单位面积碳排放强度，四个方块的面积即是碳排放总量。可以发现四个分项的碳排放呈现与能耗不尽相同的特点：公共建筑由于建筑能耗强度最高，所以单位建筑面积的碳排放强度也最高，为 49.7$kgCO_2/m^2$；而北方供暖分项由于大量燃煤，碳排放强度次之，为 37.3$kgCO_2/m^2$；农村住宅和城镇住宅单

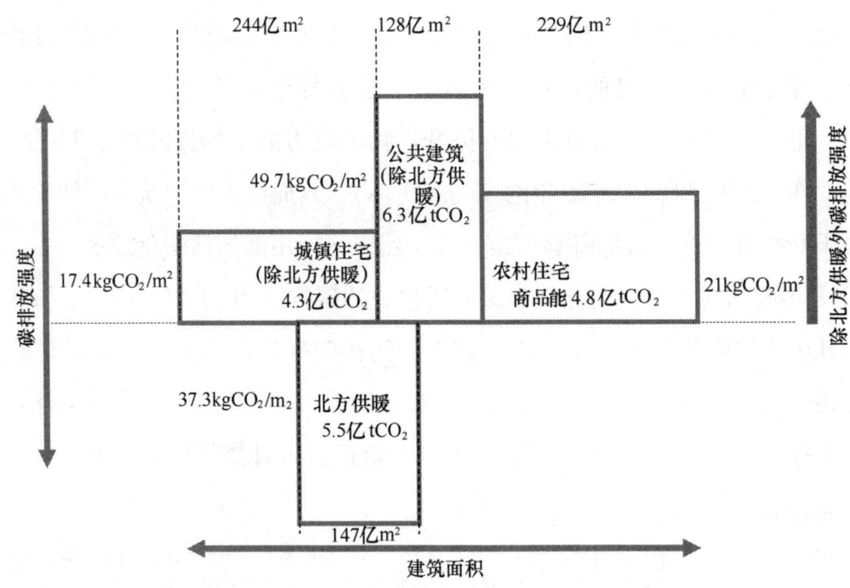

图 1-20　中国建筑运行相关二氧化碳排放量（2018 年）

位面积的一次能耗强度相关不大，但农村住宅由于电气化水平低，燃煤比例高，所以单位面积的碳排放强度高于城镇住宅：农村住宅单位建筑面积的碳排放强度为 $21kgCO_2/m^2$，而城镇住宅单位建筑面积的碳排放强度为 $17.5kgCO_2/m^2$。

1.4.3 建筑领域非二氧化碳温室气体排放

除二氧化碳排放以外，建筑运行阶段使用的制冷产品，包括制冷机、空调、冰箱等，由于所使用的制冷剂泄露，也是导致全球温升的一种温室气体，因此建筑运行阶段还会带来这部分非 CO_2 温室气体排放。氢氟碳化物 HFCs 类物质由于其臭氧损耗潜值为零的特点，曾被认为是理想的臭氧层损耗物质替代品，被广泛用做冷媒。但其全球变暖潜值（Global Warming Performance，GWP）较高，目前也成为建筑领域非二氧化碳温室气体排放的主要来源。HFCs 在建筑领域主要用于空调制冷设备制冷剂的制造，由此所导致的温室气体排放也是我国占比最大的非二氧化碳温室气体排放。根据北京大学胡建信教授的研究结果，2017 年我国由于家用空调和商业空调造成的 HFC 温室气体排放约为 0.8 亿～1 亿 tCO_2-eq[1]，而且近几年快速增长。

值得注意的是，空调制冷装置充灌的冷媒量并不等于当年冷媒的排放总量，这是由于中国 30%以上的空调制冷产品出口，冷媒随之出口；而安装在国内的空调制冷设施的当年冷媒泄漏量也小于当年的总充灌量。这是由于我国建筑的空调制冷装置安装量仍在逐年增加，泄漏量应为总安装量达到平衡之后的年充灌总量。但随着我国家用空调和冰箱增量的减少和更新换代率的降低，以及使用期制冷剂泄漏问题的改善，未来建筑领域非二氧化碳温室气体排放有较大的下降空间。

1.5 中国建筑节能领域政策进展

1.5.1 能源生产与消费革命政策

近年来，能源对外依存度高、气候变化以及环境污染是我国能源领域所面临的

---

[1] 胡建信，中国氢氟碳化物（HFCs）减排情景分析。

重要问题，亟需改变能源的供给与消费结构来减小能源对外依存，破解雾霾问题，实现低碳发展。在此背景下，我国基于对于能源革命形势的精准判断以及指导方针，出台各类政策及工作方案，稳步推进我国能源革命工作的进程。

2014年6月13日，中央财经领导小组第六次会议，研究国家能源安全战略。习近平强调，能源安全是关系国家经济社会发展的全局性、战略性问题，对国家繁荣发展、人民生活改善、社会长治久安至关重要。面对能源供需格局新变化、国际能源发展新趋势，保障国家能源安全，必须推动能源生产和消费革命。在会议上，习近平就推动能源生产和消费革命提出五点要求，即：推动能源消费革命，推动能源供给革命，推动能源技术革命，推动能源体制革命，以及全方位加强国际合作。

在上述方针的指导下，国家发展改革委以及国家能源局在2016年12月印发《能源生产和消费革命战略（2016～2030）》，其中细化了能源“四个革命，一个合作”的战略目标和具体任务，提出了重点领域的十三项重大战略行动，例如全民节能行动，能源消费总量和强度控制行动，煤炭清洁利用行动，非化石能源跨越式发展行动，农村新能源行动等为能源革命具体规划体系和实施方案的制定奠定了基础。

2019年国家发展改革委以及国家能源局等也相继出台多项意见以及行动方案，在能源供给和消费领域推动能源革命的深入落实。2019年3月国家发展改革委和国家能源局发布《关于深入推进供给侧结构性改革进一步淘汰煤电落后产能促进煤电行业优化升级的意见》，提出七类需实施淘汰关停的燃煤机组，促进煤电行业转型升级、结构优化。

2019年5月国家发展改革委和国家能源局发布《关于建立健全可再生能源电力消纳保障机制的通知》，对各省级行政区域设定可再生能源电力消纳责任权重，并提出十三项具体政策措施，促进我国对可再生能源的开发和利用。

2019年6月国家发展改革委7部委联合发布《绿色高效制冷行动方案》提出强化标准引领大幅度提高制冷产品能效水平，提升绿色高效制冷产品供给，促进绿色高效制冷消费，推进节能改造，深化国际合作五项主要任务。

2019年10月国家发展改革委印发《绿色生活创建行动总体方案》，提出通过开展节约型机关创建行动，绿色家庭创建行动，绿色学校创建行动，绿色社区创建行动，绿色出行创建行动，绿色商场创建行动，以及绿色建筑创建行动广泛宣传推广简约适度绿色低碳文明健康的生活理念和生活方式。

1.5.2 全面推进用能方式变革

减小能源对外依存，破解雾霾问题，实现低碳发展，需要彻底改变目前的能源供给结构，从碳基的燃煤为主的能源结构变为可再生能源为主导的低碳能源供给结构，以消除污染物和温室气体排放。另一方面，新的能源供给结构需要有新的能源消费模式，需要彻底改变目前对应于以化石能源为主的能源消费模式，提高电力占比，以适应低碳能源的供给结构。同时，还需要尽可能提高电力系统的灵活性，以实现电力供需之间的匹配。基于对我国能源供给消费现状以及资源禀赋的深入分析（详见《中国建筑节能年度发展研究报告 2019》第 3 章），针对能源供给侧以及工业、交通、建筑三大领域能源消费变革途径的判断如下。

1. 我国未来能源供给侧变革途径

“缺油少气”是我国能源资源的基本现状，同时我国具有世界领先的可再生能源利用技术和煤的清洁利用技术，因而我国不应该按照西方发达国家六十年前的路径通过煤改油气来改善大气环境，再到目前由油气逐渐向低碳能源转型，而应该直接由煤炭跨越到大比例可再生能源与核能的低碳能源结构，从现在开始大力发展可再生能源与核能为主的能源供给系统。

发展以可再生能源与核能为主的能源供给系统，电在终端用能占比要达到 60%以上（按照发电煤耗核算），化石能源约占 20%，生物质能源约占 20%，其中非化石能源在电力中占比要达到 60%以上。可再生电力主要是风电、光电和水电，水电大发展靠水力资源，目前我国待开发的水力资源主要集中在西部青藏高原；而光电、风电则需要大量的土地空间资源，按照我国人口分布状况，胡焕庸线以西才是土地空间资源富足的发展风电光电的区域。在这种情况下，发展可再生能源需要通过发展大功率长距离输电，解决可再生电力在供给侧与需求侧之间空间上的不匹配问题；发展多种储能技术和柔性用电技术，解决可再生电力在时间上与需求的不匹配问题，即电源侧和负荷侧的调峰问题。基于上述判断，能源供给侧变革应着重解决以下问题：

（1）未来不应大规模煤改气。依靠天然气既不满足能源安全的要求，也不能完全解决雾霾问题，天然气系统存在 2%～3%的泄漏，由于其 GWP 为 25，所以可以计算出同样热值下天然气与燃煤排放的温室气体量相同，并不能实现减碳。我国未来的天然气规模应发展到3500亿～4000亿 m^3，除了满足化工原料和一些工业生产特殊应用要求外，利用其清洁、快速、易控的特点，用来解决电力调峰和热力调峰需要，而不应用作大规模农村煤改气、供暖锅炉生产低品位热能。

(2) 在西部可再生能源资源富足地区大力发展风电、光电和水电，通过水电和部分燃煤燃气电厂对风电、光电调峰，除满足当地经济社会发展需要的电力外，通过长途输电系统，将可再生电力“西电东输”和“北电南送”，解决资源与需求地理分布上的不均衡问题，为东部和中部提供可再生电力。

(3) 东部地区发展核电和海上风电，同时接收西部长途输送的电力，在当地通过发展柔性用电负荷解决负荷侧的峰谷变化问题。同时在北方地区保留目前的燃煤火电，用于冬季枯水期水电不足时的电力调峰。在调峰的同时通过热电协同模式的热电联产为北方城镇供热，满足建筑供暖需求。

(4) 在中东部地区大力发展分布式风电、光电，充分利用建筑表面发展光伏，利用城市和农村的零星空地发展风力发电，在山区发展小水电，在农村建成分布式直流微网。

在上述背景下，能源供给侧变革为能源消费侧提出了以下四个方面的要求：(1) 实现能源消费侧电对化石燃料的替代，增大终端用能中电的比例。(2) 从需求侧解决电力供需之间的刚性连接问题，变刚性为柔性。(3) 北方地区冬季供暖热源的提供方式，尽可能用调峰的热电厂余热和工业生产过程排出的低品位余热作为北方城镇建筑的基础热源。(4) 大力开发生物质能源，在解决农村生活用能需求的基础之上，为工业生产和火电提供零碳燃料。

2. 我国未来工业部门能源消费变革途径

以传统重工业为主的工业结构是我国目前单位工业增加值能耗高的主要原因，这是由于我国快速城镇化大量的用材需求所导致的。目前，我国城镇化和基础设施建设已初步完成，今后大规模建设的现状将发生转变，从而带动我国工业产业结构的改变。未来我国工业部门通过结构调整和技术进步，单位工业增加值能耗应接近发达国家水平，能耗总量可控制在5万亿kWh电和12亿tce的直接燃料以内。基于上述判断，工业部门能源消费变革应着重解决以下问题：

(1) 调整工业产业结构，减少钢铁、化工、建材、有色等重工业占比，发展高端制造业，实现工业生产质的提高。

(2) 转变工业生产方式，促进钢铁及有色金属的回收利用。除进口铁矿石之外也应适当增加废钢铁的进口，促进短流程炼钢等技术的发展。从而降低工业生产能耗，增加工业用能中电力的占比。

(3) 将目前的基于碳的工业生产方式转变为基于氢的绿色生产方式，如氢炼钢替代焦炭炼钢，氢化工替代天然气化工等。这些生产流程中还需要补充碳，就可以通过从燃煤燃气电厂排烟中分离出的二氧化碳来提供，这样形成新的碳循环。

(4) 发展工业柔性用电技术，例如可中断性电解铝技术等。对于诸如钢铁、电解铝等高能耗工业生产，利用电力负荷低谷期生产，高峰期停产，通过产品储存代替电能储存，实现工业生产需求侧响应。

3. 我国未来交通部门能源消费变革途径

我国目前的交通运输以货运为主，货运中又以公路货运为主。我国公路货运比例远高于发达国家，提高铁路及水路货运占比是未来交通部门节能降耗，提高电气化水平的重要途径。而客运交通则重点是提高电气化水平。基于上述发展路径，未来交通部门能耗总量可控制在 2.5 万亿 kWh 电和 2.5 亿 t 燃油（约折合 3.5 亿 tce）的直接燃料能耗水平以内。基于上述判断，交通部门能源消费变革应着重解决以下问题：

(1) 大幅度提高货运交通中铁路运输的比例，减少长途重载汽车的运量，加强铁路货运网络建设，提高铁路货运运输能力。同时大力提倡内河航运的电气化，大力建设港口码头的充电系统。铁路、水运、公路三者的货运交通能耗中电力应占70%以上。

(2) 多方面促进城市内客运汽车及小轿车的电气化，大力推广纯电动小轿车，除长途大巴外，客运汽车的电气化水平应提高到 70%以上。

(3) 高度重视充电桩系统的建设，积极发展和推广智能充电桩。充电桩应接入邻近建筑内配电网，充分利用建筑配电容量，利用低负荷期的容量。发展 BV（建筑—汽车）和 BVB（建筑—汽车—建筑）方式，充分挖掘利用电动汽车的电池资源。

4. 我国未来建筑部门能源消费变革途径

尽管近年来我国建筑部门用能增长迅速，但与发达国家相比，我国建筑用能强度尚处于低位。传统节约的建筑使用模式是我国建筑能耗低的重要原因。未来我国建筑用能若按照发达国家模式发展，建筑能耗会在目前的基础上增加3倍以上，因此应当维持目前的使用方式，通过技术创新进一步提高服务水平、降低能耗。另一方面，建筑部门应当积极响应未来能源供给结构的变化，提高电气化水平，大力发展柔性用电方式。这样，未来建筑部门能耗可以控制在3万亿kWh电加上2.5亿tce的直接燃料能耗水平以内。

基于上述判断，建筑部门能源消费变革应着重解决以下问题：

(1) 坚持绿色节约的建筑形式和使用模式。合理引导“部分时间，部分空间”的建筑使用方式，坚持“自然环境为主，机械系统为辅”的建筑设计基本理念，倡导分散优先的空调系统形式，从而控制建筑能耗的增长。

(2) 在建筑领域推进用能方式变革，应通过大力发展建筑光伏一体化、建筑直流配电和分布式蓄电，并与智能充电桩有机结合，实现未来建筑的柔性用电，形成城市新型柔性用电系统。

(3) 北方地区清洁取暖，应充分利用热电联产与工业生产所产生的低品位余热，并形成区域联网，使之成为北方供热的基础热源。

(4) 应大力发展生物质，并优先利用生物质满足农村地区的能源需求，在此基础上多余的生物质可进入商品能领域流通。

(5)“被动房”建筑方式只适合在严寒地区等夏季不炎热的地区，不应在我国夏热冬冷地区推广。区域供冷、热电冷联供系统也属于高能耗方式，且不利于能源供给结构的变革，因此也不应该推广。

第 2 篇　农村建筑节能专题

第 2 章　农村建筑用能现状和清洁取暖进展

2.1　农村相关概念界定

1. 农村

一般也称为乡村。根据 2008 年 7 月国务院批复同意国家统计局与民政部、住房和城乡建设部、公安部、财政部、自然资源部、农业农村部共同制定的《关于统计上划分城乡的规定》（国函〔2008〕60 号）中的规定，以我国的行政区划为基础，以民政部门确认的居民委员会和村民委员会辖区为划分对象，以实际建设为划分依据，将我国的地域划分为城镇和乡村。城镇包括城区和镇区，城区是指在市辖区和不设区的市，区、市政府驻地的实际建设连接到的居民委员会和其他区域；镇区是指在城区以外的县人民政府驻地和其他镇，政府驻地的实际建设连接到的居民委员会和其他区域。与政府驻地的实际建设不连接，且常住人口在 3000 人以上的独立的工矿区、开发区、科研单位、大专院校等特殊区域及农场、林场的场部驻地视为镇区；乡村或农村是指本规定划定的城镇以外的区域。

2. 第一产业

根据《国民经济行业分类》GB/T 4754—2017 中的规定，第一产业是指农、林、牧、渔业，但不含农、林、牧、渔服务业。

3. 农村住宅

农村住宅简称农宅，一般指上有顶，周围有墙，能防风避雨，供人们在其中生活和居住的住宅，一般为有固定基础的住宅，按照各地生活习惯，包括可供人们常年生活和居住的砖瓦房、石头房、窑洞、竹楼、蒙古包等，但不包括船屋。农宅是主要供从事农业生产者居住的宅院，在组成上除一般生活起居部分外，还包括农业生产用房，如农机具存放、家禽家畜饲养场所和其他副业生产设施等。因此，农民住宅既是农民的基本生活空间和重要财产，也是农村生产资料的一部分。

4. 农村常住人口

农村常住人口是指农村地区一年中经常在家或在家居住 6 个月以上，而且经济和生活与本户连成一体的人口。外出从业人员在外居住时间虽然在 6 个月以上，但收入主要带回家中，经济与本户连为一体，仍视为家庭常住人口；在家居住，生活和本户连成一体的国家职工、退休人员也为家庭常住人口。但是现役军人、中专及以上（走读生除外）的在校学生，以及常年在外（不包括探亲、看病等）且已有稳定的职业与居住场所的外出从业人员，不算作家庭常住人口。

5. 农村建筑能耗

农村建筑能耗是指为农村常住人口提供最基本居住功能的建筑空间（如卧室、起居室、厨房、卫生间等）所产生的能源消耗，包括取暖、炊事、生活热水、空调、通风、照明、家用电器等，不包括农村生产活动和交通活动等所产生的能耗。

2.2 农村建筑能耗总量及其结构

在新农村建设工作初期，为充分了解我国农村住宅用能的基础现状，在原农业部等相关机构的支持下，清华大学建筑节能研究中心分别于 2006 年和 2007 年暑期组织了 700 多名师生，在国内首次开展大规模的针对性调研，其覆盖范围包括 24 个省份，共计 150 个县级行政区。调研样本的选取过程如下：首先选取北方和长江流域在内的 24 个省级样本，再从每个省份随机选取 10 个左右的县（市），然后从每个县（市）内随机选取 5～6 个村，每个村内随机选取 5～6 户农户，根据这些样本户的详细入户调研数据，综合各村、镇、县、省农村能源办公室的综合数据，采用“自下而上”统计、“自上而下”校核的方式，获取了农村住宅状况、不同能源使用类别、能耗量等第一手资料。该部分的详细调研结果及分析可参见《中国建筑节能年度发展研究报告 2012》。

从 2005 年开始，随着新农村建设的推进和农民生活水平的提高，以及国家全面建设小康社会、美丽乡村建设等的实施，对农村住宅及能耗产生了新的影响。为进一步了解其后近 10 年我国不同地区农村住宅能耗变化情况，以及社会普遍关注的农村用能对室外大气环境污染的影响问题，在科技部、北京市科委的支持下，清华大学建筑节能研究中心联合北京市可持续发展促进会于2015年暑期再次组织实施了较大规模的我国农村能源环境综合调研活动。共有21支调研队伍、近200余名师生在经过统一培训后参与了此次调研活动，调研方法和组织方式与2006年和2007年全国大规模调研相类似，依然采用省、县、村三级采样的方式，覆盖范围包括了北方地区的北京、天津、河北、山东、陕西、黑龙江、辽宁、内蒙古、甘肃、宁夏和青海共计11个省份，以及南方地区的浙江、江苏、安徽、江西、湖南、重庆、四川、福建、云南和贵州共10个省份。调研内容主要包括：农村住宅能源的消耗量和具体比例现状；农村可再生能源利用现状和发展趋势；农村住宅和生活用能（包括房屋取暖、炊事、空调降温等）状况；生态环境和资源综合利用状况；农村经济、技术信息、产业发展等方面的现状和需求等方面。该部分的详细调研结果及分析可见《中国建筑节能年度发展研究报告2016》。

随着近两年北方清洁取暖工作的不断推进，国家相继出台多项清洁取暖政策（详见本章第2.4节），对农村能源消费总量和结构都产生了比较大的影响。例如国家十部委发布的《北方清洁取暖规划2017—2021》指出，到2019年北方地区清洁取暖率总体达到50%，替代散烧煤（含低效小锅炉用煤）7400万t，其中“2+26”重点城市城区清洁取暖率要达到90%以上，县城和城乡接合部达到70%以上，农村地区达到40%以上。其他地区、城市城区清洁取暖率达到60%以上，县城和城乡接合部清洁取暖率达到50%以上，农村地区清洁取暖率达到20%以上。到2021年，北方地区清洁取暖率总体达到70%，替代散烧煤（含低效小锅炉用煤）1.5亿t。其中“2+26”重点城市城区全部实现清洁取暖，35蒸吨以下燃煤锅炉全部拆除；县城和城乡接合部清洁取暖率达到80%以上，20蒸吨以下燃煤锅炉全部拆除；农村地区清洁取暖率60%以上。本节以2018年为时间节点，对我国北方地区尤其涉及“2+26”试点城市的农村能耗情况进行统计分析。

2.2.1 农村住宅建筑能耗现状

以调研样本所得到的各省份平均指标为基准，采用《中国统计年鉴2019》所提供的各省（自治区、直辖市）农村人口数量、户数等参数进行推算，得到目前我国每年农村生活用能总量约为3.11亿tce，其中包括用于取暖、炊事（含生活热水）、空调、生活用电（包括照明和各类家电）的能耗，统计的能源种类包括：煤炭（散煤、蜂窝煤）、液化石油气、电力、天然气等商品能，以及以木柴和秸秆为主的非商品能。其中电力是按照当年火力供电煤耗计算法折合为千克标准煤（kgce），其他各类能源都根据燃料的平均低位发热量进行折算❶。如表 2-1 所示，农村建筑用能中商品能煤炭为 1.59 亿 t（折合 1.13 亿 tce）、液化石油气 916 万 t（折合 0.16 亿 tce）、电 2623 亿 kWh（折合 0.81 亿 tce），天然气 55.4 亿 m^3（折合 0.067 亿 tce），商品能总量合计 2.16 亿 tec；非商品能生物质（包括薪柴和秸秆）总量为 1.68 亿 t（折合 0.94 亿 tce），商品能和非商品能分别占到 69.6% 和 30.4%。

2018 年我国农村生活用能不同种类能源消耗量 表 2-1

省份	常住人口数（万人）	年实物消耗量						折合标煤量（万 tce）		
		煤炭（万 t）	液化气（万 t）	电能（亿 kWh）	薪柴（万 t）	秸秆（万 t）	天然气（亿 m^3）	商品能	非商品能	总量
北京	291	65.5	9.0	64.9	24	15.7	1.6	281.9	22	303.9
天津	263	79.3	4.8	24.0	1.6	23.9	4	187	13	200
河北	3292	640.7	13.3	112.8	13.9	248.6	21	1080	133	1213.2
山西	1546	1899	2.3	31.0	46.3	634.8	8.6	1552	345	1897
内蒙古	945	1161.7	31.7	51.9	17.1	138.3	—	1039	79	1118
辽宁	1391	742.4	30.1	76.5	308.3	1155	—	815	762	1577
吉林	1148	367.7	5.4	17.2	204.7	526	—	323.5	386	709.5
黑龙江	1505	1015	11.5	30.5	1487	922.7	—	834.7	1353	2188
上海	288	—	16.9	20.8	3.4	6.8	—	93.2	5	98.2
江苏	2447	307.6	80.0	342.4	254.6	48.7	—	1413	177	1590
浙江	1784	233	64.2	142.3	196.6	124.8	—	714.9	180	894.9
安徽	2865	280.8	83.0	141.4	993.7	109	—	778.2	651	1429
福建	1347	36.2	32.1	147.4	498.3	1	—	536.1	299	835.1
江西	2044	331.5	44.3	95.3	626.2	101.5	—	605.6	426	1032
山东	3900	707.3	49.5	209.7	819	343.2	3.5	1277	663	1940
河南	4638	1559	23.9	124.1	181.4	156.5	0.5	1537	187	1724
湖北	2349	337.6	16.0	57.7	326.1	22.1	—	445.2	207	652.2
湖南	3034	466	94.2	127.5	400.3	46.8	—	886.1	264	1150
广东	3324	188.3	72.3	95.3	336.6	161.8	—	551.8	283	834.8
广西	2452	212.7	2.3	110.4	383.9	12	—	496.1	236	732.1
海南	382	43.3	1.0	9.7	26.4	12.7	—	62.4	22	84.4
四川（含重庆）	5059	471.7	193.0	303.5	1498	551.1	—	1601	1174	2777

❶ 1kWh 电＝0.309kgce，1kg 煤炭＝0.71kgce，1kg 液化石油气＝1.71kgce，1kg 木柴＝0.6kgce，1kg 秸秆＝0.5kgce，1m^3 天然气＝1.21kgce。

续表

省份	常住人口数（万人）	年实物消耗量						折合标煤量（万 tce）		
		煤炭（万 t）	液化气（万 t）	电能（亿 kWh）	薪柴（万 t）	秸秆（万 t）	天然气（亿 m^3）	商品能	非商品能	总量
贵州	1889	928.2	10.1	90.1	424.6	34.6	—	954.8	272	1227
云南	2521	13.6	3.7	65.8	643.3	202	—	219.3	487	706.3
西藏	237	—	0.0	6.5	221.4	—	—	20.1	133	153.1
陕西	1618	1177	13.9	71.6	89.2	209.2	16.1	1275	158	1433
甘肃	1379	918.8	4.3	20.7	46.5	82.6	—	723.6	69	792.6
青海	275	204.5	1.3	8.9	248.3	97.3	—	174.8	198	372.8
宁夏	283	128.9	0.6	10.1	254.2	152	—	123.7	229	352.7
新疆	1221	1388	1.2	13.5	20	26.3	—	1029	25	1054
北方	23932	12054	203	874	3982	4732	55.4	12277	4756	17033
南方	31775	3851	713	1749	6612	1435	—	9361	4685	14046
总计	55707	15905	916	2623	10594	6167	55.4	21638	9441	31079

注：因我国港澳台地区传统农村较少，此表未进行统计。

图 2-1 是我国农村住宅户均全年生活用能情况，从中可以看出，北方地区由于冬季取暖需要，其能耗普遍要高于南方地区（贵州省由于其山区较多，属于寒冷地区，冬季也有取暖需求，而且取暖、炊事方式是以薪柴等生物质的直接低效燃烧为主，所以能耗较高）。其中青海、黑龙江以及宁夏由于地处严寒地区，取暖负荷较大，户均能源消耗量超过 4tce/a。

从图 2-1 中给出的我国农村住宅建筑用能的消费结构可以看出，北方地区商品能占生活用能的比例普遍较高。其中河北、河南、甘肃、天津、北京、陕西、新疆、内蒙古、山西等地的商品能消耗比例超过了 80%，吉林、宁夏、黑龙江、青海等地由于薪柴和秸秆等生物质资源相对丰富，非商品能所占比例超过了 50%，明显高于其他省份。整个北方地区商品能（包括散煤、蜂窝煤、液化石油气、电能、天然气）和生物质能（薪柴和秸秆）的比例分别为 72.1%和 27.9%。

南方地区中上海、海南、浙江、湖南、江苏、贵州等地的农村商品能消耗比例较高，超过了 70%，其他省份相对较低，其中江西最低，只有不到 30%。整个南方地区商品能和生物质能的消耗比例分别为 66.6%和 33.4%，与北方地区相比，南方地区农村生活用能中，生物质能仍然占有较高的比例。在可再生能源利用方面，通过调研发现目前农户对秸秆的处理方式主要是用作取暖或炊事的生活燃料、

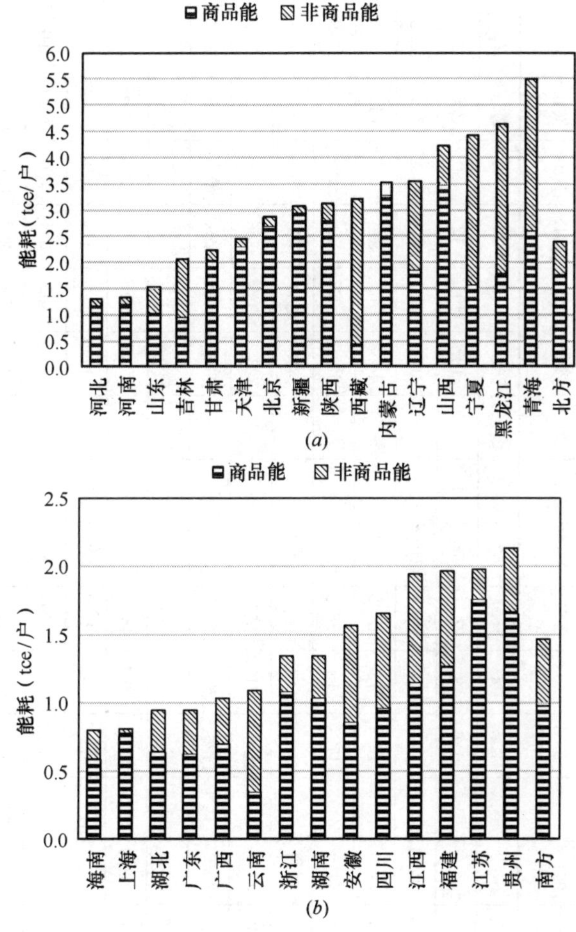

图 2-1 我国农村地区户均生活用能情况

(a)北方省份农村户均用能；(b)南方省份农村户均用能

注：1. 图中四川的数据是由四川和重庆两地合并得到的（下文同）。

2. 因我国港澳台地区传统农村较少，此图未进行统计。

深耕还田和就地焚烧，其中用作生活燃料时主要还是直接粗放式燃烧为主，效率低；其次农户就地焚烧秸秆现象仍然存在，不仅造成资源浪费，还会导致严重的室外空气污染和雾霾天气。

2.2.2 北方农村清洁取暖工作对农村能耗整体影响

表 2-2 给出了 2014 年和 2018 年我国农村生活用能不同种类能源消耗量的对比情况，从中可以看出，由于农村人口的减少，以及用能方式改变和用能效率提高等

2018年和2014年我国农村生活用能不同种类能源消耗总量对比 表2-2

省份	总人口数（万人）		总建筑面积（亿 m^2）		年实物消耗量												折合标煤量（万 tce）					
					煤炭（万 t）		液化气（万 t）		电能（亿 kWh）		薪柴（万 t）		秸秆（万 t）		天然（亿 m^3）		商品能		非商品能		总量	
	2018	2014	2018	2014	2018	2014	2018	2014	2018	2014	2018	2014	2018	2014	2018	2014	2018	2014	2018	2014	2018	2014
北京	291	294	1	1.5	65.5	571	9.0	18.4	64.9	56.4	24	96	15.7	63	1.6	—	281.9	612	22	88	303.9	700
天津	263	269	0.7	0.8	79.3	196	4.8	7.7	24.0	12.7	1.6	3	23.9	54	4	—	187	191	13	30	200	221
河北	3292	3741	12.4	13.6	640.7	1631	13.3	25.6	112.8	92.7	13.9	34	248.6	610	21	—	1080	1481	133	342	1213.2	1823
山西	1546	1686	4.8	5.8	1899	2609	2.3	2.6	31.0	19.5	46.3	72	634.8	878.9	8.6	—	1552	1925	345	483	1897	1983
内蒙古	945	1014	2.5	2.6	1162	1226	31.7	27.9	51.9	44.5	17.1	18	138.3	146	—	—	1039	1068	79	181	1118	1249
辽宁	1391	1447	4.4	4.5	742.4	797	30.1	27	76.5	66.8	308.3	331	1155	1240	—	—	815	833	763	819	1577	1652
吉林	1148	1244	2.6	3.1	367.7	388	5.4	4.8	17.2	14.8	204.7	216	526	555	—	—	323.5	335	386	407	709.5	742
黑龙江	1505	1609	3.7	3.9	1015	1406	11.5	13.3	30.5	34.4	1486.5	2059	922.7	1278	—	—	834.7	1139	1353	1875	2188	3014
上海	288	252	1.2	1.7	—	—	16.9	12.4	20.8	14.9	3.4	3	6.8	6	—	—	93.2	73	5	5	98.2	78
江苏	2447	2769	14.8	15	307.6	354	80.0	76.6	342.4	320.4	254.6	293	48.7	56	—	—	1413	1428	177	203	1590	1631
浙江	1784	1935	12.5	11.9	233	224	64.2	51.4	142.3	111.2	196.6	189	124.8	120	—	—	714.9	611	180	173	894.9	784
安徽	2865	3093	10.7	10.1	280.8	219	83.0	53.9	141.4	89.7	993.7	775	109	85	—	—	778.2	435	651	507	1429	942
福建	1347	1454	7.8	8.8	36.2	38	32.1	28	147.4	125.8	498.3	523	1	1	—	—	536.1	484	300	315	835.1	799
江西	2044	2261	9.6	11.4	331.5	343	44.3	38.2	95.3	80.2	626.2	648	101.5	105	—	—	605.6	572	427	442	1032	1014
山东	3900	4404	15.4	17.7	707.3	905	49.5	49.2	209.7	170.4	819	1019	343.2	427	3.5	—	1277	1286	663	825	1940	2111
河南	4638	5171	18	18.4	1559	1846	23.9	20.9	124.1	76.3	181.4	205	156.5	185	0.5	—	1537	1613	187	216	1724	1829
湖北	2349	2578	11.8	14.1	337.6	442	16.0	17.4	57.7	61.4	326.1	427	22.1	29	—	—	445.2	558	207	271	652.2	829

续表

省份	总人口数（万人）		总建筑面积（亿 m²）		年实物消耗量												折合标煤量（万 tce）					
					煤炭（万 t）		液化气（万 t）		电能（亿 kWh）		薪柴（万 t）		秸秆（万 t）		天然（亿 m³）		商品能		非商品能		总量	
	2018	2014	2018	2014	2018	2014	2018	2014	2018	2014	2018	2014	2018	2014	2018	2014	2018	2014	2018	2014	2018	2014
湖南	3034	3417	15.3	15.6	466	588	94.2	99.1	127.5	130.8	400.3	505	46.8	59	—	—	886.1	1016	264	333	1150	1348
广东	3324	3432	9.2	11.8	188.3	249	72.3	79.6	95.3	102.5	336.6	445	161.8	214	—	—	551.8	672	283	374	834.8	1046
广西	2452	2567	9.1	9.6	212.7	159	2.3	1.4	110.4	67.1	383.9	287	12	9	—	—	496.1	350	236	177	732.1	527
海南	382	418	1	1.2	43.3	41	1.0	0.8	9.7	7.5	26.4	25	12.7	12	—	—	62.4	57	22	21	84.4	78
四川（含重庆）	5059	5580	23.7	21.8	471.7	410	193.0	139.8	303.5	214.5	1498	1302	551.1	479	—	—	1601	1231	1174	1021	2777	2252
贵州	1889	2104	6.5	5.9	928.2	752	10.1	6.8	90.1	59.4	424.6	344	34.6	28	—	—	954.8	742	272	221	1227	963
云南	2521	2747	8	7.8	13.6	15	3.7	3.4	65.8	59	643.3	710	202	223	—	—	219.3	209	487	538	706.3	747
西藏	237	236	0.4	0.8	—	—	0.0	—	6.5	4.8	221.4	202	—	—	—	—	20.1	17	133	121	153.1	138
陕西	1618	1791	6.1	7.3	1177	1936	13.9	18.8	71.6	61.4	89.2	147	209.2	345	16.1	—	1275	1615	158	261	1433	1876
甘肃	1379	1511	3.4	3.7	918.8	890	4.3	3.5	20.7	16.3	46.5	45	82.6	80	0	—	723.6	695	69	67	792.6	762
青海	275	293	0.6	0.7	204.5	187	1.3	1	8.9	6.6	248.3	227	97.3	89	0	—	174.8	157	198	180	372.8	338
宁夏	283	307	0.7	0.9	128.9	145	0.6	0.6	10.1	9.2	254.2	286	152	171	0	—	123.7	135	229	258	352.7	392
新疆	1221	1240	2.8	3.1	1388	1108	1.2	0.8	13.5	8.8	20	16	26.3	21	0	—	1029	819	25	20	1054	839
北方	23932	26257	79	88	12054	15842	203	222	874	696	3982	4945	4732	6143	55.4	—	12277	13921	4756	5746	17033	19667
南方	31775	34607	141	147	3851	3834	713	609	1749	1445	6612	6476	1435	1426	0	—	9361	8438	4685	4600	14046	13038
总计	55707	60864	221	235	15905	19676	916	831	2623	2140	10594	11421	6167	7569	55.4	—	21638	22359	9441	10346	31079	32705

注：因我国港澳台地区传统农村较少，此表未进行统计。

因素的综合影响，我国农村生活用能总量从 2014 年的 3.27 亿 tce 下降到 2018 年的 3.11 亿 tce。

从单项能源消耗量来看，煤炭消耗总量有明显下降，从 2014 年的 1.97 亿 t 降低到 2018 年的 1.59 亿 t，降低了约 19.3%；天然气原来使用量很少，可以忽略不计，到 2018 年相当于净增 55.4 亿 m^3；液化石油气和电能分别从 2014 年的 831 万 t 和 2140 亿 kWh 增长到 2018 年的 916 万 t 和 2623 亿 kWh；生物质使用量进一步降低，总量由 2014 年的 1.8 亿 t 降到 2018 年的 1.6 亿 t，减少 2000 万 t，所占比例由 31.2%降到 30.4%，这与我国目前正在大力提倡的能源结构应逐渐向可再生、低碳化方向发展背道而驰，需要尽快扭转这种局面。

2.3 北方农村住宅取暖模式及实际需求分析

与人口集中的城市显著不同的是，农村人口呈散落居住，并形成了以村落为主要行政单元的小规模聚居模式。长期以来，农村住宅绝大多数采用自建的方式，主要以分散的单体住宅为主，缺乏整体规划和建造标准。村内居民之间在住宅形式和用能方面也是互相借鉴，甚至趋于类同。因此，农村建筑节能工作也需要以村而不是散户为基本单位进行。

此外，农村在历史传统、土地资源、生产方式、生活方式、自然条件等诸多方面都与城镇住宅有显著差异。而农村的建筑形式、人口构成，以及固有的生活模式、人员活动类型、资源特性、人员经济行为决定了农村人口与集中的城市人口不同的建筑使用模式、行为模式和室内热环境需求。因此农村建筑节能策略的制定和节能技术的开发不能沿袭“城镇路线”，农宅的建筑节能以及室内热环境的改善需要另辟蹊径，走出一条符合我国农村实际的可持续发展之路。

要做好农村住宅的清洁取暖工作，首先需要了解农村住宅的实际取暖需求和特征。下面从三个方面来分别说明我国北方农宅建筑的主要特点、用户的取暖相关行为特征，以及这些特点所要求的农宅取暖方式与城镇建筑取暖的不同。

2.3.1 农村的生产方式决定了农宅相对分散的居住模式和较大的建筑面积

对于我国的大部分农村地区，农民的生产仍以农业（林业、牧业）等分散性活动为主。为保证能够充分、合理地利用可耕种的土地资源，农村居民往往聚居在相互分散独立的村落中分别经营着不同区域内的土地，同时辅助以家庭手工业和养殖业，来维持自身的生存和发展。这种生产方式决定了农户特有的居住模式和农宅使用方式：农村住宅不仅是农民的生活空间，也是其重要的生产和辅助空间。例如，农户必须有足够的室内空间用于自家生产的粮食储存；更需要有足够的院落空间存放农具、拖拉机等生产设备；还需要在院落或室内进行蔬菜种植、家禽养殖、工艺品生产、筐篓编织等小型生产活动。此外，农村住宅还广泛存在着多代同堂的居住模式，进一步加剧了农户对农宅内部空间功能和服务水平需求的多样性。因此，农宅需要满足不同活动和不同人群的多方面要求，生产与生活功能的兼具和统一是农村住宅的重要特点之一。

相反，城市地区经过多年的发展，生产空间和生活空间已完全分开，城镇住宅的功能设计只需要满足居住需求，而不需要考虑生产需求。

农村的生产方式和住宅的使用功能特点决定了农村必须保持分散的居住模式，而不能采用城市的集中模式。确保农宅的宅基地有较大的占地面积并配有独立的院落，是保证农民日常生活和经济生产活动顺利进行的必要条件，这也决定了农村对住宅用地与建筑空间规划的特殊性。这种分散居住、自给自足经营土地的生活生产方式情况下，土地人均占有量虽然存在着地区分布的不平衡性，但总体上远高于城镇水平，人口密度相对较小，而且农村住宅基本采用单层或低层建筑、独立院落的建造模式，农村地区的外围土地资源和建筑内部空间都较为充裕，农宅建设整体用地和内部布局应该相对宽松。

2.3.2 生活方式和经济水平决定了用户特殊的行为模式和取暖需求

农村分散的居住模式是农民日常生活和经济生产活动顺利进行的基础，相对充裕的宅基地是他们生产和生活的必要保证。同时，农宅独特的建造形式和农民传统的生活方式使其对农宅室内环境舒适程度和服务水平的要求与城镇居民存在很大不同。

以北方地区为例，目前北方城镇住宅的冬季供暖设计温度是 18 ℃，但大多数居民期望的舒适室温都在 20℃甚至更高，这种温度要求和城镇居民每天进出室内次数少、进出房间的同时也不需要更换衣装量是一致的。而在农村，由于生产与生活习惯的原因，人们频繁进出房间，在室的时候也通常将主要活动集中在客厅。对北京郊区某典型农户日常活动规律的调研结果表明，尽管该户居民在白天的11个小时内（7：00～18：00）有70%的时间停留在起居室内，但每天日间要进出起居室16次，每次离开居室时间为2～60min不等。如此频繁的进出，如果每次出入房间都更换衣服，将会给农户的生活造成极大的不便。所以，农户的衣着水平应以室外短期活动不会感到冷作为标准，这决定了农宅冬季供暖设计温度低于城市（18℃）。大量研究结果也显示，多数北方农民认为冬季室内外温差不能过大，农村居民冬季在室内的衣装量大于城市居民，起居室和卧室平均温度比城市低5～6℃。

伴随着上述生活习惯和取暖需求所演变出来的传统的取暖方式与城镇建筑的取暖方式有着显著不同。北方农宅大量采用传统燃煤炉的土暖气煤炉＋散热器［图2-2（*a*）］的形式取暖；采用兼具炊事功能的土暖气煤炉［图2-2（*b*）］，利用做饭烧水期间的热量加热所连散热器，为与其相邻的取暖房间间歇性供暖；采用煤炉［图2-2（*c*）、（*d*）］为一个主要活动房间供暖；采用火炕［图2-2（*e*）］在夜间为卧室供暖；采用火盆［图2-2（*f*）］甚至直接在地上烧柴烤火取暖［图2-2（*g*）］。同时，用户在建筑的使用上，也体现出与传统取暖方式相匹配的较为节俭的功能空间使用模式，将活动空间集中在一到两个房间，将房间功能合并，例如客厅兼具餐厅功能、卧室兼具客厅功能。

上述农村居民与城镇居民对室温需求存在明显差异，决定了农村住宅的室内热环境控制目标在15℃左右即能满足要求，而且允许日夜间室内温度有较大波动，另外也并非是所有房间均有取暖需求。对白天与夜间温度要求的不同就导致围护结构保温、窗墙比等建筑节能做法与城市建筑相比存在很大不同，必须根据农村的实际特点进行深入分析。总体上讲，较低的冬季取暖室内温度和时长需求是农宅实现建筑节能的优势条件，应该加以引导和鼓励。

2.3.3　农宅不同功能房间取暖需求特征

农宅中用户在不同的功能房间所处时长、活动类型不一样，导致对不同房间的取暖需求也不一样。图2-3是清华大学针对北京某个典型用户不同功能房间的真实取暖需求而开展的测试结果，该典型户建筑面积为223m^2，取暖面积158m^2［图2-3（*a*）］，家庭人口5人，常住人口为两个成人和一个儿童，另外两人仅在节

图 2-2 农村既有不同取暖形式

(*a*) 土暖气煤炉＋散热器；(*b*) 兼具炊事功能的土暖气煤炉＋散热器；

(*c*) 取暖炉；(*d*) 煤炉；(*e*) 传统火炕；(*f*) 火盆；(*g*) 地上木柴直接烤火

假日或部分周末回家。该户各个房间功能分区清晰，可以明确反映不同功能空间取暖需求状况，并且在客厅、主卧、厨房、餐厅、卫生间、中卧、次卧、西卧八个房间均安有可灵活调节、分室安装的低环境温度空气源热泵热风机。同时运行过程中没有任何运行费用补贴，完全由用户的需求和经济承受能力来决定其使用模式。通过对房间的温湿度、热风机出回风温度、热风机耗电功率进行测试，可以看到，整个取暖季不同房间的取暖需求时间（用取暖使用率表示，即该房间冬季平均每天需要开启取暖设备的时间占全天时间的比例）有显著差别［图 2-3 (*b*)、(*c*)］。客厅的取暖使用率最高，为 50.8%，由于用户客厅养植物等需求，夜间也持续开启热风机，取暖时间集中在 20：00 到次日 8：00，日间随着气温上升用户关闭热风机；

而常住卧室的取暖使用率为 15.2%，睡眠期间用户倾向于不是太高的室温，通常只在入睡前半小时、起床时开启，且夜间卧室温度平均在 18℃以下；厨房、餐厅、卫生间的取暖使用率仅为 13%、8.6%和 7.1%，其余房间使用率不足 6%。

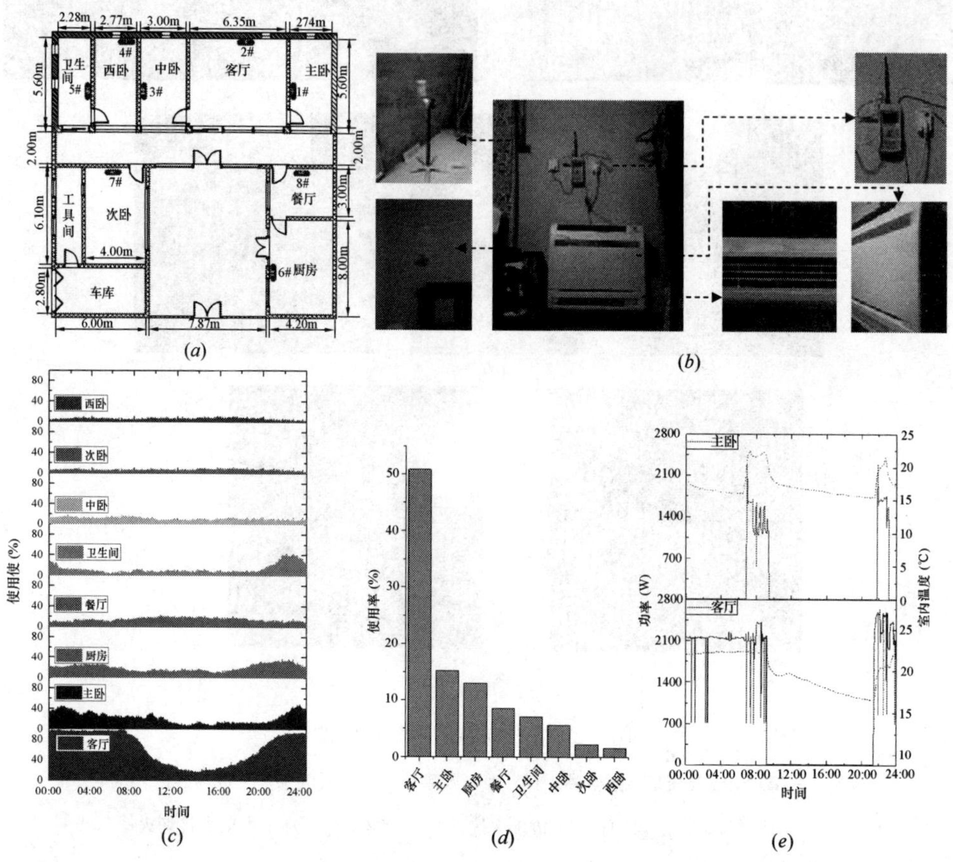

图 2-3 北京某农村住户不同功能房间实际取暖需求测试

(*a*) 典型户型图；(*b*) 现场测试图；(*c*) 各房间热风机逐时开启率；

(*d*) 各房间取暖使用率；(*e*) 典型日主要取暖房间热风机功率及室内温度曲线

以上是单独每一个功能空间的需求，但是实际使用过程中用户会将主要活动空间集中在取暖房间，例如使客厅兼具餐厅的功能，也有卧室兼具客厅功能，因此只要对主要使用空间进行改造即可以较低的改造成本和初投资来满足用户的基本需求。

与上述功能需求相吻合的另外一个事实是，目前农村由于有庞大的进城务工群体，导致平时只是老人儿童居家，中青人外出求学或者进城务工，仅在节假日返乡居住，因此造成农村家庭需要较多房间，但不少房间平时都空置，基本不需要取暖，偶尔居住时采用一些临时取暖措施即可。这也是我国农村目前的一个特殊情况，由此决定了农村的特殊的取暖形式。基于上述分析，农村在生产方式、土地资源、住宅使用模式、不同房间使用频次、室内热环境需求等各个方面都与城镇有很大的不同，农村住宅因其固有的特征，决定了其取暖负荷的特殊性，必然要求农宅取暖要走一条适宜其自身特点的技术路线，总体上讲，较低的冬季取暖需求和不同建筑空间的利用情况尽管不是特意追求的目标，但恰好是农宅实现节能的有利条件。

目前我国的住宅能耗水平远远低于美国等发达国家，这与我国居民长期以来形成的较为节俭的使用模式息息相关。北方农村地区清洁取暖大规模开展的同时，为了防止我国住宅建筑能耗的发展走上发达国家高能耗的道路，因地制宜选择适宜的取暖技术路线意义重大。从农宅的建筑形式、人员类型、收入水平，以及实际的建筑功能空间使用模式、热舒适特征、取暖需求来看，我国北方农宅不适合“全时间、全空间”的“城镇化”方式，而取暖设备分室安装、灵活调节的“部分时间、部分空间”取暖模式更能匹配农宅的实际负荷特性，并且能以最低的能耗实现我国北方广大农村的清洁取暖。因此建筑节能策略的制定和节能技术的开发不能沿袭“城镇”方式，农宅的建筑节能以及室内热环境的改善需要合理引导、科学设计，走出一条符合我国农村实际的可持续发展之路。

具体来说，为了实现“部分时间、部分空间”的取暖方式，所选择的系统及取暖设备应满足以下要求：

（1）具备分室调节、随用随开的功能，不同房间独立控制，满足间歇式取暖需求，充分利用农户的行为节能以达到最大化的有效取暖；

（2）具备温度可设置功能，以满足不同时段、不同功能房间的需求；

（3）具有启停迅速、升温快等优势，减少无效热运行；

（4）设备独立安装，无需另加末端，安装维护简便；

（5）设备一键式操作，启停方便，满足不同人群使用需求。

2.4 北方农村清洁取暖进展、问题及建议

2016年12月21日习近平总书记在中央财经领导小组第十四次会议上指出：推进北方地区冬季清洁取暖，关系北方地区广大群众温暖过冬，关系雾霾天能不能减少，是能源生产和消费革命、农村生活方式革命的重要内容；要按照企业为主、政府推动、居民可承受的方针，尽可能利用清洁能源，加快提高清洁取暖比重。后来，有关部门又在“宜气则气，宜电则电”的基础上，补充了“宜煤则煤，宜热则热”。这四个“宜”实质是要求因地制宜，根据当地的资源环境状况科学地制定清洁取暖方案。

具体来说，清洁取暖是指利用天然气、电、地热、生物质、太阳能、工业余热、清洁化燃煤（超低排放）、核能等清洁化能源，通过高效用能系统实现低排放、低能耗的取暖方式，包含以降低污染物排放和能源消耗为目标的取暖全过程，涉及清洁热源、高效输配管网（热网）、节能建筑（热用户）等环节。推进清洁取暖对于降低取暖能耗、提高能源利用效率、打赢蓝天保卫战和大气污染防治攻坚战意义重大。

2.4.1 北方农村清洁取暖总体实施进展

1. 政策及财政支持

2017年5月，财政部、住房城乡建设部、环境部和国家能源局四部委联合发布《关于开展中央财政支持北方地区冬季清洁取暖试点工作的通知》（财建［2017］238号），明确中央财政支持北方地区冬季清洁取暖试点工作。重点支持京津冀及周边地区大气污染传输通道“2＋26”城市，并通过竞争性评审确定首批12个试点城市，试点示范期为3年，直辖市每年安排10亿元，省会城市每年安排7亿元，地级城市每年安排5亿元。

2018年7月，财政部、生态环境部、住房城乡建设部、国家能源局四部委又联合发布《关于扩大中央财政支持北方地区冬季清洁取暖城市试点的通知》（财建［2018］397号）。试点范围扩展至京津冀及周边地区大气污染防治传输通道“2＋26”城市、张家口市和汾渭平原城市。如表2-3所示，针对第二批23个试点城市，

中央财政每年安排不同标准的定额奖补资金，“2+26”城市奖补标准按照2017年通知执行，张家口市比照“2+26”城市标准，每年5亿元，汾渭平原原则上每市每年奖补3亿元。2017～2018年，中央财政奖补资金投入合计达199.2亿元，地方补贴资金投入合计为555.09亿元，是中央财政资金投入的2.8倍。

第一、二批北方清洁取暖试点城市中央财政补贴情况　　表2-3

试点城市批次	公示时间	试点城市	补贴金额
第一批	2017年6月	【直辖市】天津	各10亿元/年
		【省会城市】石家庄、太原、济南、郑州	各7亿元/年
		【地级市】唐山、保定、廊坊、衡水、开封、鹤壁、新乡	各5亿元/年
第二批	2018年8月	【“2+26”城市】邯郸、邢台、张家口、沧州、阳泉、长治、晋城、淄博、济宁、滨州、德州、聊城、菏泽、安阳、焦作、濮阳	各5亿元/年
		【汾渭平原城市】吕梁、晋中、临汾、运城、洛阳、西安、咸阳	各3亿元/年
第三批	2019年7月	【汾渭平原城市】铜川、渭南、宝鸡、三门峡	各3亿元/年
		【其他城市】定州、辛集、济源、杨凌示范区	各1亿元/年

从2017年起，国家多个部门还相继出台了《关于推进北方采暖地区城镇清洁供暖的指导意见》（城建［2017］196号）、《关于印发北方地区清洁供暖价格政策意见的通知》（发改价格［2017］1684号）、《关于印发北方地区冬季清洁取暖规划（2017～2021年）的通知》（发改能源［2017］2100号）、《关于印发北方地区冬季清洁取暖试点城市绩效考核评价办法的通知》（财建［2018］253号）等多个政策文件，分别从试点示范、规划引导、价格制定、绩效考核等角度，指导和支持相关地区冬季清洁取暖工作的推进。

在国家政策的引导和支持下，北方地区特别是京津冀大气污染传输通道“2+26”城市、汾渭平原11个城市等纷纷制定相关冬季清洁取暖实施方案、专项政策文件，推动清洁取暖工程的实施和建设，如太原市相继出台了《太原市清洁供热全覆盖实施方案》《太原市冬季清洁取暖试点城市实施方案》《太原市大气污染防治行动计划》等。

2. 完成情况

根据公开资料整理，截至2018年年底，京津冀及周边地区、汾渭平原共完成清洁取暖改造1372.65万户，各试点省市清洁取暖改造完成情况如表2-4所示。从采用的技术方案看，试点城市主要采用的清洁热源替代方式以“煤改气”、“煤改电”为主（关于“煤改电”的具体技术形式及概念澄清，详见本书2.4.2节），其他形式如“煤改热”、“煤改生物质”等仅有少量试点。

从试点城市的清洁取暖工作进度来看，2018年，北京市在完成312个村12.26万户清洁改造任务的基础上，超额完成了山区163个村5.74万户配套电网改造，全市平原地区基本实现“无煤化”。从计划任务层面来看，河北省的工作量最大，同时河北也是完成规模最大的省份，清洁取暖改造规模约占重点省市规模的30%。

北方7省（市）完成清洁取暖改造情况（截至2018年年底）　　表2-4

序号	地区	计划任务（万户）	完成情况（万户）		
			煤改气	煤改电热或煤改热泵	总计
1	北京	72	17.5	68.4	85.9
2	天津	120	40.5	19.7	60.2
3	河北	1133	448.3	56.2	504.5
4	山西	611	76.6	15.5	92.1
5	山东	594	92.8	88.4	181.2
6	河南	503	15.1	287.1	302.2
7	陕西	362	133.32	13.23	146.55
合计		3395	824.12	548.53	1372.65

从完成情况来看，河南达到60%，天津、河北完成50%左右，其中天津、河北、陕西、山西清洁取暖以“煤改气”为主要方式，河南以“煤改热”或“煤改热泵”为主，如图2-4所示。

3. 阶段性效果

根据北方地区冬季清洁取暖中期评估结果，截至2018年年底，北方地区冬季清洁取暖率达到了50.7%，相比2016年提高了12.5个百分点，其中城镇地区清洁取暖率为68.5%、农村地区清洁取暖率为24%，如图2-5所示。

其中“2+26”城市总的清洁取暖率达到72%，城市城区清洁取暖率达到了96%，县城和城乡接合部清洁取暖率为75%，农村地区清洁取暖率为43%，均超额完成中期目标，如图2-6所示。

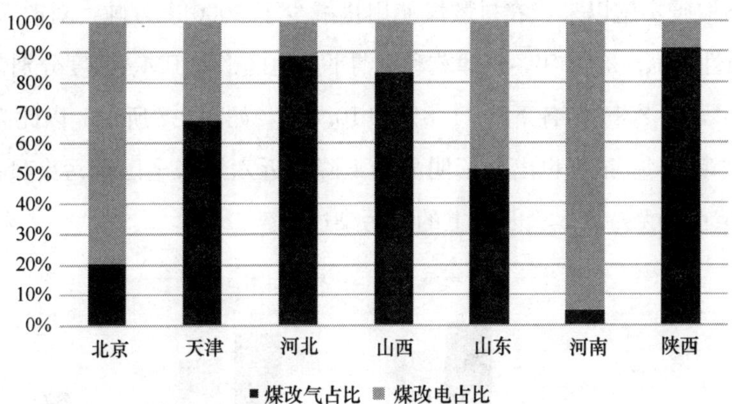

图 2-4 京津冀地区清洁取暖技术推进情况

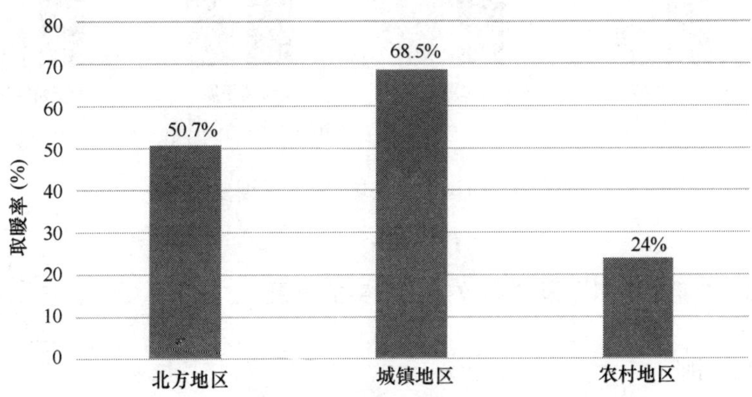

图 2-5 截至 2018 年年底北方清洁取暖率

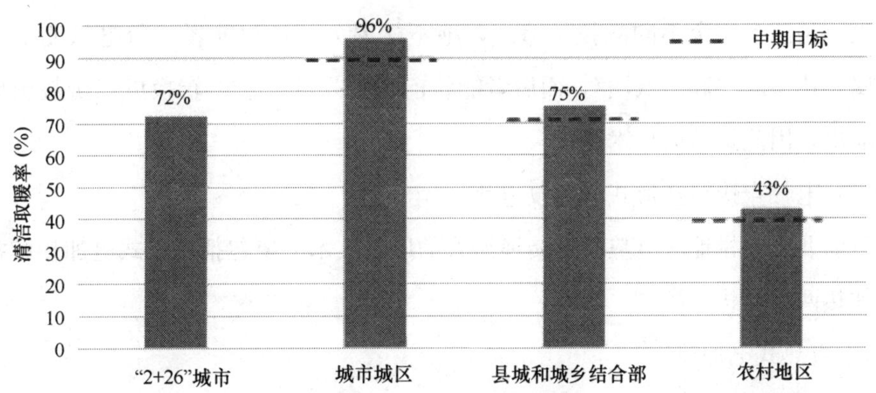

图 2-6 试点城市清洁取暖率

自清洁取暖实施以来，农村散煤使用量减少了3000多万吨，对改善大气环境做出了实质性贡献。2018年，京津冀和汾渭平原地区平均$PM_{2.5}$浓度分别为60μg/m³和58μg/m³，比2017年各下降11.8%和10.8%，如图2-7所示。以此为基础，全国338个城市$PM_{2.5}$浓度也出现了明显的下降，近六年来全国重污染日持续减少，2018年全年首次无持续3天及以上的重污染过程。

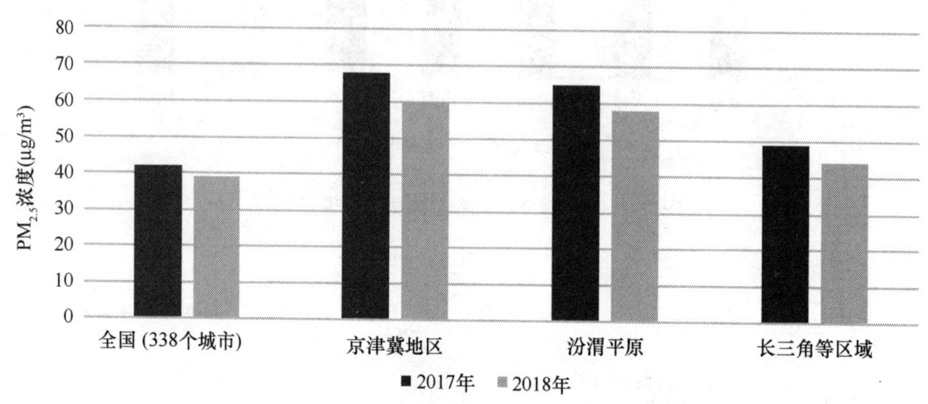

图2-7　全国重点区域$PM_{2.5}$浓度变化

2.4.2　“煤改电热”及“煤改热泵”实施进展

1. 技术明晰

目前绝大多数地区（包括政府文件）都把以电作为输入能源进行取暖的形式统称为“煤改电”。实际上，将电能直接转换成热能（电热）和通过电驱动的热泵给建筑供热是两个完全不同的技术路线，绝不能混为一谈！前者一份电只能出一份热，属于典型的“高能低用”，而后者能将前者输入的一份电转换成三份甚至更多的热输出，因此是节能技术。

（1）电热直接转换形式（煤改电热）

目前北方农村地区电热直接转换形式的取暖技术主要包括直热式电加热和蓄热式电加热两种形式。

1）直热式电加热

直热式电加热技术种类繁多，根据对相关试点城市所开展的调研来看，主要包括碳晶板、家用电锅炉、发热电缆、碳纤维取暖器、石墨烯取暖器、远红外取暖器、直热式电墙壁画等十几项技术，如图 2-8 所示。这类产品主要通过发热体将电能转换为热能，通过辐射和对流的形式向外传递，其电热转换率最高为 100％。

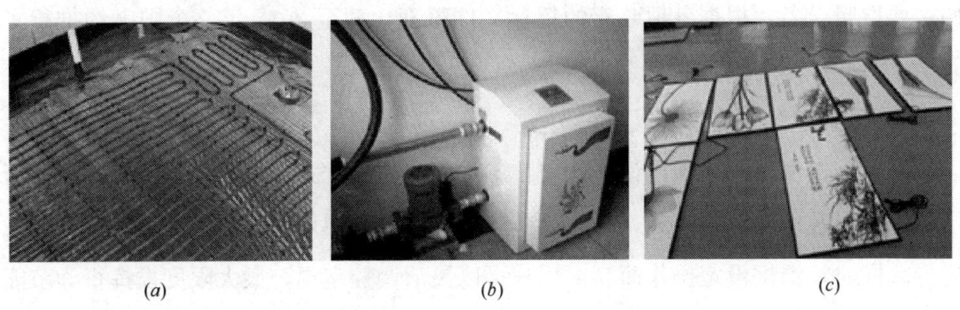

(*a*) (*b*) (*c*)

图 2-8 常见直热式电加热设备

(*a*) 加热电缆；(*b*) 家用电锅炉；(*c*) 石墨烯壁画取暖器

该类产品即开即用，操作相对方便，但耗电量极大，配电容量要求大（每户 9～18kW），若大规模推广需要配电增容改造，因此给政府、农户和电网都带来较大的经济负担，而电网公司一般不愿意投入巨资改造每一户的配电容量和村级变压器。调研时农户普遍反映，即便是享受补贴政策，电价仍然偏高，未来如没有补贴，运行费用将无法承担。同时该类产品结构简单，技术门槛较低，导致很多劣质产品流入市场，安全隐患较大。因此不宜在农村大规模推广。

2）蓄热式电加热

蓄热式电加热技术是在夜间谷电时段，利用电加热设备产生热量，然后将热量蓄积在蓄热装置中（热水蓄热、镁砂固体、蓄热砖、无机熔融盐或相变材料等），在白天用电高峰时段，电加热设备停止运行，利用蓄热装置向外供暖，具有用、蓄分离的特点。根据对试点范围内相关城市的调研情况来看，主要包括蓄热式电暖气、相变热库和蓄热式电锅炉等技术。

与直热式电加热相比，蓄热式电加热设备可采用低谷电进行蓄能，可以节省部分运行费用。但从本质看，仍属于将高品位电能直接转换成低品位热能的技术形式，因此可能是省钱但不节能。并且由于增加了蓄热模块，其重量较大，供暖出力调节能力不太灵活，加上将全天的供暖负荷都集中到夜晚短时间内，需要更大的配电容量（每户 10kW 以上），因此不应成为未来农村主要的取暖形式。

(2) 户用取暖热泵（煤改热泵）

从相关试点城市的调研来看，热泵技术主要包括空气源热泵热风机、空气源热泵热水机、地源热泵等技术。其中，低温空气源热泵热风机是近两年发展起来的一种主要取暖设备，根据各地政府的招标文件整理，截至2018年，全国大约推行了50万台，2019年基本突破100万台。

1）低温空气源热泵热风机

低温空气源热泵热风机设备的安装形式与家用分体式空调器类似，如图2-9所示，可按取暖房间单独安装，独立调节，用户可以采用部分空间、部分时间的方式运行。同时，温度设定操作简易，用户可以灵活调控室温，最大限度发挥行为节能潜力。但与一般的冷暖空调产品相比，该类产品从技术形式到实际效果都有了根本性的改变，特别是其适用范围扩展到－30℃的低温室外环境，低环境温度下的制热能力提高50%～100%，能效提高20%左右，且可以迅速提高房间内的温度。因此，绝不能把市场上销售的常规冷暖空调（主要适用于长江流域地区气候条件）与这里所说的低温空气源热泵热风机技术混为一谈。前者无法在北方寒冷及严寒地区承担主要的冬季取暖任务，而后者则是专门为解决这两类地区冬季取暖而开发的一种创新型产品。

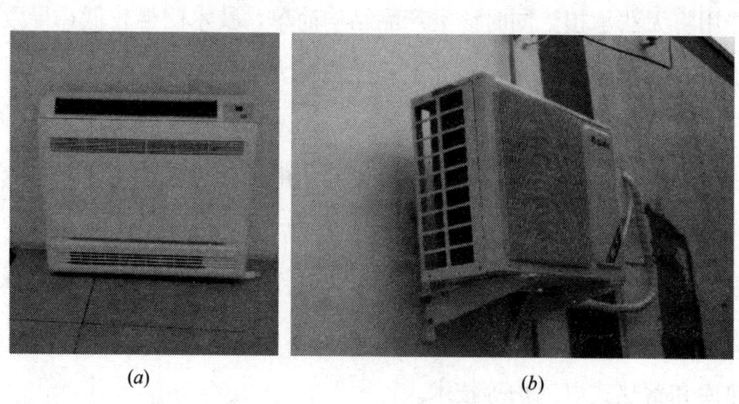

(*a*) (*b*)

图2-9 低温空气源热泵热风机

(*a*) 室内机；(*b*) 室外机

低温空气源热泵热风机在寒冷地区的冬季平均运行能效系数（*COP*）可达3左右，意味着每输入1kWh的电，可以得到3kWh的热，因此，其运行电耗仅为电热直接转换型取暖设备的1/3，再结合分时间、分空间的行为节能运行，每户整个取暖季运行总电耗一般低于 2000kWh，即使在电费没有补贴的情况下，总费用也低于 1000 元。而且其对外电源容量需求较小，只要能安装常规空调就能安装热泵热风机，无需专门进行电网容量升级，因此非常适合广大农村的实际情况和需求。上述产品在严寒地区使用时其 *COP* 将会降低，但是也会比直接电热形式明显节能 50%以上。

2）空气源热泵热水机

随着技术的进步，低温空气源热泵热水机可以实现在－20℃的环境温度下正常工作，提供 30～50℃的供暖热水，与地板辐射盘管或散热器组成取暖系统给整户农宅供暖，提供稳定的室温，如图 2-10 所示。

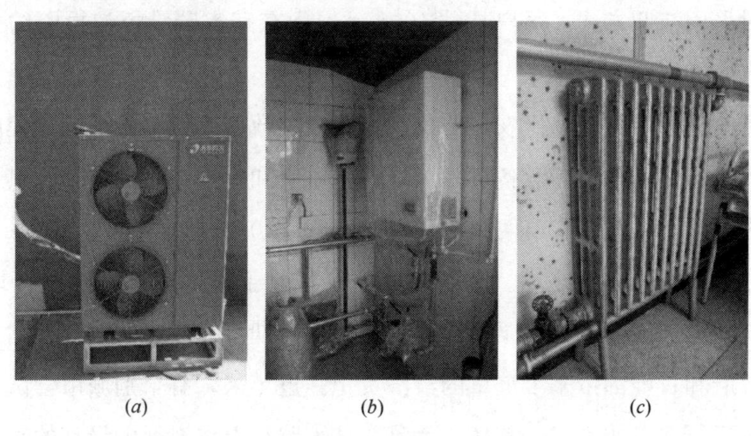

图 2-10 低温空气源热泵热水机系统

（*a*）室内机；（*b*）室内机；（*c*）散热片

低温空气源热泵热水机在供水温度不是特别高时，与低温空气源热泵热风机的运行能效系数（*COP*）大体相当，也属于节能型取暖技术。但由于该类产品与散热器或地暖等水系统连接，需要全天开启，以防止冻管，因此适合取暖房间多、需要连续运行的农宅。由于其运行调节不如低温空气源热泵热风机灵活，因此总体耗电量会明显高于热泵热风机，因此仍需电价补贴，且运行过程中产生的噪声较大。

2. 相关政策

在补贴政策方面，试点城市在电网建设、设备购置和运行使用 3 个方面均进行了资金补贴。但是，并没有对电热和热泵两种截然不同的形式进行明确区分，造成地方政府及老百姓对两种技术形式的理解并不到位。

在电网建设方面，由于电网建设属于农村基础设施建设的重要内容，部分城市如北京、天津、太远、长治、晋城、阳泉等均明确给予了一定比例或标准的财政政策，折算后补贴标准为1000～6000元/户；根据相关调研显示，未明确电网建设补贴的部分城市，主要通过由电力企业承担建设费用等形式筹集资金。

在设备购置方面，根据当地政府的财政能力以及技术路径等因素差异，不同城市对相关设备给予了不同程度的财政补贴，补贴标准相差很大，在500～27000元/户之间。采用空气源热泵和电蓄热取暖方式的，每户初投资约6000～20000元，政府补贴比例在80%以上；采用碳晶板等直热方式的，每户设备初投资在3000元以下，政府全额或部分补贴。如河北某市采用空气源热泵，最高补贴14700元；河南某市则针对采用空调方式，每户补贴1000元；山东某市碳晶板初投资约1800元/户，由政府全额补贴。

在运行使用方面，为降低农户的负担，绝大多数城市均给予了一定程度的持续财政补贴，如蓄热式电取暖设备多采用峰谷电差价和电价补贴，空气源热泵和电直热设备多采用电价补贴。省市两级电价补贴一般为0.2元/kWh，每户每个供暖季补贴总额在900～2000元之间。需要注意的是，对于采用直接电热进行取暖的家庭，由于耗电量远高于采用热泵形式，因此必须长期依靠政府的电价补贴才能持续运行，给政府和百姓都带来了沉重的经济负担。近年来，有个别城市尝试“只补初装费、不补运行费”的方式，其核心就是在技术路径上摒弃耗电量高的直接电热形式，采用空气源热泵热风机降低运行电耗，为后续设备运行可持续提供了可借鉴的新模式。

3. 存在的问题

从实际调研结果来看，“煤改电热”及“煤改热泵”推行过程中仍存在以下问题：

（1）产品市场秩序混乱。由于有政府巨额补贴支持，催生出了一批“攒机”厂家，导致市场上产品鱼龙混杂，大量“攒机”厂家因为经济利益而成立，通过各种手段获得中标资格，不仅扰乱了正常市场秩序，而且还助长了“劣币驱逐良币”现象的发生。

（2）产品质量良莠不齐，运行维护难。政府补贴购买的是单个取暖设备，而不是使用取暖设备后的节能量或减排量。对于一些设备厂家来讲，其主要精力花在了用各种手段去拿更多的订单，而疏于对产品质量的把控，更未加强后期的运行维护，导致农户在使用过程中设备出现故障也找不到企业进行维修，不仅影响正常取暖，还给整体工作带来负面影响。

（3）配套改造投入与产出难匹配。调研发现，电网公司反映电网配套改造投入与用户实际用电需求差别大，特别是“煤改电热”需要的增容改造费用高。但是由于耗电量大，增容后年有效利用率（用满负荷年运行小时数衡量）并不高，说明采用电热方式，电网投入巨大，但是回报很低，得不偿失。

2.4.3 “煤改气”实施进展

目前，“煤改气”是河北、山西、山东等地农村清洁取暖改造的主要方式，占比在70%以上，投资主要由省、市、县级政府承担2/3，而燃气管网铺设及运行管理费用一般由燃气公司承担。

1.“煤改气”政策

在补贴政策方面，主要包括气网建设、设备购置和运行使用3个方面。

在气网建设方面，北京、天津、唐山、太原等均出台了天然气管网建设的补贴政策，补贴形式包括按照比例补贴和按照额度补贴两种，折算后相关城市的补贴标准在1000～4000元/户；也有少数城市的天然气管网建设费用全部由燃气公司承担或用户自行承担，如山西省朔州市由燃气公司承担，河北邢台由用户自行承担。

在设备购置方面，“煤改气”设备相对单一，绝大多数均选择燃气壁挂炉，根据不同地区所选用的燃气壁挂炉的功率、能效等因素，补贴标准也存在明显差异。北京、天津等城市以冷凝式燃气壁挂炉为主且要求满足一级能效，补贴标准超过6000元/户；河北廊坊、唐山、保定等地以满足二级能效要求的燃气壁挂炉为主，补贴不超过2700元/户。

在运行使用方面，与“煤改热泵”相比，“煤改气”后农户的取暖成本增加更为突出，因此绝大多数城市给予了运行使用补贴。北京最高补贴900元/户，天津、邢台、廊坊、邯郸等城市按照1元/m^3气价补贴，每户最高补900～1200元的标准。

总体来说，不包括燃气管网铺设部分，“煤改气”的投资总成本为户均8000～

10000元，省、市、县级政府一般承担2/3左右。例如，山东省济南市，每户工程投资政府补贴给农户2000元，补贴给燃气公司3000元，农户承担约3000元；山西朔州市，平均每户以8000元为基准，市、区、用户各分担1/3，不足部分由燃气企业承担。

2.“煤改气”技术实施情况

燃气壁挂炉具有取暖和生活热水双重功能，热效率可达90%以上，可以自主调节设定温度和时间，自动化控制程度高，使用灵活方便。燃气壁挂炉通常采用加热热水的方式，与散热器或地面辐射取暖末端相结合，大部分设备的输出功率在20～28kW。

由于天然气价格较高，导致取暖费用高，易对农户造成较大的经济负担。在调研中，农户普遍反映用不起，有的农户甚至宁愿挨冻也不开启设备。此外，由于农村地区天然气输配管网并不成熟，需要投入大量财政资金进行天然气管网基础设施建设，且花费巨资建设的管网实际使用率很低。

同时，根据调研信息显示，燃气壁挂炉在农村地区应用时，在建筑外侧存在天然气管道明装现象，农户习惯在房屋外墙存放秸秆、木柴等燃料，容易遮挡天然气管道，且干燥的秸秆和木柴属于易燃品，与天然气管道接近具有极大的安全隐患。此外，燃气壁挂炉安装在农宅室内，易靠近火源，后期缺乏系统的管理维护，炉具若存在漏气等问题，易对生命财产安全造成危害。

3. 存在的问题

从实际调研结果来看，“煤改气”推行过程中主要存在以下问题：

(1) 由于燃气价格高，农户燃气取暖设施实际使用率不高，即使有补贴，农户反映经济上依然难以承受，存在“返煤”风险。同样，燃气公司投巨资修建管网，实际有效利用率低，投资无法得到回报。

(2)“煤改气”工程普遍存在安全隐患，主要表现为安全距离不足、存在双火源、安装不规范、用气安全意识薄弱、偷气、破坏燃气设施等现象，部分产品没有经过国家质监部门检测，小型燃气储气设施安全风险高等。

(3) 气源供应压力大，有些地方政府不得不把给农民的燃气补贴转嫁给燃气公司，造成上下游气价倒挂，燃气公司在农村居民取暖这一领域普遍亏损严重。

(4) 补贴投入大，且逐年增加，市、县两级政府财政负担过重。

2.4.4 “煤改生物质”实施进展

我国生物质资源丰富，每年可供能源化利用约 5 亿 tce。根据对相关试点城市的调研发现，各地生物质资源目前并未加以很好的利用，仅部分地区进行了小规模的试点示范。

1. “煤改生物质”政策

2017 年 12 月 6 日，国家发展改革委、国家能源局联合印发的《关于促进生物质能供热发展的指导意见》（发改能源［2017］2123 号）明确提出，生物质 2020 年直接替代燃煤 3000 万 t，并将生物质能供热与治理散煤、“煤改清洁能源”等一起纳入各级能源主管部门的工作部署和计划。根据对试点城市的相关政策进行梳理，大部分省市并未明确“煤改生物质”补贴政策，绝大部分城市仅将生物质取暖改造作为试点项目。

在设备购置方面，“煤改生物质”设备主要为生物质成型燃料取暖炉，根据当地政府的财政能力以及技术路径等因素差异，不同城市对相关设备给予了不同程度的财政补贴，补贴标准在 2000～5000 元/户；如山东省济南市每套炉具补贴 4250 元，滨州市则每套炉具补贴 2000 元。

在运行使用方面，与“煤改电热”、“煤改气”相比，农户的取暖成本增加本应较少，但由于目前生物质清洁取暖仅处于小规模示范，燃料大多采用从大型生物质颗粒加工厂购买的形式，价格偏高，因此政府给予了相应的运行补贴，每吨燃料补贴 600～1200 元。如山东省滨州市每吨补贴 600 元，每户每年不超过 2t，补贴时间暂定 3 年。近年来，某些农村地区尝试采用了“一村一厂”生物质颗粒代加工模式，避免了生物质多次商品化的环节，使燃料价格得到了较大幅度的降低，是一个需要引起高度重视的有较大发展前景的新模式。

2. “煤改生物质”技术实施进展

目前示范项目的生物质技术以生物质成型燃料专用炉具为主，少量生物质锅炉集中供暖。

（1）热水型生物质颗粒取暖炉

热水型生物质颗粒取暖炉通过燃烧生物质成型燃料加热热水进行供暖，满足取暖的同时兼顾炊事和生活热水等需求的特点，还保留农户的生活习惯，可采用一键式操作，实现燃料自动控制入炉、分阶段燃烧、火焰温度控制。通过智能控制系统协同控制，使燃料清洁高效燃烧，减少污染物的排放。这类炉具还实现了超温报警、超压保护以及自主防冻等多种安全保护措施，同时可以减少农户燃料费用支出，改善由于秸秆传统非清洁燃烧和野外焚烧带来的污染问题。

根据实际调研，农户反映，一天只需加一次料，在没有补贴的情况下，一个取暖季1.5t左右，取暖费用1000元左右，与之前烧煤所需费用差不多，但比烧煤干净且方便。

（2）热风型生物质颗粒取暖炉

热风型生物质供暖炉以木质生物质颗粒为燃料，用于35～60m^2的单个房间热风供暖。用户可以根据自己的取暖需求、房屋保温情况、取暖面积等选择供暖档位进行调节。取暖炉一键开机，自动点火，点火时间大约5min。设备每小时可以高效燃烧0.5～1kg木质颗粒。设备安装简单，占用面积小，不需要散热器。但此类设备对燃料的要求较高，一般只能用于单个房间取暖。

总的来说，生物质资源的高效利用，不仅可以有效解决农村清洁取暖问题，减少了生物质废弃或野烧带来的污染，且可降低农民的取暖成本。以山东滨州市阳信县采用的生物质炉具为例，该县目前“煤改气”、“煤改电热”、“煤改生物质”，改造成本分别为13540元、8680元、8400元，生物质改造成本较“煤改气”、“煤改电热”成本分别降低38%和3.2%。运行成本分别为4140元、4080元、2000元，生物质运行成本较“煤改气”、“煤改电热”降低52%、51%。因此建议在有条件的农村地区，因地制宜大力推广农村生物质清洁取暖发展模式。

3. 存在的问题

根据试点城市调研发现，各地生物质资源目前并未加以很好的利用，仅部分地区进行示范形式的改造。目前利用生物质取暖推广还存在以下问题：（1）生物质燃料生产以木质原料为主，未能对农村每年所产生的丰富的秸秆资源进行充分利用；（2）炉具设备质量良莠不齐，缺少统一标准对市场进行规范；（3）生物质能源利用产业链市场专业化程度低，完整体系尚未形成等；（4）国家及地方在生物质环保要求方面没有给出明确意见，造成很多地方持观望态度，不敢大力推行。

2.4.5 其他清洁取暖形式进展

1. 太阳能多能互补

太阳能多能互补指太阳能集热器与电能、天然气等其他能源进行多能互补的形式，通过太阳能集热器将太阳能收集并储存在保温水箱用于供暖。在太阳能无法保证时，消耗电能（电加热、热泵等）或者天然气作为辅助热源保障系统的供暖。目前，太阳能多能互补技术仅有部分试点示范，尚未全面推广。其原因有多个方面，首先京津冀大气污染传输通道“2＋26”城市冬季雾霾严重，光照条件差，导致太阳能保证率较低，仅为20％～30％，实际运行过程中基本靠辅助热源提供热源；其次太阳能多能互补系统较复杂，控制难度较高；第三是系统运行维护量大，在缺乏专业运维人员的农村地区，太阳能系统一旦出现爆管等故障会直接影响到取暖效果。因此，需要继续在多个方面进行技术创新和试点示范。

2. “煤改热”

在“煤改热”中，主要以集中供热为主，热源类型主要有热电联产、工业余热等。推广清洁取暖需要因地制宜，在有热源条件、经济能力的地区可在热源周边地区合理推广集中供热。在单独的电力生产或者工业生产中，很多热量被作为废热而丢弃，利用这些本来废弃不用的热量进行集中供暖可以提高一次能源利用效率，提高经济效益，减少污染。

当热源周围有分布较集中的居民，热量可以现场使用时，经济价值最高，当居民分散，热量必须传输较长距离时，会因运输成本与热量耗散导致总效率下降。因此利用余热进行集中供热时，必须要进行经济性核算。因农村地区住宅分布较为分散且一般不具备热源条件，现阶段“煤改热”多在中心城区进行，很少在农村地区进行推广。

2.4.6 问题和建议

国家和地方一系列政策的出台，对清洁取暖的进展起到了重要促进作用。经过两年的实施，从“煤改电”、“煤改气”到“四宜”原则（宜电则电、宜气则气、宜煤则煤、宜热则热），从多能互补到因地制宜，北方农村清洁取暖改造工作在环境、经济尤其是民生方面取得了显著的成效。但从实施情况来看，仍然存在一些问题，影响政策的实施效果和行业的可持续发展。

1. 存在的问题

(1) 部门间协同性不足

清洁取暖改造涉及的管理部门较多，各自为政的问题突出，片面强调自身职能，对政策的系统性考虑不足，一些政策甚至存在明显冲突，影响政策落实。例如环保部门主要强调环保标准，推进取暖清洁化，而对其他部门管理的热源供应保障考虑不足。另外，一些地方为了确保环保达标，在气源等得不到保障的情况下，盲目撤掉已有的取暖设施，影响居民温暖过冬，且地方政府各部门职责界限不清晰，导致基层工作实施过程中不是很顺利。

(2) 财政补贴未差异化对待

中央财政补助政策未充分体现试点城市改造任务量的差异，试点城市实施难度差异较大。试点城市改造任务量各不相同，部分城市差距较大。目前，中央补贴按照行政级别支付定额补助，属于同一行政级别的试点城市，尽管任务量差距可能较大，但获得的补助金额仍然相同。例如，在第二批的23个试点城市中，改造任务量最大的地级市为邯郸，三年计划改造132.71万户，而任务量最低的某城市，三年计划改造16.16万户，前者任务量是后者的8.2倍，但是获得的中央补贴金额相同。这造成了试点城市每户能够享受到的中央财政补贴力度差异较大。

此外，补贴政策未充分考虑不同技术使用成本的差异。多数试点城市不同类型的"煤改电热"、"煤改热泵"技术享受相同的补贴标准，甚至与"煤改气"的补贴最高额度一致。

(3) 可再生能源发展政策不明确

可再生能源取暖的经济激励政策不够明确，补贴力度不足。在北方清洁取暖的35个试点城市中，所有城市均对"煤改电热"和"煤改气"制定了明确的补贴政策，补贴覆盖一次投入（设备补贴）和运行补贴，其中"煤改电热"和"煤改气"设备补贴普遍超过50%。而35个试点城市中，仅石家庄、衡水、太原、郑州、鹤壁、菏泽、洛阳、焦作、濮阳、西安、咸阳11个城市制定了针对性的激励政策，促进生物质、太阳能、地热、空气能等可再生能源在供暖领域的应用，天津、邯郸和沧州3个城市明确了可再生能源取暖补贴主要参考"煤改气"或"煤改电热"补助政策，其余试点城市并未提出明确的补贴政策和标准。

（4）缺乏对规划和技术路径的科学引导

从现有的政策来看，大多只是下达任务目标、罗列技术，缺乏基于本地实际对各项技术进行深入系统的可行性分析比较和对挑选出来的技术路线进行严谨的分析论证，导致部分试点城市对清洁取暖理解和认识不清晰，在实施过程中，将工作重点主要放在完成工程项目和任务量上，缺乏对各环节的细节指导管理，可能会产生不同技术方案性能模糊、节能效果迥异的差别化结果。此外，不少试点城市重点关注建设环节，对后续运维缺乏统筹考虑。

（5）清洁取暖改造实施方案笼统

在清洁取暖改造工程推进过程中，由于时间紧、任务重，相关部门在制定实施方案时过于笼统，清洁取暖改造方案和技术路径相似度极高。在农村地区普遍以简单的“煤改电热”、“煤改气”为主，未充分结合北方广大农村地区丰富的农作物秸秆、果木剪枝、畜禽粪污等生物质资源量，以及基础设施、老百姓经济承受能力等进行针对性设计。截至 2018 年年底，“煤改气”实施约占整个煤改清洁能源的 70%，而生物质成型燃料供暖等利用本地化资源项目只有少量的示范。

同时，许多试点城市忽视农村建筑节能改造工作。2017 年的首批 12 个试点城市中，只有 6 个城市开展了农村住房节能改造，合计完成改造户数 1 万户。农村既有建筑的围护结构保温性能普遍较差，如不相应进行节能改造，取暖效果差、能耗高，会直接影响农户参与到清洁取暖中的积极性。

（6）市场化运行机制不健全

清洁取暖市场化运行机制不健全，目前主要形式是政府投入，存在融资难、融资贵的问题。清洁取暖主要依靠政府推动，依赖政府直接投入，部分地区开展以特许经营或政府和社会资本合作（PPP）模式引入社会资本（如热力、电力、燃气企业）投资建设和运维。由于清洁取暖项目盈利水平较低，市场积极性不高，“企业为主、政府推动、居民可承受”的运营模式尚未真正建立起来。

目前，市场上虽然存在绿色信贷、信贷基金、政策性贷款、融资租赁等较为丰富的金融支持工具，但是金融支持清洁取暖的主要力量仍是银行信贷，支持形式较为单一。受抵押物的限制，清洁取暖项目融资难、融资贵。据银行统计数据，2017 年，山西省清洁供暖企业的贷款加权平均利率为 7.52%，比全省平均水平高

0.74%，但县城清洁供暖企业的贷款加权平均利率达到8%～10%，有的甚至高达12%。

(7) 清洁取暖可持续发展及长效市场机制尚未形成

目前煤改清洁能源工作依靠的是政府的强大执行力，自上而下推进实施。国家及地方的各级财政补贴承担了工程建设的绝大多数费用，还在源源不断地对居民的运行使用进行补贴。市场为主、政府推动、居民可承受的推进模式仍未形成，清洁取暖长效市场机制有待建立。

清洁取暖使用成本普遍上涨，取消补贴后，农村居民取暖支出可承受能力差。相比于散煤取暖，农村地区清洁取暖使用成本较高，即使享受价格补贴之后，农村居民取暖支出仍普遍上涨。

(8) 考核机制重“量”不重“质”

目前，清洁取暖以“量”为主要考核指标，忽略了“质”的影响，绝大部分地区尚未建立针对冬季清洁取暖工程的数据运行监测平台，缺少定量数据对实施情况的客观评价，难以对技术路线进行及时修正。现阶段，督查、考核等工作主要以明察为主，在一定程度上缺少全面性和客观性，容易给相关政策的进一步完善与优化带来误导。

2. 建议

(1) 加强清洁取暖推行过程中指导政策统筹规划与管理

农村不同地区气候条件不同，资源禀赋不同，经济水平不同，如何因地制宜，发展以建筑节能、清洁可再生能源开发利用、减少化石能源消耗等手段，实现农村能源革命，为农村提供清洁、方便、高效、经济、安全、可靠的能源，需要各级政府、研究机构、企业等联合起来，有针对性地组成攻关团队，化解矛盾和问题，拿出切实可行的技术及管理方案。鼓励因地制宜制定政策，避免“一刀切”，加强规模化实施方案的科学论证和前期试点示范。

应增强政策制定与执行部门的协同性。针对清洁取暖改造政策设计中的政策冲突问题，成立相关部门参加的清洁取暖改造协调议事机构，打破部门管辖区域边界，就保障清洁取暖所涉及的环保标准、热源供应、供暖技术应用、供暖方式选择等方面的问题进行统筹协调，为清洁取暖改造工程提供强有力的保障。

优化监督考核机制，将“明察”与“暗访”相结合，以明察等途径对政府部门进行调研和座谈，深入了解政策背景、补贴标准、政策执行、监督管理等政府推进的情况。同时随机走访居民或企业员工，深入了解政策执行、居民反映、补贴资金到位等情况，客观评估用户层面的态度与需求。将“质”与“量”相结合，科学评估清洁取暖的实施效果，除了将完成工作量作为考核目标之外，还应引入对工作效果的评估。

（2）加强规划和技术路径引导的科学性

从现有的政策来看，大多只是下达任务目标、罗列技术，缺乏基于本地实际对各项技术进行深入系统的可行性分析比较，对挑选出来的技术路线进行严谨的分析论证。以《北方地区冬季清洁取暖规划（2017—2021）》为例，其中提到：在农村地区推广碳晶、石墨烯发热器件、电热膜、蓄热电暖器等分散式电取暖，科学发展集中电锅炉取暖，鼓励利用低谷电力，有效提升电能占终端能源消费比重。到2021年，电取暖（含热泵）面积达到15亿m^2，其中分散式电取暖7亿m^2，电锅炉取暖3亿m^2，热泵取暖5亿m^2，城镇电取暖10亿m^2，农村5亿m^2。在农村地区，根据农村经济发展速度和不同地区农民消费承受能力，以“2＋26”城市周边为重点，积极推广燃气壁挂炉。在具备管道天然气、LNG、CNG供气条件的地区率先实施天然气“村村通”工程。本条款在实际执行过程中，很容易被误解成只要从上面选择一种或几种形式进行推广，即可达到清洁取暖的目的。上述技术路径相差迥异，需要进行科学的技术经济分析对比，才能优化出适合本地区实际的合理技术方式。

（3）进一步加强北方农村建筑节能工作

由于北方农村地区传统建筑分散、围护结构保温性能弱、农户使用个性化，各区、各村因农宅户型、保温情况、生活习惯不同，以及平原、山区气候差异导致了不同取暖需求，而农村建设长期滞后于城市，在农村地区施行建筑保温改造势必是清洁取暖的必要基础工作。首先需要通过加强保温和被动式太阳能等实现用户侧能效提升，减少建筑能耗需求，针对不同地区、不同类型的农宅，基于建筑热过程分析构建切合实际的用户侧能效提升节能指标体系，并建立起农村居住建筑节能设计的行业标准和国家标准来对节能改造进行科学指导和评估。

（4）改进设备及运行补贴方式

目前，政府用大量的行政手段和巨额的经济补贴去推进农村地区“煤改清洁能源”工程，经过市、区、镇、村（街道）各级补贴后，很多地方的取暖设备达到全额补贴甚至超额补贴。因此，在同样不需要用户花钱的情况下，用户往往选择最贵的，或者自己一次性获得直接经济收益最高的设备，而不是选择适合自家取暖需求的、经济适用的设备。因此政府应在完善标准规范的基础上，引入第三方进行监督，同时评估当地资源情况，制定合理的政策鼓励更加节能、可持续的取暖设备进入市场。

各级层面已经出台的清洁取暖补贴政策大部分都是既补初装费又补运行费，给各级财政造成了很大的压力，且大部分政策均明确了“煤改电热”、“煤改气”的补贴，而对于可再生能源供暖以及建筑节能保温的补贴并未明确。因此，在补贴方面应进一步提高建筑能效提升在补贴资金中的份额以及明确可再生能源的补贴政策，同时以实施“只补初装费不补运行费”为目标，将运行补贴转化为热需求的下降和能效的提高，鼓励推广节能高效性技术产品应用。

在清洁取暖资金途径方面，打破单一依赖政府补贴的方式，进一步促进绿色金融产品和服务的落地，通过再贷款、专业化担保、财政贴息等措施加大对清洁取暖项目的支持力度，降低清洁取暖企业融资成本。支持清洁取暖企业发行绿色债券，支持符合条件的清洁取暖企业上市融资和再融资。建议国家尽快设立绿色发展基金，并下设清洁能源子基金。合理运用融资租赁、证券化等金融工具，为清洁取暖企业多渠道融资创造条件。

(5) 高度重视发展生物质资源解决农村用能和低碳发展问题

我国农村具有丰富的生物质资源，长期以来，广大农村地区有着很好的利用可再生能源的传统，如能充分发挥农村丰富的生物质资源优势，在国家层面大力推广基于生物质资源的可再生能源综合利用体系，不仅可以给我国丰富的农林固体剩余物资源提供一条就近分散利用的可靠途径，改善农村面源污染和提升农村人居环境水平，还对实施乡村振兴战略，建设美丽中国，推动全国节能减排工作，实现应对气候变化和打赢蓝天保卫战，都具有重大意义。为此，建议加快构建生物质能综合利用体系，切实推动农村能源革命。

1) 国家从能源安全、能源结构布局和生态文明建设的战略高度来看待生物质能利用问题，将其作为实施乡村振兴战略、推动农村能源革命的一项最重要普惠性抓手，促进农村生产生活方式革命，进一步助力打赢脱贫攻坚战和实现农业现代化。

2）生物质能的利用应该优先解决农民自己的生活用能。全面鼓励生物质能在农村的清洁高效自用，解决炊事、取暖等生活用能。激励企业为农民提供如同打米磨面般十分熟悉又易于承受的生物质清洁化利用代加工服务，避免农民自用燃料直接商品化，切实降低农民用能成本。

3）在解决农民自己的生活用能的基础上，鼓励将农村富余的生物质能进入各级能源市场。推动生物质能源高附加值应用，实现农村就近向周边城镇、城市、工矿企业输出能源，实现农村土地粮食和能源“双生产双输出”，促进农业增效、农民增收。

4）实施“生物质能扶贫工程”。扶持和引导村民成立以所有村民为股东的生物质能合作社，引进具有自主知识产权和技术先进性的开发企业，共同创建适合当地的生物质能产业链，并对合作社和开发企业给予免税政策等支持条件。合作社负责生物质能收集和初步加工，开发企业则负责深加工、为农民提供清洁能源服务和进一步开拓下游市场。该工程的实施，可解决生物质收集困难、成本高这一长期存在的问题，为生物质能技术在农村的蓬勃发展奠定基础。

5）设立“生物质能综合利用示范区”。为进一步加速生物质能利用技术在农村的推广和产业化，分区域建设若干“生物质能综合利用示范区”，大力推动生物质能利用从单一原料和产品模式转向原料多元化、产品多样化经济梯级综合利用模式，因地制宜解决农村居民燃料、取暖等问题。

(6) 着力推动“四一”模式在农村清洁取暖中的应用

从北方农村清洁取暖工作的初投资约束、运行费约束、使用便捷性约束、统筹规划约束四个方面出发，提出了初投资每户平均不超过一万元、无补贴的年取暖运行费每年不超过一千元、设备一键式智能化操作，并整体建立在一个顶层规划的“四一”模式（详见本书第5.1节）。以“四一”模式为指导，山东商河县重点采用以经济型农宅保温技术为基础、以低环境温度空气源热泵热风机为热源方案实现了农宅的清洁取暖，形成了具有特色的商河模式；河南鹤壁市则将“只补初装不补运行”的补贴机制与“四一”模式相结合，有效推进了农村地区居民生活的“无煤化”，走出了农户能承受、政府能承受、资源能承受的可持续发展模式。

“四一”模式在山东省商河县、河南省鹤壁市等地的成功实践，证明了这种创新模式是完全能够在北方农村地区实现并且进行大规模复制的。“四一”模式从顶层设计出发，通过因地制宜的科学规划，将大大减轻农民用能负担，节约国家财政补贴支出，降低农村清洁取暖能耗和排放，应在北方农村地区大力推广。

2.5 总　　结

本章首先对我国农村的相关概念进行了界定，计算得到了目前农村住宅用能现状和主要特点，对北方农宅取暖模式和实际需求进行了分析，梳理了北方农村地区清洁取暖进展、问题和建议。需要说明的是，目前我国农村地区正处在快速发展的特殊时期，能耗数据一直在不断更新变化，本章所给出的只是特定时间断面的计算结果，即便如此，这些结果还是可以对定量了解和分析我国农村住宅用能现状、趋势和所存在的问题等提供一定的参考。

（1）2018年我国农村住宅用能总量约3.11亿tce（其中商品能为2.16亿tce，非商品能为0.94亿tce），与2014年相比减少了1600万tce，减少比例为4.9%。

（2）2018年北方地区的农村住宅总耗能量为1.7亿tce，南方地区的农村住宅总能耗量为1.4亿tce。

（3）2018年，全国农村地区生活用能中生物质消耗总量和所占比例持续减少，与2014年相比，以秸秆和薪柴为主的生物质能减少总量约2000万t，这与我国目前正在大力提倡的能源结构应逐渐向可再生、低碳化方向发展背道而驰，需要尽快扭转这种局面。

（4）从农宅的建筑形式、人员类型、收入水平，以及实际的建筑功能空间使用模式、热舒适特征、取暖需求来看，我国北方应该采用分室安装、灵活调节的“部分时间、部分空间”取暖模式，更能匹配农宅的实际负荷特性。

（5）过去两年各地针对北方清洁取暖工作，在政策出台、清洁能源替代数量、区域空气质量改善等方面都取得了显著成绩，但在指导政策统筹规划与管理、科学制定技术路径、农宅建筑节能、设备及运行补贴方式、农村用能和低碳发展问题以及推动适宜模式应用等方面的工作还需要进一步改进或加强。

本章参考文献

[1] 《关于统计上划分城乡的规定》(国函〔2008〕60 号)2020. 02. 07 [OL] http://www. stats. gov. cn/statsinfo/auto2073/201310/t20131031_450613. html.

[2] 国家统计局，中国标准化研究院. 国民经济行业分类 GB/T 4754—2017[S]. 北京：中国标准出版社，2017.

[3] 清华大学建筑节能研究中心. 中国建筑节能年度发展研究报告 2012 [M]. 北京：中国建筑工业出版社，2012.

[4] 清华大学建筑节能研究中心. 中国建筑节能年度发展研究报告 2016 [M]. 北京：中国建筑工业出版社，2016.

[5] 国家统计局编. 2010 中国统计年鉴[M]. 北京：中国统计出版社，2010.

[6] 国家统计局编. 2019 中国统计年鉴[M]. 北京：中国统计出版社，2019.

[7] 国家能源局发布 2018 年全国电力工业统计数据. 2020. 02. 07[OL] http://www. nea. gov. cn/2019-01/18/c_137754977. htm.

[8] SHAN M, WANG P, LI J, et al. Energy and environment in Chinese rural buildings: Situations, challenges, and intervention strategies [J]. Building and Environment, 2015, 91: 271-282.

[9] MA R, MAO C, DING X, et al. Diverse heating demands of a household based on occupant control behavior of individual heating equipment [J]. Energy & Buildings, 2020, 207: 109612.

[10] MA R, MAO C, SHAN M, et al. Occupant control patterns of low temperature air-to-air heat pumps in Chinese rural households based on field measurements [J]. Energy and Buildings, 2017, 154: 157-165.

第3章　农村建筑用能对环境的影响分析

根据第2章的农村建筑用能现状分析，目前我国农村建筑用能结构中，煤炭、生物质等固体燃料所占比重依然最大。这些固体燃料以直接燃烧为主，燃烧时产生的大量污染物，会对室内空气质量以及大气环境造成影响。特别是近年来我国多个地区雾霾天气频发的大背景下，更需要认清农村生活用能对其可能的影响。本章通过对农村地区常用固体燃料和炉具的排放性能的测试及相关资料和数据的收集分析，得到了其对室内外环境和人体健康的影响。结合农村地区用能数据和近几年北方地区实施的清洁取暖政策，对清洁取暖行动带来的环境和健康改善效果进行评估，进一步分析农村用能结构变化（由固体燃料直接燃烧转变为清洁燃料）对室内外空气质量和人体健康等方面的影响。

3.1　农村生活用能对室内空气质量和人体健康的影响

农村地区家庭固体燃料燃烧被公认为是造成环境污染以及区域和全球性气候变化的主要原因之一，同时也是一种主要的环境性健康风险影响因子。农村固体燃料直接燃烧会产生大量的污染物（如CO、SO_2、NO_x、颗粒物等）和温室气体CO_2。其中CO排放进入室内，容易导致中毒风险。颗粒物根据空气动力学当量直径（简称粒径）大小，可分为总悬浮颗粒物（Total Suspended Particles，简称TSP）和可吸入颗粒物。TSP指粒径小于100μm的所有颗粒物，可吸入颗粒物指粒径小于10μm的颗粒物，用PM_{10}表示。其中粒径范围为2.5～10μm的可吸入颗粒物被称为粗颗粒，粒径小于2.5μm的可吸入颗粒物被称为细颗粒，表示为$PM_{2.5}$。固体燃料燃烧排放的$PM_{2.5}$的数量在颗粒物中占比很高，并且$PM_{2.5}$由于比表面积大，在环境中滞留的时间更长，吸附的多环芳烃PAHs和重金属等有害物质更多，并且能进入人体肺泡，对人体的健康危害远高于粗颗粒。流行病学研究表明，煤炭和生物质燃烧烟雾可对人的肺脏呼吸功能产生影响，与哮喘、慢性支气管炎和慢性气道阻塞等呼吸系统疾病（COPD）和心脑血管疾病密切相关，且可能造成多种类型的肺脏组织病理学变化。长期慢性暴露在燃烧烟雾环境中与血管内膜增厚和粥样硬化斑块的增加及血压的升高有关。在过去的几十年里，我国经历了快速的人口统计和流行病学的变化。我国2010年死亡的主要原因是中风、缺血性心脏病、慢性阻塞性肺疾病；而在1990年死亡的主要原因是呼吸道感染、中风、慢性阻塞性肺疾病。由此可见，心脑血管疾病占据了主导地位。2005年，我国家庭固体燃料燃烧排放的$PM_{2.5}$、黑碳和有机碳分别占三种物质总排放量的28%、42%和64%，其导致的人体暴露量约占综合总暴露量的70%。2010年由固体燃料燃烧导致的室内空气污染导致67万～93万人的过早死亡，成为我国疾病的危险因素的第五大因子。2015年，固体燃料仍然导致了64%的人体暴露量和至少43%与$PM_{2.5}$有关的过早死亡。因此由农村地区生活用能引起的室内空气污染与人的健康密切相关，应该引起高度关注。

大量的国内外调查数据都证明室内空气污染比室外大气污染更为严重。世界卫生组织（WHO）已经把室内空气污染列为世界第八位最重要的危险性因素。现代人也正经历着以“室内环境污染”为标志的第三污染时期。2002年11月19日我国发布了《室内空气质量标准》GB/T 18883—2002，城市家庭装修产生的空气污染已经得到了人们的普遍重视。相比之下，我国农村住宅污染研究刚刚起步，对农村炊事和取暖所用固体燃料所产生的污染物及其人体暴露和健康效应评价较少。而农村地区室内空气品质的优劣，直接关系到老百姓的身体健康，对全国居民的健康总水平也有决定性的影响。

对于北方地区来说，冬季取暖是室内空气污染的主要源头之一。不同的取暖形式，其对室内空气质量的影响也不同。例如，一些填料口在室内的传统火炕［图2-2(*e*)］，在烧炕的时候有大量烟气进入到室内。还有一些农户直接将取暖炉［图2-2(*c*)］放置到室内，虽然炉子与烟囱相连接，但是总会有一部分CO、$PM_{2.5}$等从炉盖等缝隙处泄露出来，造成安全隐患。对于采用土暖气煤炉＋散热器取暖的农户，也不宜将锅炉放置在室内［图2-2(*a*)］，否则烟气也会泄露到室内，造成一定程度的污染。对于南方地区来说，尤其是在一些气候寒冷的山区，采用火盆［图2-2(*f*)］，甚至直接地上烧柴烤火［图2-2(*g*)］的方式仍很普遍，也导致污染物大量直接排放到室内，对人体健康构成了直接的威胁。

除了取暖以外，农村地区用敞口柴灶［图 3-1(*a*)］或火膛［图 3-1(*b*)］进行炊事也较为常见。这些炊事方式没有烟囱向室外排烟，燃烧产生的烟气直接散发到室内，造成室内污染尤为严重。即使是安装了烟囱的柴灶［图 3-1(*c*)］和煤灶［图 3-1(*d*)］，部分燃烧污染物也有可能从填料口泄漏到厨房里。

图 3-1 不同炊事方式对室内空气污染影响

(*a*) 敞口烧柴灶；(*b*) 室内火膛；(*c*) 传统柴灶；(*d*) 煤灶

下面以对我国南方（四川）和北方（山西、内蒙古）几个典型村落的实地测试结果来定量说明农户生活用能对室内空气质量和人体暴露的影响。

通过在 2014 和 2015 年对四川省北川县 11 个自然村约 200 户农户的实地调研发现，大约有 90％的家庭将木柴作为主要的炊事燃料，其次为 LPG、沼气和电；而且由于地处高海拔地区，冬季大约有 95％的家庭通过把木柴或木炭放置在火盆内敞口燃烧作为主要的取暖方式。测试后发现由此导致冬季室内 $PM_{2.5}$、CO、NO

和 NO_2 的平均浓度分别是夏季的 2.5 倍、1.6 倍、2.6 倍和 1.5 倍。而且不管夏季还是冬季，由于受早、中、晚三顿饭的影响，农户全天的逐时 $PM_{2.5}$浓度会出现三次峰值，如图 3-2 所示。夏季时约有 1/3 农户的峰值浓度位于 100～250$\mu g/m^3$ 的范围，冬季时约有 1/3 农户的峰值浓度位于 250～500$\mu g/m^3$ 的范围。按照世界卫生标准室内 $PM_{2.5}$浓度指导标准为 35$\mu g/m^3$，夏季室内 $PM_{2.5}$三个峰值浓度超标率分别为 64％、66％和 73％；冬季室内 $PM_{2.5}$三个峰值浓度超标率分别为 86％、82％和 93％。综合评价结果表明，该地区夏季室内空气重污染占 34％，中污染占 21.3％。冬季受室内烤火、熏腊肉和房间密闭性提高等因素的影响，室内空气重污染比例上升到 76.5％，中污染比例占 15.7％。

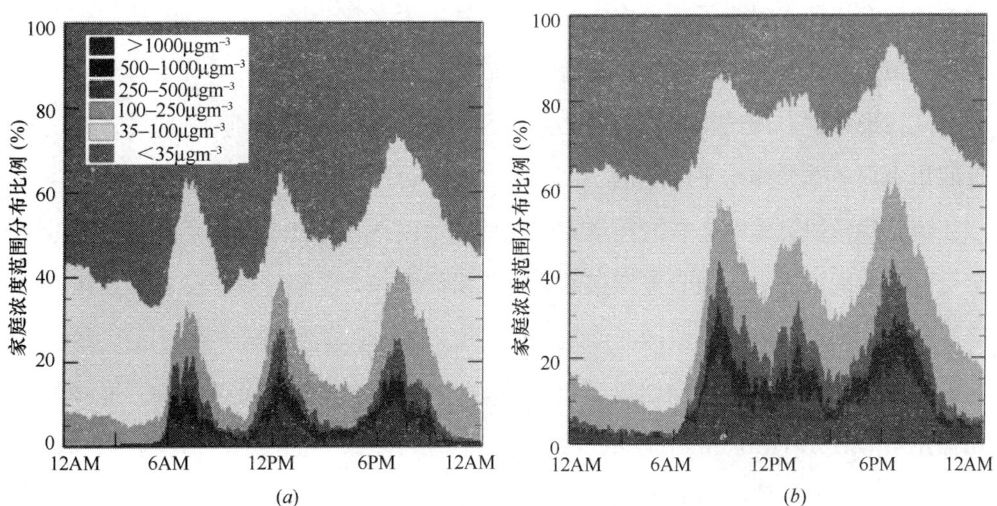

图 3-2 四川省北川县 200 个农户使用传统炉灶直接燃烧木柴导致夏季和冬季室内 $PM_{2.5}$实时浓度分布曲线

(a) 夏季；(b) 冬季

在北方地区，通过在 2016 年对山西盂县 6 个自然村约 220 户农户的实地调研发现，60％以上的家庭使用传统柴灶进行炊事活动，且有约 94％的农户使用燃煤土暖气作为主要取暖方式。所调研村户均能耗煤炭 3.47t，薪柴 19.11kg，秸秆 27.91kg，煤炭使用量超过建筑能耗的 80％。对内蒙古赤峰市 6 个自然村约 100 户农户的实地调研发现，有超过 90％的家庭将玉米秸秆和木柴作为主要的炊事燃料，且有超过80%的农户使用燃煤土暖气作为主要取暖方式，农户一般会将土暖气煤炉和柴灶安置在厨房内，也有个别农户直接将煤炉放置在卧室内。

实测结果表明，普通柴灶的开放式填料口结构会造成农户在进行炊事活动时短时间内产生更高浓度的室内空气污染，瞬时浓度可超过8000$\mu g/m^3$，但持续时间相对较短；而由于农户一天内需要对室内燃煤取暖炉进行多次加煤、搅拌煤等行为，所以燃煤取暖炉更容易造成长时间的较高浓度的$PM_{2.5}$污染。

在上述室内空气污染的影响下，四川所测试农户的冬季人体$PM_{2.5}$平均暴露浓度（几何均值：169$\mu g/m^3$）是夏季（几何均值：80$\mu g/m^3$）的2.1倍。冬季人体CO的平均暴露浓度（1.9ppm）是夏季（0.6ppm）的2.9倍。而山西、内蒙古等北方地区农户冬季时为了减少农宅的冷风渗透，大多数会将门窗外面整体用塑料薄膜进行覆盖，而且整个冬季都不开窗，造成室内换气次数过小，这样更容易加重室内空气污染程度。测试结果表明，北方地区农户的冬季人体$PM_{2.5}$平均暴露浓度接近四川农户冬季暴露水平的2倍。

流行病学研究表明，长时间暴露于这种高浓度的污染环境中，居民的身体健康会受到极大的危害，导致日益增长的心血管疾病负担（心血管动脉硬化、血压升高等）和死亡率的升高。在我国云南地区的研究发现去除其他变量的影响后，年龄较大的妇女在受到使用生物质做饭所产生的$PM_{2.5}$暴露影响时，每对数单位的$PM_{2.5}$增加量会导致4.1±2.6mmHg的收缩压升高，由此推算会造成我国每年有23.1万妇女死亡，且其中黑炭暴露对血压的影响比$PM_{2.5}$更强。

表3-1给出了不同活动模式下24h人体$PM_{2.5}$暴露量的贡献比例。通过调研，将农户的生活状态划分为了四种典型模式：全职农活型、农活+照顾孩子型、全职照顾孩子型和半天农活+半天休息型。通过对这四种类型农户全天的跟踪测试可以发现，各种生活状态的农户在厨房的停留时间都是很短的，最长不超过4h，约占一天时间的17%，但厨房对人体$PM_{2.5}$的暴露量的贡献却是最大的，贡献率范围在49.0%～68.8%之间。农户停留在厨房的时间为做饭和吃饭的时间，这段时间内厨房浓度高达1752$\mu g/m^3$，所以虽然农户在厨房的停留时间短，但暴露量非常高。由此可见，厨房是农宅内污染最为严重的地方，尤其在冬季，室内门窗很少开启，仅靠自然渗透作用，污染物很难及时排至室外。

基于时间-活动模式下的人体暴露情况 表 3-1

活动模式	地点	时长 (h)	浓度 (μg/m³)	暴露 [μg/(m³·h)]	比例
全职农活型	厨房	3.30	1752	5782	63.3%
	室外	8.27	95（农田）	785	11.0%
		2.72	82（山路）	223	
	卧室+起居室	10.1	232	2343	25.7%
	总计	24.39		9133	100%
农活+照顾孩子型	厨房	2.95	1366	4030	68.8%
	室外	6.71	82	550	9.4%
	卧室+起居室	14.37	89	1279	21.8%
	总计	24.03		5859	100%
全职照顾孩子型	厨房	3.47	86（电磁炉）	298	56.4%
		1.52	1200（柴灶）	1820	
	室外	2.72	82	223	5.9%
	卧室 +起居室	15.9	89	1415	37.7%
	总计	23.61		3756	100%
半天农活+半天休息型	厨房	2.85	1366	3893	49.0%
	室外	8.27	95	785	9.9%
	卧室 +起居室	14.1	232	3271	41.1%
	总计	25.22		7949	100%

固体燃料燃烧产生的颗粒物是造成高浓度室内污染的主要物质之一，其容易吸附多种有毒有害物质并进入肺泡内或者肺间质内，激活肺部免疫细胞，引起呼吸道的炎症反应，最终造成呼吸系统相关疾病。通过对蜂窝煤、木柴、木质颗粒等多种固体燃料在相应炉具燃烧过程中室内空气 $PM_{2.5}$ 的采集，并采用微流控平台用相同浓度的各样本溶液对人肺泡上皮细胞（HPAEpiC）进行染毒实验，可以发现，与对照组和室外空气相比，固体燃料燃烧产生的室内空气污染会显著降低细胞的存活率（图 3-3），尤其是木

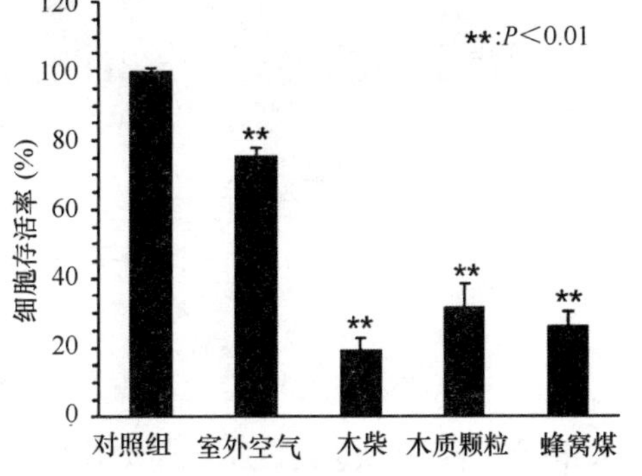

图 3-3 不同固体燃料的室内空气中 $PM_{2.5}$ 对 HPAEpiC 细胞存活率的影响

柴在传统柴灶中的燃烧和煤的燃烧，导致的细胞活力下降更明显。将木柴加工为成型燃料（如颗粒）后，与木柴的直接燃烧相比，细胞毒性得到了一定程度的降低。

对 HPAEpiC 细胞的线粒体内 ROS（Reactive Oxygen Species）的检测表明，HPAEpiC 细胞在线粒体结构受到损伤之后，线粒体内 ROS 水平会显著升高。ROS 可以引起细胞内氧化应激反应，从而在分子和细胞水平造成细胞不可逆转的损伤，诱导细胞的凋亡。高浓度 ROS 易加剧细胞内发生氧化损伤反应，破坏 DNA 分子构型及完整性，增高基因突变概率，最终可能会导致多种疾病甚至肿瘤的发生。与对照组和室外空气样本相比，蜂窝煤和木柴的直接燃烧导致线粒体内 ROS 水平含量显著增加（图 3-4）。木质颗粒对线粒体内 ROS 的影响比木柴直接燃烧得到了较大程度的改善。细胞凋亡率的高低与线粒体内 ROS 水平是相对应的，肺部细胞的凋亡是引起肺部炎症等相关肺部疾病非常关键的一个步骤，而肺细胞炎症反应会引起呼吸问题、肺功能减弱、肺部疾病等，严重影响人们的身体健康。

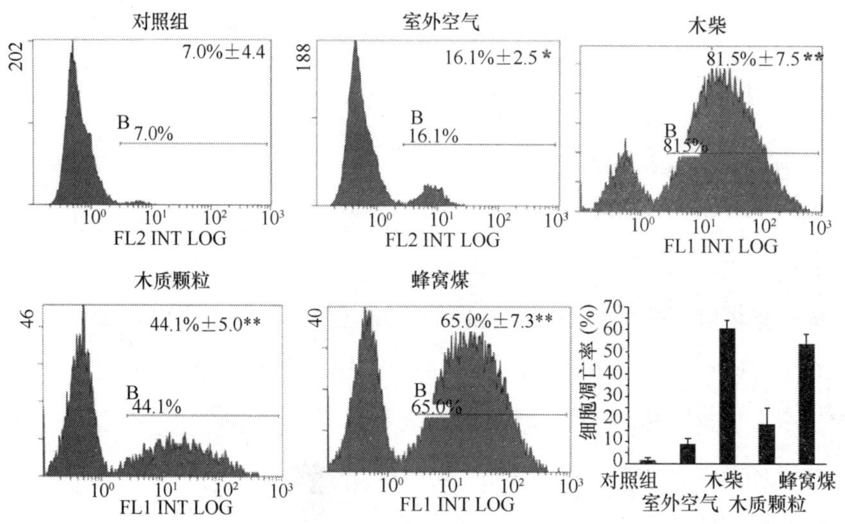

图 3-4 不同固体燃料的室内空气中 $PM_{2.5}$ 对 HPAEpiC 细胞的线粒体内 ROS 水平和细胞凋亡率的影响

*：$P<0.05$；**：$P<0.01$。

此外，通过细胞染毒实验，还发现细胞存活率随着污染物浓度的升高而降低，而大量研究表明，传统柴灶与煤炉排放的污染物浓度远高于生物质成型燃料炉具，前者浓度比后者可以高出几倍甚至十几倍。因此，固体燃料的传统高污染利用带来的室内空气污染和健康影响应受到更多关注。生物质成型燃料炉具因其低排放和较低的细胞毒性，能一定程度上改善固体燃料传统利用导致的健康问题，具有替代固体燃料传统利用的潜力。

据有关学者研究，2013～2017 年间全国人群 $PM_{2.5}$ 暴露水平从 61.8μg/m³ 下降到 42.0μg/m³，下降 32%。减排是我国近年来空气质量改善的主导因素，而年际间气象条件变化影响较小。减排和气象条件变化对全国人群 $PM_{2.5}$ 暴露水平下降的贡献分别为 91%和 9%。其中，减排措施中民用燃料清洁化对空气质量改善明显，使全国人群 $PM_{2.5}$ 浓度暴露水平下降了 2μg/m³。

3.2　农村取暖对区域室外空气质量的影响和清洁取暖效果分析

3.2.1　农村传统取暖方式对区域室外空气质量的影响

我国农村固体燃料的燃烧会产生大量的污染物排放，这些污染物势必会对区域空气质量产生影响。本节以村落尺度为研究对象，介绍小范围区域内农村生活用能对室外空气质量的影响。

以 2013 年北京市农村调研结果为原始用能基准线，来说明农村原有取暖方式对整个区域室外空气质量的影响。2013 年北京市农村地区生活用能总量约为 700 万 tce，其中煤耗总量约为 396.3 万 tce 占 56.61%（散煤占 47.96%），其次为电（26.26%），秸秆树枝（12.64%），液化气（4.50%）（图 3-5）。用于取暖的煤耗占总煤耗量的 92.43%。

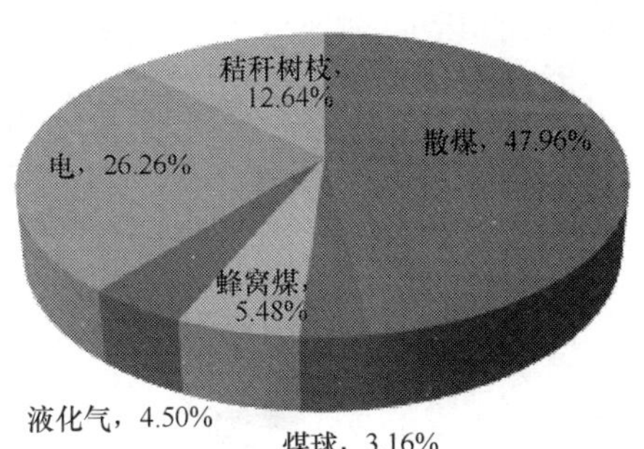

图 3-5　北京市农村地区 2013 年的生活能源消费结构

从质量守恒的角度分析，当流经某一区域的气流方向一定时，基本可以忽略从气流两侧及上方所扩散进来的污染物，此时如果下风向浓度与上风向浓度相同，说明气流下方即农户家中没有污染物排放；如果下风向浓度高于上风向浓度，表明有新的污染源即农户家中排放的污染物进入到气流中。本节通过实地测试的方法探讨了农宅室内固体燃料燃烧对村落室外空气质量（$PM_{2.5}$背景浓度）的影响。村落室外$PM_{2.5}$背景浓度采用粉尘仪DustTrak8530进行监测，并通过滤膜称重结果来修正其测试结果；同时每个测点还布置了小型气象站来记录当地的逐时风向和风速，以便分析不同测点的上、下风向关系，仪器均放置在位于村落中心位置的农户家中屋顶等高点处，来消除空气局部扰流对风速和风向的影响，而且要尽量远离柴灶或者土暖气烟囱出口来避免局部排放的影响。

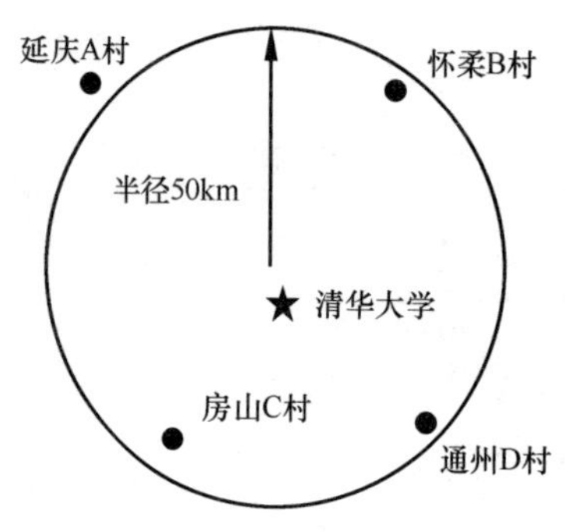

图3-6　不同村落室外$PM_{2.5}$背景浓度监测位置分布

1. 不同村落室外背景浓度对比

整个测试分为两个阶段进行，第一阶段为多个村落定性测试阶段，测试时间主要集中在2013～2014年供暖季，分别从北京郊区的延庆、怀柔、通州和房山四个区选取了A村、B村、D村和C村作为村落室外背景浓度监测地点，同时选取清华大学作为城区背景浓度监测地点，该四个村落基本分布在以清华大学为中心的圆周上，如图3-6所示，分别代表西北、东北、东南、西南四个方位，以此来对比分析不同地区的$PM_{2.5}$村落背景浓度分布和变化情况。

图3-7给出了怀柔B村内某处室外$PM_{2.5}$整个取暖季不同时期的浓度变化情况，图中给出了取暖季前期（11月）、取暖季中期（12月和1月）、取暖季后期（2月和3月）的阶段平均值，从中可以看出取暖季前期、中期和后期的室外$PM_{2.5}$平

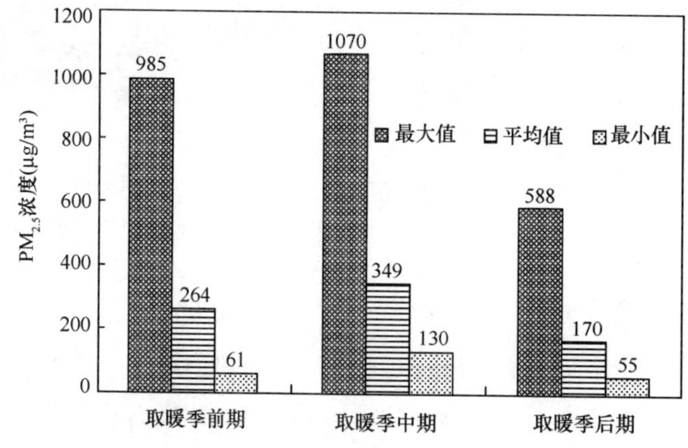

图3-7　怀柔B村取暖季前期、中期和后期的室外$PM_{2.5}$背景浓度

均浓度分别为 264μg/m³、349μg/m³ 和 170μg/m³，取暖季中期 $PM_{2.5}$ 的平均浓度要明显高于其他时间段的 $PM_{2.5}$ 平均浓度，主要原因是取暖季中期天气较冷，农户土暖气烧煤量和火炕烧柴量都偏多，导致污染物排放量也偏大。

另外，从北京郊区不同方位室外背景浓度的对比结果发现，冬季时位于北京南部平原地区的村落室外背景浓度明显要高于位于北京北部山区的村落，主要原因是北京冬季的主要风向为偏北风，当空气从北部山区刮到南部平原地区时，中间会增加许多来自于其他农村地区和城市地区的各种污染排放，如固体燃料燃烧、机动车、工业生产、扬尘等，会不断导致背景浓度升高。

对于其他气态污染物，已有研究结果表明，2014 年北京农村地区室外大气中 CO 浓度在冬季可高达 5.0μg/m³，远远高于其他三个季节（0.4～0.8μg/m³）；NO_2 浓度也由非供暖季的 22～54μg/m³ 的水平增加至供暖季的 93μg/m³；SO_2 浓度全年差别不大，这可能是由于型煤、蜂窝煤等种类的煤中添加了添加剂，抑制了 SO_2 的生成。以煤为主的固体燃料在供暖季的大量燃烧，显著降低了室外空气质量。

图 3-8 给出了 2 个典型日四个村落的逐时室外 $PM_{2.5}$ 背景浓度变化情况，从

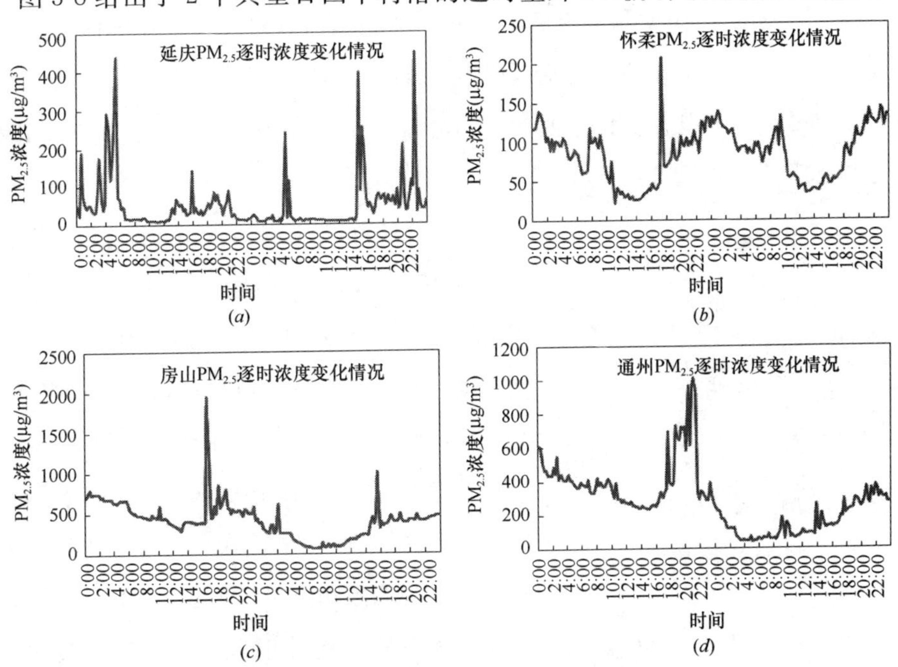

图 3-8 典型日不同村落的某处室外 $PM_{2.5}$ 逐时浓度变化情况

(a) 延庆 A 村；(b) 怀柔 B 村；(c) 房山 C 村；(d) 通州 D 村

中可以看出，各个村落的背景浓度在 8:00 和 16:00 左右都会有短时间的急剧升高现象。通过现场调研发现，该时间段一般是农户晚上做饭和给土暖气填煤的时间，而该过程由于燃料处于不完全燃烧状态，烟气排放量较大，从而导致村落室外空气 $PM_{2.5}$ 背景浓度的短时迅速升高，因此通过这些结果可以定性表明农户室内燃烧生物质、煤炭等固体燃料对村落室外空气质量存在一定程度的影响。

2. 同一村落内部不同位置室外背景浓度对比

通过对农户家中土暖气和柴灶等固体燃料炉灶的使用行为习惯监测发现，大多数农户使用固体燃料的习惯具有相似性，一般每天都会填两次料，而且时间段相对来说比较集中，主要是 6:00～10:00 和 16:00～20:00，进入后半夜，基本没有农户新添加燃料，这种集中式的添加燃料后的燃烧状态，更容易在室外局部范围内导致严重的污染排放。

为了进一步从定量角度分析农户燃烧固体燃料对村落室外 $PM_{2.5}$ 背景浓度的影响，开展了对于单个村落的集中测试，测试时间主要集中在 2014～2015 年供暖季，专门选取顺义区 E 村作为测试对象，选取的原则包括该村位于平原地区，风向风速受地形影响较小，大多数农户都以典型的传统用能方式为主，且村落周边大型工业污染源较少，分别从村落的东西南北的边缘地带设置了 4 处作为室外空气 $PM_{2.5}$ 背景浓度监测点，如图 3-9 所示。

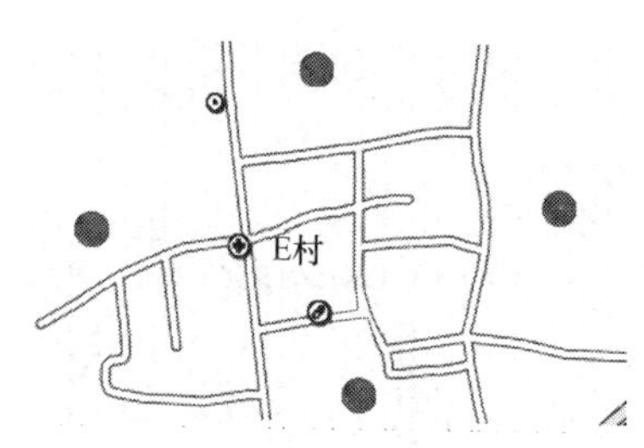

图 3-9 顺义区 E 村四个方位测点位置分布

从整个冬季中选取不同风向时有风状态能够持续 10min 以上的时间段作为分析对象，这样可以确保从上风向测点吹过的空气有足够时间流动到下风向测点。通过整理共统计出 91 个时间段满足上述要求，其中包括北风（36 个时间段，对应北边和南边的测点分别为上下风向）、东北风（13 个时间段，对应北边和西边的测点分别为上下风向）、西北风（17 个时间段，对应北边和东边的测点分别为上下风向）和东风（25 个时间段，对应东边和西边的测点分别为上下风向），将这些时间段的上下风向测点 $PM_{2.5}$ 浓度分别平均后进行比较，结果如表 3-2 所示。

不同工况时位于北京某村上下风向的 $PM_{2.5}$ 平均浓度情况 **表 3-2**

风向	时间段数	风速 (m/s)	上风向平均浓度 (μg/m³)	下风向平均浓度 (μg/m³)	浓度增量 (μg/m³)	填燃料农户比例 (%)
北风	36	0.94	159.4	196.8	37.4	24.0
东北风	13	1.21	55.4	141.4	85.9	4.9
西北风	17	1.62	19.1	73.4	54.3	11.1
东风	25	0.53	321.2	369.1	47.9	15.6

从表 3-2 可以看出，下风向的平均浓度都要高于上风向的平均浓度，但由于受到污染物源排放强度（与填燃料农户比例具有一定关联性）和污染物向气流外部扩散强度（与风速大小具有一定关联性）等因素的共同影响，浓度增加量各不相同。

图 3-10 进一步给出了某典型日上、下风向测点 $PM_{2.5}$ 逐时浓度随风向风速的变化情况，从中可以看出，从 8：00 左右开始出现平均速度为 0.14m/s 的介于东南风和西风之间的偏南风，此时作为下风向的村北测点浓度略高于作为上风向的村南测点浓度，到 10：00 左右时，风向转变成平均速度为 1m/s 左右的介于东北风和西北风之间的偏北风，此时作为下风向的村南测点浓度开始高于作为上风向的村北测点浓度，而且到 14：00 后随着风速的增大，村南测点的浓度更加高于村北测点，一直到 18：00 左右进入无风状态后，两个测点的浓度值开始接近。

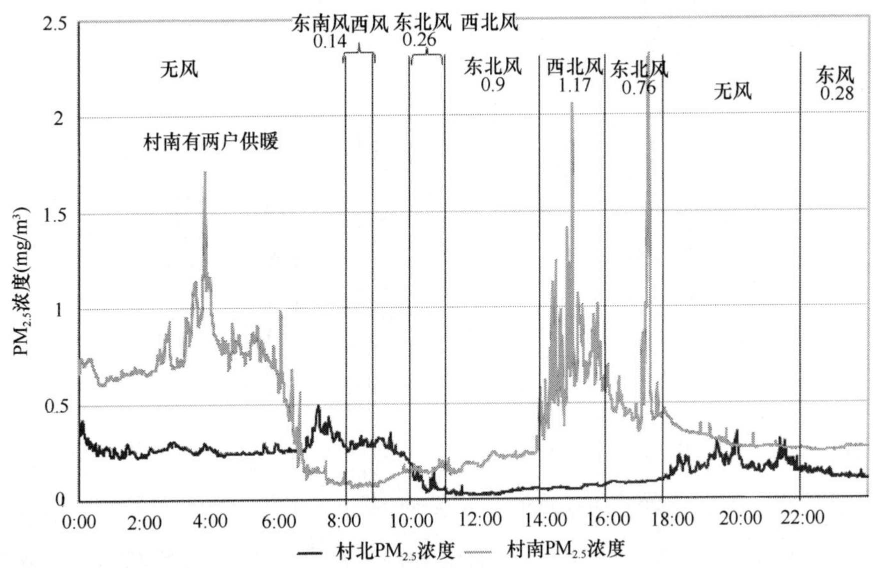

图 3-10 某典型日村南和村北 $PM_{2.5}$ 逐时浓度随风向风速的变化情况

通过上述数据统计结果和现象可以说明农户燃烧固体燃料所产生的污染排放会造成村落内 $PM_{2.5}$ 背景浓度的升高，加重区域性雾霾风险和程度。

3.2.2 清洁取暖对区域室外空气质量的改善效果分析

随着近年来北方地区清洁取暖的推进，煤和生物质等固体燃料的传统利用方式逐渐被清洁能源取暖系统（以电为驱动能源的各种热泵、生物质成型燃料炉、太阳能供暖系统、天然气壁挂炉等）代替。清洁取暖很大程度上减少了排放到大气中的污染物，对区域大气环境的空气质量具有明显的改善效果。以北京市为例，截至2018年，北京市农村地区取暖方式以空气源热泵和天然气壁挂炉为主，约55.4%的农户使用空气源热泵，16%的农户使用天然气，28.6%的农户使用电直热，只有极少数山区农户（约10%）由于地形和基础设施等的限制，仍然使用燃煤炉进行取暖。由于北京市生物质资源并不丰富，2018年生物质在北京农村地区的消耗量已很小，可忽略不计。经过五年清洁取暖项目的实施，供暖季大气中 $PM_{2.5}$ 平均浓度由2013年的123μg/m^3 降为2018年52.6μg/m^3（图3-11），降低了57%。其中，农村取暖贡献率约40%，也就是说，农村清洁取暖方式的普及可以降低北京市约23%的大气 $PM_{2.5}$ 浓度。

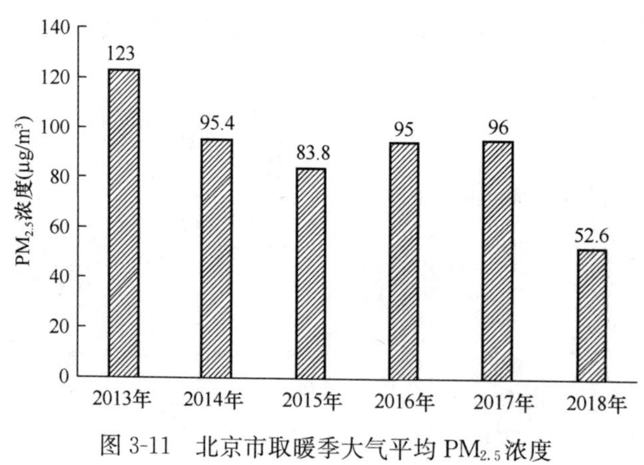

图3-11 北京市取暖季大气平均 $PM_{2.5}$ 浓度

通过对北京市房山区二合庄村2013年和2018年取暖季室外空气 $PM_{2.5}$ 的连续监测数据对比，定量分析了清洁取暖的实施对农村地区室外空气质量的影响。二合庄村的农户在2013年基本使用煤炉、火炕等取暖方式，在2018年基本采用低温空气源热泵取暖。监测所用仪器为DASIBI 7201型β射线法悬浮颗粒分析仪

(图 3-12)，记录间隔为 1min，监测地点均为村内位置相对较高的村委会二层楼顶，排除了仪器安装位置差异带来的影响。

图 3-12 2013 年和 2018 年北京市房山区二合庄村监测位置和监测仪器

图 3-13 给出了 2013 年和 2018 年北京市房山区二合庄村 1～3 月大气日均 $PM_{2.5}$浓度变化情况。二合庄村测试浓度的变化趋势与北京市平均大气监测数据基本一致。2013 年二合庄村 1～3 月大气日均 $PM_{2.5}$浓度平均值为 139μg/m³，2018 年该值为 62μg/m³，降低了 55%。《环境空气质量标准》GB 3095—2012 规定环境空气中的 $PM_{2.5}$控制浓度一级标准为日平均浓度 35μg/m³；二级标准为日平均浓度 75μg/m³。农村地区执行二级标准。通过对二合庄村日均 $PM_{2.5}$浓度概率密度分布分析可以得到，2013 年日均浓度最多分布在 120μg/m³ 左右，而在 2018 年则最多分布在 30μg/m³ 左右，说明日均室外 $PM_{2.5}$浓度正在向低浓度逐渐靠近，能达到二级标准甚至一级标准的天数将会越来越多。清洁取暖的实施对于改善室外空气质量具有明显的效果。

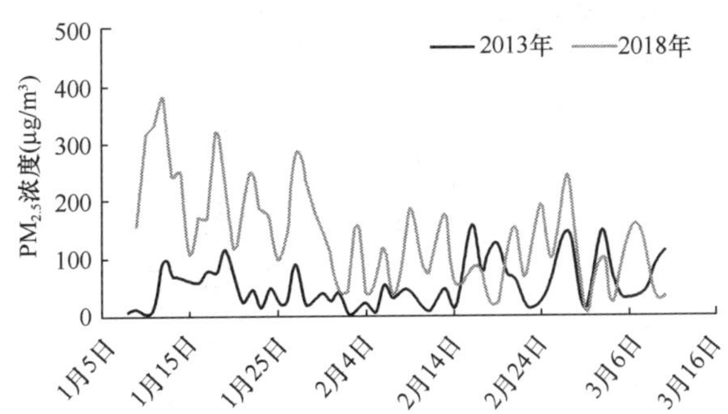

图 3-13 2013 年和 2018 年北京市房山区二合庄村 1～3 月大气日均 $PM_{2.5}$浓度

3.3 农村生活用能的空气污染物排放总量估算

农宅生活用能所产生的各类空气污染物最终都会排入大气，成为大气中的污染源，并可能与大气中其他物质反应生成二次污染物。对某个局部区域来说，如果农户比较密集，而且取暖用能时间比较集中，遇到室外空气扩散条件不好时，可能造成局部污染物的大量堆积和浓度升高，这种高浓度的局部室外环境不仅对周围的人员造成较大的健康威胁，还可能重新进入室内成为二次污染源。本节首先估算2012年清洁取暖行动实施之前我国农村生活用能造成的全国污染排放量，然后对2018年实现部分清洁取暖后的全国污染物排放量进行估算，最后对未来实现清洁取暖的不同情景模式进行预测和分析。

3.3.1　农村固体燃料燃烧的空气污染物排放因子

通过对农村地区常见炉灶在燃烧不同固体燃料时的性能进行实验室和现场测试分析，可以得到其热效率和各污染物排放因子情况，如表3-3所示。从中可以看出，土暖气炉燃烧烟煤的 $PM_{2.5}$ 和 SO_2 的排放因子最高，分别为 3.73g/$kg_{干燃料}$ 和 1.78g/$kg_{干燃料}$，燃烧无烟煤和煤球时的 $PM_{2.5}$ 排放因子依次减小，分别为 3.33g/$kg_{干燃料}$ 和 2.20g/$kg_{干燃料}$。从消耗单位质量燃料上看，用无烟煤和煤球来替换原有的烟煤对 $PM_{2.5}$ 减排百分比分别为 10.7%和 41%，虽有不同程度的降低，但排放因子仍然偏高。燃烧无烟煤的 SO_2 排放因子最低，为 0.16g/$kg_{干燃料}$，但由于无烟煤的热值最大，燃烧时会形成比较高的炉膛温度，导致 NO_x 的排放因子高。对于炊事炉来说，蜂窝煤炉的 $PM_{2.5}$ 排放因子最低，为 0.82g/$kg_{干燃料}$，传统柴灶在燃烧秸秆和木柴时的 $PM_{2.5}$ 排放因子都较高，分别达 9.97g/$kg_{干燃料}$ 和 8.28g/$kg_{干燃料}$，约为燃烧散煤的3倍，但 SO_2 的排放因子很小，仅为 0.02g/$kg_{干燃料}$。

不同炉灶的 $PM_{2.5}$ 和其他气体污染物排放因子　　表3-3

炉灶类型	用途	热效率（%）(SD)	排放因子平均（g/$kg_{干燃料}$）					排烟温度（℃）(SD)
			$PM_{2.5}$ (SD)	CO (SD)	CO_2 (SD)	SO_2 (SD)	NO_x (SD)	
10种土暖气（烧烟煤）	取暖	32.7 (9.5)	3.73 (5.09)	61.05 (41.17)	2497.23 (103.11)	1.78 (4.78)	2.05 (0.37)	238.7 (58.2)
8种土暖气（烧无烟煤）	取暖	30.2 (7.1)	3.33 (3.29)	64.33 (46.99)	2729.25 (73.85)	0.16 (0.19)	2.99 (2.23)	234.4 (55.8)
8种土暖气（烧煤球）	取暖	23.9 (10.1)	2.20 (4.43)	89.73 (41.98)	2095.66 (116.22)	0.30 (0.35)	1.14 (0.61)	131.6 (51.5)

续表

炉灶类型	用途	热效率（%）(SD)	排放因子平均（g/kg干燃料）					排烟温度（℃）(SD)
			$PM_{2.5}$ (SD)	CO (SD)	CO_2 (SD)	SO_2 (SD)	NO_x (SD)	
3种蜂窝煤炉（烧蜂窝煤）	炊事	—	0.82 (0.41)	53.42 (49.40)	1432.23 (77.62)	1.03 (0.99)	0.64 (0.12)	354.9 (177.2)
3种传统柴灶（烧秸秆）	炊事	—	9.97 (2.01)	36.93 (11.60)	1434.30 (18.22)	0.02 (0.02)	1.85 (0.32)	434.1 (29.5)
3种传统柴灶（烧木柴）	炊事	—	8.28 (2.46)	38.30 (8.33)	1565.25 (13.09)	0.02 (0.03)	2.22 (0.22)	272.3 (16.3)

根据本书第2章所给出的2014年全国农村燃煤消耗量以及本节中所给出的农村典型炉灶的排放因子情况，采用上述类似的计算方法，可以估算得到实施清洁取暖之前，全国农村生活燃煤所排放的$PM_{2.5}$总量为62.3万t，生物质直接燃烧所排放的$PM_{2.5}$总量为199.6万t。根据中国煤炭消费总量控制方案和政策研究项目课题组发布的《煤炭使用对中国大气污染的贡献研究报告》，2012年我国全国电力和集中供热所有燃煤产生的$PM_{2.5}$排放总量分别为89万t和42万t。全国农村生活燃煤所产生的$PM_{2.5}$排放总量为城市集中供热排放总量的1.5倍，而全国农村生活用能（含煤炭和生物质）所产生的$PM_{2.5}$排放总量则可以达到城市集中供热排放总量的6倍。

3.3.2 农村生活用能的空气污染物排放量和减排潜力分析

近年来，我国北方地区正在大力推进清洁取暖，多项清洁取暖技术在农村地区得到了应用，主要包括各种低温空气源热泵热风机、空气源热泵热水机、生物质颗粒供暖炉、天然气壁挂炉等。根据本书第2章调研所得到的全国农村生活用能数据，可以得到2018年农村地区全年用能总量约为3.11亿tce，其中煤炭和生物质等固体燃料所占比例达到66.6%。

固体燃料的$PM_{2.5}$、CO、CO_2、SO_2和NO_x排放因子采用3.3.1节中的测试数据作为计算其全国总排放量的依据。电的排放因子采用《中国电力行业年度发展报告2019》和相关文献中的数据，天然气壁挂炉的排放因子以已发表文献中测得的数据为准，如表3-4所示。

电供暖设备和天然气壁挂炉的污染物排放因子 **表 3-4**

取暖系统类型	用途	单位	$PM_{2.5}$	平均排放因子			
				CO	CO_2	SO_2	NO_x
用电设备（折算至电厂侧）	取暖	g/kWh	0.04	0.16	841	0.20	0.19
天然气壁挂炉	取暖	g/Nm³	0.30	0.01	2184.03	0.63	1.84

表 3-5 给出了 2014 年和 2018 年我国北方农村生活用能的主要污染物排放总量对比，可以看出，北方农村生活用能的 $PM_{2.5}$、NO_x 和 SO_2 的污染物排放总量分别由 2014 年的 85 万 t、19.7 万 t 和 32.3 万 t 降至 2018 年的 63.5 万 t、14.9 万 t 和 24.7 万 t，减排比例分别为 25.3%、24.4%和 23.5%。

按照国家十部委出台的《北方地区冬季清洁取暖规划（2017—2021 年）》，2021 年，北方地区农村清洁取暖率要达到 50%左右，由此预测，北方农村生活用能的 $PM_{2.5}$、NO_x 和 SO_2 的污染物排放总量分别可降至 23.1 万 t、13.7 万 t 和 7.7 万 t，比实施清洁取暖前分别减少 72.8%、30.5%和 76.2%。

2014 年和 2018 年我国北方农村地区污染物排放情况对比 **表 3-5**

省份	污染物总排放量（万 t）					
	2014 年			2018 年		
	$PM_{2.5}$	SO_2	NO_x	$PM_{2.5}$	SO_2	NO_x
北京	2.68	0.94	1.25	0.26	0.14	0.18
天津	0.49	0.16	0.21	0.14	0.07	0.11
河北	8.49	2.43	3.44	3.32	1.07	1.65
山西	8.49	3.67	4.42	5.90	2.60	3.18
内蒙古	3.66	1.41	1.76	3.47	1.33	1.67
辽宁	10.88	1.48	3.26	10.14	1.38	3.03
吉林	4.74	0.65	1.46	4.49	0.62	1.38
黑龙江	20.92	2.62	6.59	15.11	1.89	4.76
山东	9.67	1.44	3.25	7.50	1.16	2.59
河南	4.37	1.66	2.12	3.22	1.28	1.61
陕西	3.60	0.97	1.44	2.15	0.62	0.98
甘肃	1.18	0.27	0.44	1.22	0.28	0.46
青海	1.56	0.39	0.60	1.71	0.43	0.65
宁夏	1.22	0.20	0.40	1.09	0.18	0.35
新疆	3.05	1.44	1.67	3.82	1.81	2.09
合计	85.0	19.7	32.3	63.5	14.9	24.7

3.4 总　　结

本章分析了农村生活用能对室内空气质量和人体健康的影响，给出了农村取暖对区域室外空气质量的影响，并结合对我国农村地区常见固体燃料和炉灶的排放性能测试，得到农村生活用能的空气污染物排放总量及清洁取暖减排效果。

（1）农户使用固体燃料进行炊事和取暖时，由于使用水平低，以粗放低效燃烧为主，炉灶各种污染物排放强度大，容易造成严重的农宅室内空气污染并给人体健康带来不良影响，且冬季室内空气污染程度要高于夏季。

（2）农户小范围内密集燃烧固体燃料所产生的污染排放会造成区域性 $PM_{2.5}$ 室外背景浓度升高，加重小范围内的雾霾风险和程度。

（3）近两年来开展的北方清洁取暖工作使农村生活用能的 $PM_{2.5}$、NO_x 和 SO_2 的污染排放总量与清洁取暖实施之前相比，分别减排了 25.3%、24.4%和 23.5%；按照国家整体规划，随着北方清洁取暖工作的进一步推进，到 2021 年这三项减排比例将分别达到 72.8%、30.5%和 76.2%。

本章参考文献

[1] BAUMGARTNER J, SCHAUER J J, EZZATI M, et al. Indoor air pollution and blood pressure in adult women living in rural China [J]. Environmental Health Perspectives, 2011, 119: 1390-1395.

[2] YANG G, WANG Y, ZENG Y, et al. Rapid health transition in China, 1990-2010: findings from the Global Burden of Disease Study 2010 [J]. The Lancet, 2013, 381: 1987-2015.

[3] KILABUKO J H, MATSUKI H, NAKAI S. Air quality and acute respiratory illness in biomass fuel using homes in Bagamoyo, Tanzania [J]. International Journal of Environmental Research & Public Health, 2007, 4: 39-44.

[4] CHAFE Z A, BRAUER M, KLIMONT Z, et al. Household cooking with solid fuels contributes to ambient $PM_{2.5}$ air pollution and the burden of disease [J]. Environmental Health Perspectives, 2014, 122: 1314-1320.

[5] ZHAO B, ZHENG H, WANG S, et al. Change in household fuels dominates the decrease in $PM_{2.5}$ exposure and premature mortality in China in 2005 - 2015 [J]. Proceedings of the Na-

tional Academy of Sciences，2018，115：12401-12406.

[6] WORLD HEALTH ORGANIZATION (WHO). WHO guidelines for indoor air quality: household fuel combustion [S]. WHO，2014.

[7] 中国疾病预防控制中心等. 室内空气质量标准. GB/T 18883—2002[S]. 北京：中国标准出版社，2002.

[8] CARTER E，ARCHER-NICHOLLS S，NI K，et al. Seasonal and diurnal air pollution from residential cooking and space heating in the Eastern Tibetan Plateau [J]. Environmental Science & Technology，2016，50：8353-8361.

[9] KE S，LIU Q，DENG M，et al. Cytotoxicity analysis of indoor air pollution from biomass combustion in human keratinocytes on a multilayered dynamic cell culture platform [J]. Chemosphere，2018，208：1008-1017.

[10] ZHANG Q，ZHENG Y，TONG D，et al. Drivers of improved $PM_{2.5}$ air quality in China from 2013 to 2017 [J]. Proceedings of the National Academy of Sciences，2019，116：24463-24469.

[11] 清华大学建筑节能研究中心. 中国建筑节能年度发展研究报告 2016 [M]. 北京：中国建筑工业出版社，2016.

[12] 中国环境科学研究院等. 环境空气质量标准. GB 3095—2012[S]. 北京：中国环境科学出版社，2012.

[13] NI K，CARTER E，SCHAUER J，et al. Seasonal variation in outdoor，indoor，and personal air pollution exposures of women using wood stoves in the Tibetan Plateau: Baseline assessment for an energy intervention study [J]. Environment International，2016，94：449-457.

[14] LIAO J，ZIMMERMANN A，CHAFE Z，et al. The impact of household cooking and heating with solid fuels on ambient $PM_{2.5}$ in peri-urban Beijing [J]. Atmospheric Environment，2017，165：62-72.

[15] 陈国伟，单明，李佳蓉，蒋建云，叶建东，杨旭东. 北京农村地区燃煤污染物的排放测试[J]. 环境工程学报，2018，12 (02)：597-603.

第4章　农村生物质消纳路径与农村能源革命

我国每年产生大量的以农业秸秆和林业废弃物为主的生物质资源，这些生物质的消纳路径需要科学规划，结合我国节能减排、应对气候变化总体目标做出战略性考虑。如果秸秆消纳路径选择合理，可以将其变废为宝，甚至对我国农村能源生产和消费革命有重要意义，否则将会产生深远的负面影响，本章对此进行详细论述。

4.1　我国农村生物质资源情况及问题

我国是传统农业大国，2018 年农作物播种面积 24.89 亿亩，粮食产量 6.3 亿 t，林地面积 48.87 亿亩，每年会产生大量的生物质秸秆及林业废弃物。再加上农村畜禽养殖等也会生成大量废弃物，这些都必须进行合理消纳。这就首先需要较准确地估算以上各类生物质年产生量，并预测未来的发展趋势。由于统计口径及计算方式不一，加上我国农业、畜牧业、林业一直都在动态发展，因此以下数据仅供参考。

1. 农作物秸秆量

根据国家发展改革委、原农业部 2015 年对全国秸秆综合利用情况的详细评估结果，该年全国主要农作物秸秆理论资源量为 10.4 亿 t，可收集资源量为 9.0 亿 t。我国农作物秸秆的分布主要集中在东北、华北和长江中下游地区，13 个主产区粮食作物秸秆占全国粮食作物秸秆的 78.4%，占全国秸秆资源总量的 76.1%。从作物种类看，玉米、水稻和小麦三大类作物秸秆产量占比 84.8%，是我国农作物秸秆的主要来源。基于我国对粮食未来发展需求及农作物结构的微调，以及农业技术的发展，使得粮食单产不断提高，预测到 2035 年和 2050 年，我国秸秆理论资源量 8.2 亿 t，可收集资源量约 6.8 亿 t。

2. 农产品加工剩余物

农作物收获后进行加工时也会产生废弃物，如稻壳、玉米芯、花生壳和甘蔗渣等。这些农业废弃物由于产地相对集中，主要来源是粮食加工厂、食品加工厂、制糖厂和酿酒厂等，数量巨大，容易收集处理，可作为燃料直接燃烧使用，也是我国农村传统的生活用能来源之一。2016 年我国农产品加工剩余物约 1.1 亿～1.6 亿 t。预计到 2035 年和 2050 年，该数值将大体保持不变。

3. 畜禽养殖剩余物

2017 年全国猪肉产量 5451.8 万 t，牛肉产量 634.6 万 t，羊肉产量 471.1 万 t，生猪年末存栏 44158.9 万头，禽蛋产量 3096.3 万 t，牛奶产量 3148.6 万 t。目前农村分散养殖已大幅度减少，各集中养殖场对畜禽粪污通过干湿分离、干粪生产有机肥、尿液污水进行发酵处理等过程实施减量化、无害化处理，或由区域性无害化处理中心及商业化生物能源公司统一收集处理。据测算，2017 年全国共处理畜禽粪污 38.1 亿 t（湿重）。

4. 林业生物质

根据中国第八次森林资源清查结果，全国林地面积 31046 万 hm^2，其中：林地 19117 万 hm^2，疏林地 401 万 hm^2，灌木林地 5590 万 hm^2，未成林地 711 万 hm^2，宜林地 3958 万 hm^2，其他林地 1269 万 hm^2（包括苗圃地、无立木林地和林业辅助生产用地）。有林地面积中，乔木林 16460 万 hm^2，占 86.10%；经济林 2056 万 hm^2，占 10.76% ；竹林 601 万 hm^2，占 3.14%。全国森林面积 20769 万 hm^2，森林覆盖率 21.63%。其中，防护林 9967 万 hm^2，特用林 1631 万 hm^2，用材林 6724 万 hm^2，薪炭林 177 万 hm^2，经济林 2056 万 hm^2，其他林（包括宅旁、路旁、水旁、村旁等四旁林）214 万 hm^2。可利用的林业抚育和木材采伐剩余物生物质资源年产量约 1.9 亿 t。

由上述数据可见，我国以农作物秸秆为主要代表的生物质资源总量丰富，面临很大的合理化消纳困境，其中禽畜粪便可以用作农家肥或生产沼气，农村厨余垃圾也可以分类回收或者利用，消纳路径相对明确。但由于秸秆类生物质分散性和低品位，其消纳存在区域性、季节性和结构性等一系列矛盾，造成每年大量农作物秸秆长期被抛弃、野烧，成为造成室外空气污染甚至大范围雾霾天气的重要原因之一。为此，各级政府每年都需要耗费大量人力物力进行监管，导致基层干群矛盾突出。

2017年，中共中央办公厅、国务院办公厅印发了《关于创新体制机制推进农业绿色发展的意见》，要求“严格依法落实秸秆禁烧制度，整县推进秸秆全量化综合利用”，但近年来秸秆露天焚烧现象仍屡禁不止，造成了环境的污染和资源的严重浪费。因此，如何合理消纳剩余的秸秆资源成为解决问题的关键。鉴于农作物秸秆具备多种消纳方式，对大气污染和温室气体排放有着显著的差异，因此下面将从大气环境排放影响的角度对不同消纳途径进行分析。

4.2 我国农作物秸秆的消纳途径及对大气排放影响

4.2.1 我国农作物秸秆消纳现状

目前，我国秸秆资源主要的消纳方式包括肥料化、饲料化、燃料化、基料化、原料化利用（简称“五化”），以及露天焚烧，如图4-1所示。从2015年数据看，每年可收集的9.0亿t秸秆中，已利用量为7.2亿t，秸秆综合利用率为80.1%，其中，秸秆肥料化利用量为3.9亿t，占可收集资源量的43.2%；秸秆饲料化利用量1.7亿t，占可收集资源量的18.8%；秸秆基料化利用量0.4亿t，占可收集资源量的4.0%；秸秆燃料化利用量1.0亿t，占可收集资源量的11.4%；秸秆原料化利用量0.2亿t，占可收集资源量的2.7%。尚有1.8亿t秸秆未得到有效的利用，被废弃或野外焚烧。

图4-1 我国秸秆“五化”利用及秸秆露天焚烧

(a) 秸秆燃料化利用；(b) 秸秆肥料化利用；(c) 秸秆饲料化利用；(d) 秸秆原料化利用；(e) 秸秆基料化利用；(f) 秸秆露天焚烧

除了露天焚烧，秸秆的其他消纳方式对农作物秸秆的资源化转变都有不同程度的积极作用，但也都存在一些问题，表4-1总结了不同秸秆消纳方式的利弊。

不同秸秆消纳方式利弊　表4-1

秸秆消纳方式	优点	缺点
燃料化利用	减少化石能源消耗、减少温室气体排放	存在一定程度燃烧污染排放、收储运成本较高
肥料化利用	改善土壤理化性质，增加有机质含量，增加土壤表层水分，增加土壤微生物种类和数量	增加作物病虫害风险，可能造成土壤不实，导致根系不牢、苗不壮、后期易倒伏等问题
饲料化利用	降低养殖成本、提高乳肉品质	劳动强度大、适口性和营养成分不足、收储运成本较高
基料化利用	收益高、生产后的菌糠可还田	成本相对较高，有一定技术门槛
原料化利用	用于生产乙醇、建材等，可缓解粮食紧缺、森林砍伐等问题	前期投入及收储运成本较高、存在废水等污染问题
露天焚烧	快速处理秸秆	资源浪费、污染严重

受到农业集约化程度、资金、技术等因素的制约，我国秸秆资源的综合利用水平还比较低，秸秆露天焚烧的现象仍然非常普遍。秸秆露天焚烧不仅造成资源的浪费，而且会对农田生态系统造成破坏，导致土壤肥力降低、土壤墒情恶化、土壤微生物数量和多样性减少。同时，焚烧过程中产生的大量 $PM_{2.5}$、SO_2、NO_x、CO 等污染物（见表4-2），会导致大气环境的恶化。联合国环境规划署（UNEP）发布的报告显示，秸秆露天焚烧能极大地促进雾霾的形成，从而影响当地的空气质量和能见度，造成高速公路封路、航班延误甚至取消等严重社会影响。除此之外，秸秆露天焚烧还将增加人体的污染物暴露水平，对人们的健康造成危害，加重哮喘等疾病。由此可见，要实现秸秆资源合理消纳，首先要解决的问题就是秸秆露天焚烧。

秸秆露天焚烧排放因子　表4-2

作物	SO_2 (g/kg)	NO_x (g/kg)	VOC (g/kg)	CO (g/kg)	$PM_{2.5}$ (g/kg)
水稻	0.1	2.3	4.0	52.1	3.0
小麦	0.3	2.4	6.5	59.3	7.4
玉米	0.3	2.6	8.8	68.6	8.4

近年来，我国各地区严厉禁止秸秆露天焚烧，秸秆禁烧工作在各方努力之下取得了一定的成绩，但仍然有相当一部分地方在监管缺失甚至在严格监管下继续选择露天焚烧秸秆，导致出现了秸秆焚烧屡禁不止的现象。可见，要有效解决秸秆露天

焚烧问题，首先需要分析农民选择将秸秆露天焚烧的原因。

农民焚烧秸秆最直接的原因是为了在农作物收获后将留在地里的秸秆快速处理掉，从而方便进行下一季的播种。但秸秆焚烧的根本原因，是农民出于自身经济利益最大化的考虑，选择了处置成本最低的方式。在过去农村经济能力差或者燃料不足的时候，农民会将秸秆收集起来作为燃料或者当作牲畜饲料。而随着我国经济的持续高速发展，农村地区的经济收入水平也得到了很大的提高，煤、液化气等商品能源也逐渐进入了农村家庭。尤其是绝大部分农村青壮年劳动力都选择了进城务工，收集、处理秸秆的机会成本越来越高，于是将秸秆直接在地里焚烧就成了农民“不得已”的选择。因此，解决秸秆焚烧问题的关键是要为农民找到一种合理消纳秸秆的方式。

4.2.2 秸秆不同消纳方式的消纳潜力

针对各种消纳方式，首先需要考虑该方式是否能提供足够大的消纳潜力，即最大消纳量与目前消纳量的差值，确保从容量上能够完全消纳露天焚烧的秸秆。秸秆饲料化、基料化、原料化利用由于受牲口数量、食用菌销量、工业原料使用量等需求端因素限制，计算得到其最大消纳量分别为每年 2.4 亿 t、0.54 亿 t、0.59 亿 t（见表 4-3），由此可以得到秸秆饲料化、基料化、原料化利用的最大额外消纳潜力分别为 0.7 亿 t、0.14 亿 t、0.39 亿 t（尚且不讨论这些是否为最佳消纳方式，后面会有论述），与目前秸秆露天焚烧量 1.8 亿 t 存在较大差距，说明秸秆饲料化、基料化、原料化利用远不足以替代秸秆露天焚烧。因此，期望通过这三种方式完全解决我国农作物秸秆消纳问题是一种一厢情愿的想法。

不同秸秆消纳方式的最大消纳量和目前的消纳量 **表 4-3**

秸秆利用方式	最大消纳量（亿 t）	目前的消纳量（亿 t）	额外消纳潜力（亿 t）
饲料化	2.4	1.7	0.7
基料化	0.54	0.4	0.14
原料化	0.59	0.2	0.39

与饲料化、基料化、原料化这几种有限消纳能力的方式相对应，我国的建筑供暖、炊事以及工业用热每年消耗大量的化石能源，而秸秆燃料化利用可以广泛地替

代化石能源使用，其消纳潜力几乎不存在上限，能够完全消纳秸秆露天焚烧及其他不合理消纳方式的秸秆。同时，秸秆肥料化（还田）利用也可以通过秸秆就地还田实现秸秆百分之百消纳，美国等很多西方国家也大多选择这种形式处理秸秆。因此，从消纳潜力的角度考虑，两者似乎不存在差异。但是，其对环境的影响又会是怎样呢？下面分别进行详细的对比分析。

4.2.3　还田还是燃料化：两种消纳途径的环境影响分析

目前，我国秸秆肥料化利用最主要的方式是秸秆直接还田，大众普遍认为其最大的优点包括两方面：肥田和温室气体减排。从肥田效果看，秸秆还田后能够释放N、P、K等营养元素，理论上能够起到肥田和减少化肥使用的作用。但是，在我国实际的农业生产过程中，秸秆还田尚未发挥替代化肥的作用，原因主要包括以下两点：一是技术方面的原因，秸秆还田替代化肥需要利用精确施肥技术，即根据秸秆还田的实际情况来调整农田化肥的使用量，但精确施肥技术在我国刚刚起步，应用还非常少；二是种植习惯方面的原因，一方面，为保证粮食的产量，我国农田长期处于过量施肥的状态，从图4-2可以看出，我国单位面积农田化肥施用量远远高出世界平均水平；另一方面，我国城镇化的进程和社会经济的高速发展导致农村青壮年劳动力减少、务农的机会成本增加，越来越多的农民开始追求更加简便的种植方式，比如在笔者开展田间实验的东北地区，农民在播种玉米时往往会采用“一炮轰”的方式进行过量施肥，从而省去拔节期的追肥，以达到省时省力的目的。上述

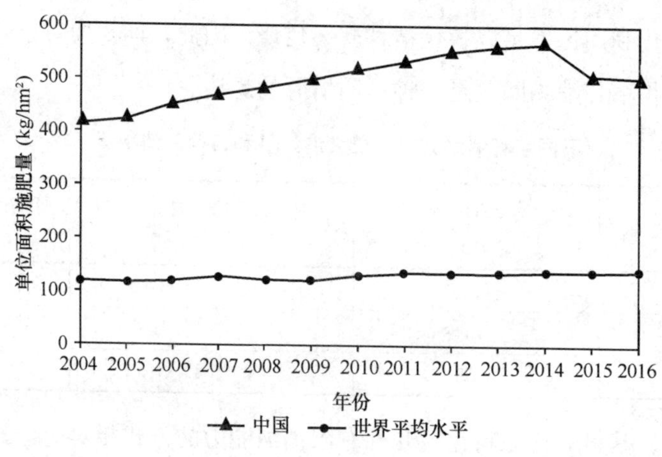

图4-2　各国农田单位面积施肥量

两方面的原因导致秸秆还田目前很难发挥替代化肥的作用。此外，秸秆还田还面临很多其他现实问题，如过高的秸秆还田量需要吸收土壤中原有的大量氮素、磷素和水分，会引起土壤的碳氮比失衡，影响土壤微生物的生长繁殖，进而影响还田秸秆的腐解、转化和作物生长发育；当秸秆过长、地温过低、松紧度不当时，不利于秸秆腐解，会影响出苗和作物生长，造成减产；秸秆还田还会使病原菌重新回到土壤中，长期积累会加重苗期病害和土传病害的发生。

大部分包含在活体植物中的生物质最终会转变为死有机物质，部分死有机物质分解迅速，将碳还原到大气层中，但是部分会残留数月、数年甚至数十年。一旦死有机物质破碎分解，它们就转变成土壤有机质，土壤有机质中包含各种各样的物质，这些物质随着在土壤中停留时间的不同而变化很大，大部分是由不稳定的化合物组成，易于被微生物有机体快速分解，将碳还原到大气层中，只有小部分土壤有机碳会转变为难分解化合物（如有机—无机复合体），这种化合物分解缓慢，因而能在土壤中残留数十年至数百年甚至更久。有研究指出，土壤的固碳作用并不是无限的，当土壤碳达到饱和后，土壤的固碳作用将停止，而且从很长的时间周期来看，土壤对生物质的直接固碳残留比例很小，只有 3%左右，几乎可以忽略。由于植物生长过程中会吸收 CO_2 将其固定在体内，如果在植物死后这些碳全部还是以 CO_2 的形式释放出来，则又会被新一轮的植物生长所吸收，因此从物质守恒的角度，可以认为生物质具有“碳中和”属性。但是如果在生物质消纳过程中释放出一定量的 CH_4、N_2O 等强温室效应气体，由于两者的全球增温潜势分别是 CO_2 的 28 倍和 265 倍，则生物质的“碳中和”属性就会被打破，会正向增加温室效应。下面对不同消纳方式分别进行阐述：

（1）秸秆还田过程中甲烷的排放是由产甲烷菌和甲烷氧化菌参与的一系列反应决定的，土壤处于厌氧环境时，产甲烷菌的活性较强，会大量增加排放，如稻田环境，而当土壤环境由厌氧向好氧转化时，甲烷氧化菌活性较强，会氧化 CH_4，减少其最终排放量，如旱田环境；同时，由土壤中微生物参与的硝化和反硝化作用会产生 N_2O 排放。

（2）各类生物质不管是农业废弃物还是林业废弃物，在燃烧过程中都会因为发生化学反应而产生甲烷和氧化亚氮的排放，但是排放量会由于不同燃料形态和燃烧方式而显著不同。

(3) 秸秆发酵制沼气过程会产生大量的甲烷气体，理想状况下，甲烷气体通过燃烧最终会全部转化成CO_2，但如果管控不好，沼气在生产和使用过程可能会存在与化石气体燃料的开采和使用过程相类似的共性泄漏问题（如煤矿开采过程中的瓦斯排除、天然气开采和输送管网泄漏等），造成一部分CH_4和N_2O气体分子直接排放到大气中。

(4) 在畜牧养殖业中，甲烷的排放主要来自于各畜种的肠胃消化过程，其中以反刍动物消化系统中的肠道发酵导致CH_4的产生和排放最多，畜禽粪污在发酵的同时也会产生甲烷和氧化亚氮排放。

(5) 即使将成熟的秸秆不做任何处理，自然弃置在田地中，由于阳光、雨水、空气和微生物的综合作用，最终也会生成一定量的CH_4和N_2O。

根据文献中的研究结果，整理得到不同生物质消纳方式的CH_4和N_2O排放因子，如表4-4所示。

不同生物质消纳方式的CH_4和N_2O排放因子 **表4-4**

消纳方式	排放因子 g/(kg 生物质)		等效增排量 (g CO_2eq)
	CH_4	N_2O	
玉米秸秆还田	0.038	0.058	16.4
水稻秸秆还田	40.5	0.002	1134.5
秸秆成型燃料燃烧	0.0067	0.0504	13.5
玉米秸秆野外焚烧	3.9	0.1	135.7
林业废弃物野外焚烧	4.7	0.26	200.5
秸秆发酵制沼气	3.866	0.001	108.5
秸秆做牲畜饲料	17.92	0.213	558.2
秸秆自然弃置	0.0914	0.0802	23.8

从表4-4中可以看出，不管对秸秆等生物质资源采取何种消纳措施，包括采取自然弃置的方式，整个过程中都会产生一定量的CH_4和N_2O排放，因为这两种气体的全球增温潜势分别是CO_2的28倍和265倍，所以会造成不同程度的等效增排量，其中水稻秸秆还田、秸秆做牲畜饲料、林业废弃物野外焚烧、秸秆发酵制沼气等过程所带来的等效增排量最大。与此相比，将秸秆加工压缩为成型燃料进行清洁

可控的燃烧，所排放的 CH_4 和 N_2O 是所有方式中最少的。这里需要说明的一点是，目前生物质在全生命周期发酵过程的温室气体排放量一般会被低估，因为受人力、物力、财力等原因的限制，此类研究的周期普遍较短，一般是一年或几年的时间，而生物质中有机质的腐烂降解往往需要几十年甚至上百年的时间，但是即使忽略残余物质在未来长周期内的变化过程和 CH_4、N_2O 等温室气体排放，已经表现出明显的增排现象了。由此可以得到结论：将成熟后的生物质资源通过清洁高效的燃烧技术在越短的时间内将其内部的碳元素迅速转化成 CO_2，进而作为下一轮作物生长的碳源，将越容易维持生物质所自有的“碳中和”属性，否则，不管这些生物质采取自然弃置或其他利用方式，过程中都会源源不断地产生 CH_4 和 N_2O 排放，增加温室效应。

秸秆燃料化利用经过多年的研究和发展，已经出现了多种较为成熟的利用方式。经过加工的秸秆燃料，无论是收储运成本，还是秸秆燃料的燃烧效率和排放性能，都得到了大幅优化。将农作物秸秆加工为燃料，用以替代化石能源的使用，一方面能够实现真正的零碳排放，另一方面，也将取得可观的污染物减排效果。由此可见，秸秆燃料化利用是我国秸秆资源的最佳消纳方式，但在燃烧过程中需要注意做到清洁高效，最大限度地控制颗粒物和其他各类大气污染物的排放。

4.3 生物质燃料化的应用方式及污染排放控制

4.3.1 生物质燃料化的应用方式

目前生物质燃料化的主要目标是实现生物质秸秆有效消纳的同时，替代传统化石能源的作用，做到一举两得。主要有三种替代场景，分别是生物质电厂（含热电联产）替代燃煤电厂、生物质锅炉替代中小型城镇燃煤锅炉，以及户用生物质取暖和炊事炉具替代农村散煤炉。对于同样的生物质资源，不同的应用方式决定了其污染排放和能源替代效果不同，本节分析对比这三种应用方式的特点及效果。

1. 生物质电厂

仅从生物质消纳角度考虑，生物质电厂无疑能够快速处理大量的农作物秸秆，因此近年来在一些地区发展迅速。截至 2018 年年底，我国已投产农林生物质发电项目321个，总装机规模806.3万kW，年发电量394.7亿kWh，平均利用小时数4895h，其中热电联产总装机容量为346万kW。生物质发电从能源品位角度出发，产生了高品位的电能，热电联产机组同时还能供热，虽然能源利用效率较高，但目前我国的大多数燃煤机组发电都已经或正在进行超低排放改造，如果再用生物质电厂替代燃煤电厂，则不仅需要重复投资，而且所带来的环境收益较小。

目前生物质电厂主流机组装机容量为3万kW，这使得燃料用量和储存量均较大，而在生物质资源分布分散的条件下，会使得原材料收集半径扩张，交通运输困难，尤其在秋收季大量生物质燃料集中于该时间段进场，造成道路拥堵、运输成本升高，而较高的原材料成本使得生物质电厂过于依赖政府补贴电价，是制约生物质电厂发展的核心问题；生物质电厂一般按15～70d来建立生物质原料库存，以装机规模3万kW的生物质电厂为例，需要近5万t的原料存储量，防火管理等难度大，占用大量企业经营的现金流。此外，由于热源和供热负荷不匹配，目前生物质热电项目供热能力大量闲置。新建的生物质热电联产项目很难找到和供热能力相匹配的县城城镇等热负荷需求，使得机组不得不以纯发电模式运行，也无成熟的分布式小型热电联产系统为村镇供热，无法打破热源和热负荷不匹配的局面。

从宏观角度出发，截至2018年年底我国可再生能源装机容量达到75581万kW，其中风电光电装机容量合计35889万kW，且存在较严重的弃风弃光现象，若盲目地推广建设生物质电厂，其最终替代的能源将不是化石能源，而是已有风电和光电等可再生能源的发电量，浪费了生物质资源的清洁属性，甚至可能达到大气污染物排放负贡献的效果。

2. 中小型生物质锅炉

利用生物质进行区域集中供热，主要是采用中小型生物质成型燃料锅炉或秸秆打捆直燃锅炉的形式，同样受制于收集半径、存储规模和燃料成本等约束，锅炉设计容量不宜过大。可以在生物质资源较为丰富、大气污染形势严峻、淘汰燃煤锅炉任务较重的区域，以及散煤消费较多的县域学校、医院、宾馆、写字楼等公共设施和商业设施，以及农村城镇等人口聚集区进行重点发展，也可在中小工业园区以及集中供热覆盖不到的工业区应用，为工业用户提供清洁经济的工业蒸汽，替代化石能源消耗。集中供热的中小型生物质锅炉可以充分发挥生物质零碳的特性，同时对锅炉产生的烟气进行集中处理，满足排放要求，替代大量的燃煤消耗。

3. 户用生物质取暖和炊事炉具

生物质原料的来源较多，最常用的为农林类生物质材料，主要包括树皮、树叶、林木、秸秆、稻草等，不加处理时由于原料结构疏松、分布分散、不便运输及储存、能量密度低、形状不规则等缺点，不方便进行规模化利用，且燃烧效率低、污染排放高。生物质成型燃料加工技术是通过揉切（粉碎）、烘干和压缩等专用设备，将农作物的秸秆、稻壳、树枝、树皮、木屑等农林剩余物挤压成具有特定形状且密度较大的颗粒或压块，是生物质高效利用的关键（具体参见本书第6.2.3节）。通过压缩成型技术，可大幅度提高生物质的密度，使成型燃料的能量密度与中热值煤相当，且运输与储存性质均与煤炭类似，在专门炊事或取暖炉燃烧时（参见本书第6.2.2节），效率高、污染物释放少，可替代煤、液化气、天然气等常规化石能源，满足家庭的炊事、取暖和生活热水等生活用能需求。近几年在国家清洁取暖政策的鼓励和支持下，很多地方开展了采用新型生物质成型燃料炉具进行散煤替代和清洁取暖的尝试（参见本书第7.4节）。

整体来说，由于生物质资源质量密度低，经济运输半径有限，大规模集中化生产和长距离运输的利用方式本质上因为缺乏经济性而难以持续。虽然秸秆发电由于有上网电价补贴，成为目前发展规模最大的生物质利用方式，但很多生物质发电厂都面临原料收集困难、运输半径大、成本逐年推高等问题而经营困难，难以从整体上解决和实现生物质资源化利用的目标。因此，对于生物质能源来说，最合适的方式是本地化生产、本地化配送及消费，优先满足农村的基本生活用能，在资源富裕的情况下，再考虑替代中小型燃煤锅炉，对烟气进行集中处理净化，实现镇区和县城周边的清洁化供热；如果区域内还有更多富裕的生物质以及就近集中供热需求时，才考虑建设生物质电厂进行集中热电联产，这样才有利于最大限度实现生物质的合理利用。

4.3.2 污染物排放控制

生物质成型燃料一般配合半气化炉进行利用，由于有一次风从炉排底部进入，在炉具上部出口处增加了二次风喷口，可以将固体生物质燃料和空气的气固两相燃烧转化为单相气体燃烧，供氧效果好、火力强、能使燃料得到充分的燃烧，并可以大幅度减少颗粒物和一氧化碳等污染物排放。以近几年清华大学在四川省北川县所推广的200户基于新型生物质颗粒燃料燃烧器所开发的独立型炊事炉为例，该炊事炉具有自动点火、手动螺旋进料和除灰等特点，而且在灶膛烟气出口处增加了水套用于回收烟气中的部分热量来给农户提供洗手、洗菜、洗锅用的生活热水等特点，优势在于可以完全不改变农户的原有炊事习惯，而且炊事热效率可以达到35%以上，另烟气热回收余热占总热量的10%以上，用于提供生活热水，大大提高了能源的综合利用效率，同时使用更加方便。此外，该炉具是一种可以显著减少污染排放的可靠炊事方式，燃烧单位质量燃料的CO和$PM_{2.5}$排放量与传统柴灶相比优势明显，可以使燃烧所产生的污染物排放量减少90%以上，如表4-5所示。

新型生物质炊事炉与传统柴灶的性能测试对比　　表4-5

设备类型	热效率（%）	排放因子（g/kg干燃料）				
		CO	CO_2	SO_2	NO_x	$PM_{2.5}$
普通柴灶	11.2%	38.3	1565.3	0.02	2.2	8.3
新型炊事炉	50.4%（其中炊事38.8%、生活热水11.6%）	27.6	1623.6	0.01	1.69	0.4

图4-3给出了某农户夏季使用传统柴灶和新型炊事炉时厨房内的$PM_{2.5}$浓度变化情况，测试户由于厨房开窗通风，使用传统柴灶时厨房内48h平均浓度为31μg/m³（最高浓度可接近200μg/m³），而使用新型炊事炉时厨房内48h平均浓度仅为7.5μg/m³（最高浓度仅为80μg/m³），改善效果明显。

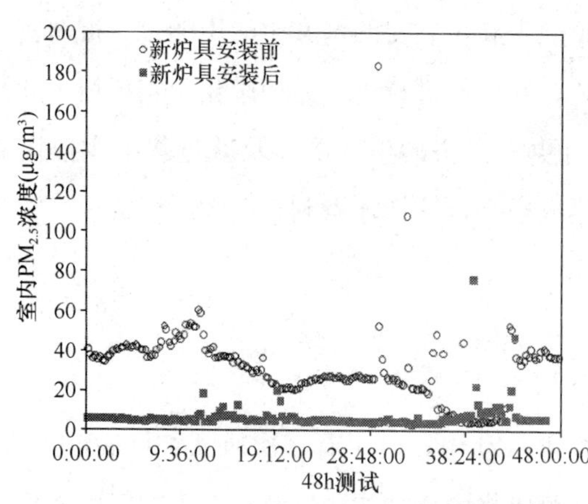

图4-3　农户使用新型生物质颗粒燃料炊事炉前后厨房$PM_{2.5}$浓度对比

利用生物质颗粒燃料替代北方传统散煤土暖气进行取暖，其优势将会更加明显，如表4-6所示，即使采用原料性能偏差的玉米秸秆颗粒，在提供单位有效取暖热量时，不管是$PM_{2.5}$、CO还是SO_2的排放因子都比燃煤土暖气减少95%以上，即使较难控制的NO_x的减排量也能达到75%左右。与目前北方多个省份正在推广的清洁型煤炉具相比，生物质颗粒燃料在使用方面仍然优势明显，生物质虽然表面上热值比煤低，但因为燃烧效率高，可以大幅度提升炉具综合热效率，综合热效率比清洁型煤炉可以高出 20%甚至更多，因此输出单位有效热量的 $PM_{2.5}$、CO 和 SO_2的排放因子都要低 80%以上，且生物质为零碳排放可再生能源，无 CO_2排放。此外，通过细胞染毒实验，还发现细胞存活率随着污染物浓度的升高而降低，而大量研究表明，传统柴灶与煤炉排放的污染物浓度远高于生物质颗粒燃料炉具，前者浓度比后者可以高出几倍甚至十几倍，因此，生物质颗粒燃料炉具因其低排放和较低的细胞毒性，能从很大程度上改善传统固体燃料低效高污染排放所导致的健康问题。

实测不同取暖炉输出单位有效热量时的污染物排放因子　　表 4-6

炉灶类型	热效率（%）	排放因子平均（g/MJ 有效热量）			
		$PM_{2.5}$	CO	SO_2	NO_x
燃煤土暖气炉	32.7	0.42	8.90	0.25	0.29
玉米秸秆颗粒取暖炉	83.6	0.04	0.26	0.01	0.22

因为燃烧生物质燃料时，烟气中 NO_x 的直观排放浓度较高，所以目前社会各界相当一部分人认为生物质颗粒燃料的环保性能不好，持有这种观点会存在很大的以偏概全的问题，主要表现在以下几个方面：

（1）忽视了生物质燃料的多样性：未考虑农作物秸秆自身的组分特点，其中氮元素的含量较高，所以对生物质燃料燃烧时挥发分氮的重视不足。

（2）忽视了生物质燃料高含氧量特性：生物质燃料中含有 1/3 甚至更多的氧元素，极大地影响了燃烧时所需空气量和烟气排放量，进而所需空气量和烟气量都比其他燃料低，总排放量并不会高。

（3）忽视了户用小型炉具的特殊性：民用生物质成型燃料炉具的结构、组件配置、使用操作方式都要求简单实用，如其无法按照大型燃煤工业锅炉精准控制进风量，因此直接套用燃煤工业锅炉 9%的基准含氧量是极其不合理的。

（4）重烟气直观浓度不重总排放量：生物质成型燃料炉具燃烧效率和热效率都比对应的民用燃煤取暖炉具高出很多，在获得相同的有效取暖热量时，生物质成型燃料的消耗量、烟气产生总量、污染物排放总量比民用燃煤炉具低。因此，仅考虑烟气中的污染物瞬时浓度，而不考虑整个供暖季的污染物排放总量是不合理的。

首先，烟气中 NO_x 主要由燃料氮生成。从成分上来讲生物质主要由纤维素、木质素、水和其他矿物质组成，其中纤维素、半纤维素和木质素是生物质中的主要成分，其质量占到生物质的36.6%～94.4%，含氮物质只占很少部分，不同生物质的含氮量有很大差异，相同种类不同地点生长或同种生物不同部位的含氮量均不相同。一般豆科植物的含氮量大于禾本科植物，禾本植物大于木本植物；种子、叶子部位的含氮量要大于茎秆和根系；也有很多生物质含氮量很低，如木质素含氮量只有0.1%，而纤维素中的氮几乎可以忽略不计。木材中纤维素质量分数为40%～50%，禾本植物秸秆中纤维素质量分数为40%～45%。农作物中，木质素质量分数比较小，主要是纤维素和半纤维素。有实验检测麦秸中的木质素质量分数为2.52%，稻草中木质素质量分数为0.8%。生物质中矿物质的质量分数也很小，由于这些物质大部分具有催化作用，其对生物质的热解以及含氮产物的分配具有显著影响。生物质中的矿物质主要有碱金属元素K、Na和碱土金属元素Ca、Mg以及Si、Fe等。K、Na元素常以可溶性无机盐形态存在于细胞内，Mg元素大部分存在于核糖体上，Ca元素多存在于细胞质和细胞液中。

生物质中氮的赋存形态与煤中的氮有很大差异，煤中的氮多以吡咯氮（N-5）、吡啶氮（N-6）和季氮（N-Q）的形式存在，其中N-5是煤中氮的主要存在形式，占总氮的50%～80%。而生物质中的氮主要是以蛋白质、游离形态的氨基酸形式存在，以蛋白质形态存在的氮（蛋白质氮）约占总氮的60%～80%，氨基酸约占总氮的5%。此外，还有少量以核酸、叶绿素、酶、维生素、生物碱和激素等形态存在的氮。不同生物中蛋白质氮含量差别也很大，棉秆、稻壳、豆萁中蛋白质氮占92%～97%，木质生物质中蛋白质氮占到70%～77%，而麦秸、烟杆中蛋白质氮仅约为62%。

现代理论认为燃烧生物质时 NO_x 的产生机理有3种：燃料型 NO_x、热力型 NO_x、快速型 NO_x。燃料型 NO_x 的生成机理至今还不是很明确，主要是燃料中的N分解成 NH_3、HCN等中间产物，然后被氧化生成NO（90%以上）和 NO_2。热力型 NO_x 是由空气中的氮气与氧气在温度超过1300℃时反应生成的。快速型 NO_x 是指空气中的氮气与CH原子在富燃料状态（过量空气系数小于1）下反应生成HCN、NH和N等中间产物，然后进一步被氧化产生的。生物质燃料燃烧过程中温度难以达到1300℃，不产生热力型 NO_x，只可能产生燃料型 NO_x 和快速型 NO_x

两种，并以前者居多，后者在总 NO_x 中所占的比例不超过 5%。生物质燃烧过程通常分为挥发分析出（热解）、焦炭形成、挥发分及焦炭燃烧 3 个阶段。在燃烧之前，生物质首先从室温到 120℃的温度范围内进行干燥脱除游离水分的物理过程。刚收割的秸秆，含水量多达 51%（质量分数，下同），经过晾晒，一般水分还有 4%～10%。挥发分析出阶段也称热解阶段。一般生物质在 160℃以上便开始有挥发分析出，其主要成分包括焦油、碳氢化合物气体、CO_2、CO、H_2、H_2O 以及 HNCO、HCN、NH_3、NO 等含氮气体。焦炭形成阶段挥发分析出后的残余物为半焦，随着温度的升高，半焦中焦油进一步裂解析出气体，形成高温焦炭。燃烧阶段挥发分和焦炭与氧气进行剧烈氧化反应，生成大量的热，同时含氮气体氧化生成 NO_x 等污染物。

烟气中大气污染物的表观排放浓度并不代表真实情况。下面通过对玉米秸秆颗粒燃料和煤的燃料组分、燃烧空气量和烟气量，以及它们在层燃炉中燃烧时的 NO_x 排放浓度进行简单的分析和估算，一种玉米秸秆颗粒燃料和煤的工业分析和元素分析数据见表 4-7。

玉米秸秆颗粒和烟煤工业分析结果 **表 4-7**

燃料	分析项目				
玉米秸秆颗粒	V_{ar}（%）	FC_{ar}（%）	A_{ar}（%）	M_{ar}（%）	Q_{net}（MJ/kg）
	70.63	14.51	8.37	6.49	15.53
	C_{ar}（%）	Har（%）	O_{ar}（%）	N_{ar}（%）	S_{ar}（%）
	39.58	5.07	38.85	0.75	0.12
安徽淮南Ⅲ类烟煤	V_{ar}（%）	FC_{ar}（%）	A_{ar}（%）	M_{ar}（%）	Q_{net}（MJ/kg）
	26.85	42.93	21.37	8.85	24.346
	C_{ar}（%）	Ha_r（%）	O_{ar}（%）	N_{ar}（%）	S_{ar}（%）
	57.42	3.81	7.16	0.93	0.46

从表 4-7 中数据可知，秸秆颗粒的氧含量是煤的 5.4 倍，两种燃料的氮含量接近。氧含量的显著差别，直接影响其燃烧时空气供应量及燃烧后烟气排放量，从而影响污染物排放浓度。由表 4-7 中的参数可计算得到秸秆颗粒燃料和煤完全燃烧需要的理论空气量和理论烟气量，以及在折算过量空气系数 $\alpha=1.8$（烟气基准氧含

量：9%O_2）下的实际空气量和实际烟气量，计算结果见表4-8。

秸秆颗粒和烟煤完全燃烧所需的理论空气量和理论烟气量（单位：Nm^3/kg）　　表4-8

燃料	V^0	V_{RO_2}	$V^0_{N_2}$	$V^0_{H_2O}$	V^0_y	$\alpha=1.8$	
						V	V^y
秸秆颗粒	3.573	0.739	2.829	0.701	4.269	6.431	7.173
烟煤	5.891	1.075	4.661	0.627	6.363	10.604	11.152

从表4-8数据可知，氧量大的秸秆，其完全燃烧所需理论空气量比烟煤少39%，其排放的理论烟气量比烟煤少49%，当折算到目前排放标准所规定的9% O_2（α=1.8）基准时，秸秆颗粒较烟煤减少的烟气排放比为36%。

对于民用炉具和工业锅炉排放的大气污染物限定，仅以NO_x为例分析燃烧表4-8中两种燃料的差别。若民用炉具和工业锅炉皆为层燃方式，固体燃料燃烧时，NO_x的生成过程十分复杂，难以准确描述和计算燃烧产物中NO_x的浓度。层燃炉燃烧的共同点是其燃烧温度低于1300℃（燃烧生物质成型燃料时温度不超过1100℃），而仅当温度达到1300℃时，热力型NO_x生成才出现强烈反应。其次，生物质燃料挥发分中碳氢类组分少，缺少快速型NO_x的生成条件。综上两点，可得到以下结论：无论工业锅炉还是民用炉具，从其相似的NO_x生成规律可知，层燃炉的燃烧，其热力型NO_x和快速型NO_x的生成量可以忽略，故烟气中NO_x主要由燃料氮生成。

根据秸秆颗粒燃料和煤中的N元素含量计算燃烧时所产生的NO_x量，再除以烟气量，估算NO_x排放浓度结果，如表4-9所示。

秸秆颗粒燃料和煤燃烧时产生的NO_x排放浓度　　表4-9

燃料	g_{NO_x}	$C_{NO_x}(\alpha=1)$	$C_{NO_x}(\alpha=1.8)$
	(mg/kg)	(mg/m^3)	(mg/m^3)
秸秆颗粒	7641	1790	1065
烟煤	9108	1431	817

从表4-9可以看出，如果秸秆颗粒燃料层燃炉和烟煤层燃炉的NO_x转化率相同（实际上可能不相同，目前缺少这方面的研究数据），而且两种燃料的氮含量接近。在同样的基准氧浓度下时，秸秆颗粒烟气中的NO_x排放浓度明显高于燃煤炉

的排放浓度，这是由于生物质原料的氧含量远大于烟煤所致，进而使生物质燃料完全燃烧所需理论空气量和排放理论烟气量，以及在相同基准氧浓度下烟气量皆明显小于煤的结果。而现有的生物质取暖炉具标准规定折算基准含氧量与燃煤工业锅炉一样（9%O_2，对应的折算过量空气系数 $\alpha=1.8$），这一点存在一定的不合理性。

以环保标准异常严格的欧洲为例，由于当地具有丰富的森林资源，长期以来就有鼓励将生物质颗粒燃料用作冬季取暖的传统，表 4-10 给出其中部分国家的污染物排放限值情况，其中包括瑞典、德国、北欧国家、欧盟等。从表中可以看出，很多国家的标准并没有对 NO_x 进行限定，只有德国将其限定成与我国目前标准相同的 150mg/m^3，但其基准含氧量为 10%或者 13%，相当于 9%基准氧含量时的排放浓度分别为 164mg/^{3} 和 225mg/^{3}，都比我国的炉具排放标准要求低。因此，在技术、经济可达的范围内，合理控制生物质炉具的污染排放无疑是需要的，但是，冒然给生物质燃料打上“高污染”的标签进行禁止，或者通过难以实现的环保要求变相限制其使用，不仅不利于生物质能源化的健康发展，还可能造成真正高污染的燃料如散煤燃烧无法去除，对环境污染造成更大的影响。

欧洲国家自动进料型生物质颗粒取暖炉排放限值规范　　　表 4-10

规范	功率范围（kW）	运行功率（kW）	排放限值（mg/m^3）（干排烟基准含氧量 10% O_2，0℃，1013mbar）		
			CO	NO_x	烟尘
SP，Svenskprovningsanstalt P-mark（瑞典）	<50	平均	2000		—①/100②
Svan mark（北欧）③	<100	正常负荷和小负荷	1000①/1250②,④	—	70①,④/10②,⑤（20②,⑥）
BlauerEngel⑧	<15	正常负荷和小负荷	100①/200② 300①/400②	150 —	30②/35② —⑦
德国，2003	15～50	正常负荷和小负荷	100①/200② 250①/400②	150 —	30②/35② —⑦
欧盟	未规定	未规定	未规定	未规定	未规定

①—颗粒锅炉；②—颗粒炉具；③—自动进料取暖系统；④—正常负荷；⑤—平均负荷；⑥—单项测试最大值；⑦—数值单独限定；⑧—该限值按干烟气中基准含氧量为 13%计算。

4.4 对农村能源革命的深远意义及发展建议

4.4.1 对农村能源革命的深远意义

近年来，能源支撑了我国经济社会的快速、稳定发展，但也带来了巨大的资源环境代价。能源需求的快速增长使我国的能源供应压力加大，确保能源的稳定、经济、清洁、安全供应是我国经济社会持续快速健康发展的重要任务。我国常规能源资源短缺，尤其是石油、天然气资源严重不足，已成为影响经济社会发展的重要因素。新时代、新征程要求能源行业加速推进深刻的能源生产与消费革命，构建清洁低碳、安全高效的能源体系。在加强常规能源开发和大力推动节能的同时，改变目前的能源消费结构，向能源多元化和清洁能源转变，已是迫在眉睫。

这样的转型能否完成，需要认真的规划。我国现在每年大约消耗 7 万亿 kWh 电，预计到 2050 年用电量为 10 万亿～11 万亿 kWh（其中建筑、交通、工业分别 2.5 万亿 kWh、2 万亿 kWh、5 万亿 kWh）。按照我国目前的情况进行规划，未来水电提供 2 万亿 kWh、核电 1 万亿 kWh、风电 1 万亿 kWh、光伏 1 万亿 kWh，以上共能提供电力 5 万亿 kWh。再用燃气、燃煤电厂提供另外的 4 万亿～5 万亿 kWh 电力，同时承担电力调峰，就能够完成仅产生 22 亿 t/a 碳排放的电力供应。除了电力，还需要提供约 17 亿 tce 的直接燃料（生活消费 1 亿 tce、交通 3 亿 tce、工业 13 亿 tce），其中生物质资源可以提供约 7 亿 t（燃料干重，非标准煤）的燃料供应，包括农业秸秆 5 亿 t（其中主要包括目前野外焚烧、传统柴灶消耗以及已经还田的一部分秸秆资源）和林业剩余物 2 亿 t，另外，动物粪便、餐厨垃圾和部分生物质秸秆还可以制成生物天然气 1800 亿 m^3。生物天然气的剩余物又能成为优质肥料，返回农田，实现循环经济。此外，还可以在戈壁滩、盐碱地再种植 2 亿亩能源作物，一年能生产 2 亿 t 的生物质燃料。如此，全部燃料即可基本实现低碳目标。

发展可再生能源、零碳能源，最需要的资源是空间和土地，因为无论生物质能源、太阳能还是风能都是低密度能源，需要以巨大的空间和土地作为资源。能源供给系统革命的核心还需进一步的技术发展，比如建设广域分布的风能、光能、生物质能生产方式，建立汇集、输送广域分布的可再生能源的新型能源采集与输送系统，通过多能协同、分布蓄能等多种方式协调可再生电力生产与需求的矛盾。农村恰好具备这样的土地和空间资源，可以作为未来可再生能源发展的基地，把能源生产作为部分农村经济发展的方向，使农村成为我国能源革命的排头兵。农业是农村经济发展的根本，通过将农业剩余物、林业剩余物、畜禽粪便等生物质资源进行高效的能源化利用，以及发展光伏农业、光伏渔业等新型农业，不仅可以有效增加农村能源的供给，还能提高农业的附加值，为农村经济的发展带来新的机遇。实际上，我国广大农村既是我国能源的生产基地、消费基地，更能成为我国能源的输出基地，其中蕴藏着农村经济增长的巨大潜力。

生物质能作为未来能源的重要来源，相较风能、太阳能等其他可再生能源而言，具有许多独特优势：一是生物质资源是目前可以获得的唯一可作为燃料的零碳排放可再生能源，应好好珍惜并发挥其特有的作用；二是生物质能源可储存和运输。在目前的可再生能源中，生物质能源是唯一可以方便且低成本储存的能源，对其加工转换与连续使用提供方便。三是生物质能源具有很强的“带动性”。生物质燃料可以拓展农业生产领域，带动农村经济发展，促进粮产区的农业现代化，增加农民收入，实现适度规模的“普惠式生物质扶贫”；在我国发展生物燃料，还可推进农业工业化和中小城镇发展，缩小城乡差别。四是因为生物质生长过程中会吸收二氧化碳，所以生物质在作为燃料有效利用时成为一种零碳排放的能源。但如果将生物质直接抛弃或还田时，在其腐烂过程中会产生大量 CO_2、CH_4 和 N_2O 等温室气体，生物质因为失去作为能源的角色反而带来碳排放增加的不利影响，因此，生物质的合理化利用对我国应对气候变化和减少碳排放具有重要意义。如果利用生物质颗粒燃料替代传统散煤土暖气进行北方农村清洁取暖，可以推算仅北方农村地区采用生物质颗粒燃料替代散煤进行清洁取暖，在 CO_2、$PM_{2.5}$、SO_2 和 NO_x 减排方面，分别存在 4 亿 t、270 万 t 、370 万 t 和 110 万 t 的减排潜力。

农业、农村和农民问题是关系国计民生的根本性问题，必须始终把解决好“三农”问题作为我们工作的重中之重。生物质能资源主要来源于农业和林业，开发利用生物质能资源与农业、农村发展密切相关。长期以来，我国广大农村地区有着很好的利用可再生能源的传统，如能充分发挥农村丰富的生物质资源优势，在国家层面大力推广基于生物质资源的可再生能源综合利用体系，不仅可以给我国丰富的农林固体剩余物资源提供一条就近分散利用的可靠途径，改善农村面源污染和提升农村人居环境水平，还对贯彻落实乡村振兴战略和实现建设美丽中国目标，推动全国节能减排工作，实现应对气候变化和打赢蓝天保卫战，具有重大意义。

4.4.2　农村生物质利用发展建议

通过本书第4.2节的分析发现，将生物质加工为成型燃料来替代农村散煤燃烧在减少化石能耗、温室气体和污染物排放等方面都具有巨大优势，应该成为未来生物质消纳的主体路径，同时辅助生物天然气工程、秸秆热解气化多联产等技术方案，最终形成生物质的低碳化消纳路径，为此需要从以下六个方面开展工作，逐渐形成突破：

1. 生物质成型燃料＋专用炉具分散式清洁取暖工程

为有效治理雾霾，应对气候变化，促进生态文明建设，以生物质成型燃料作为绿色低碳发展的重要抓手，加快生物质能在民用清洁取暖领域的应用，构建分散式绿色低碳清洁环保供暖体系。根据生物质资源禀赋，建立健全生物质资源的原料收集、运输、储存、预处理到成型燃料生产、配送和应用的整个产业链。在人口居住分散、不宜铺设燃气管网的农村地区，因地制宜推广农村户用成型燃料炉具，解决户用炊事及取暖用能。

2. 生物质成型燃料＋专用锅炉分布式供热工程

在大气污染形势严峻、淘汰燃煤锅炉任务较重的京津冀鲁、长三角、珠三角、东北等区域，以及散煤消费较多的县域学校、医院、宾馆、写字楼等公共设施和商业设施，以及农村城镇等人口聚集区，加快发展生物质成型燃料锅炉或秸秆打捆直燃锅炉等区域集中供热，建立分布式生物质供热体系。采取合同能源管理（EMC）等方式，在中小工业园区以及集中供热覆盖不到的工业区，积极推广生物质成型燃料锅炉供热，为工业用户提供清洁经济的工业蒸汽，替代化石能源消耗。

3. 林热一体化生态工程

坚持与生态防护、产业扶贫相结合，充分利用现有灌木林、薪炭林、林业剩余物、木本油料林和含淀粉类林业资源，并适度利用宜林荒山荒地及边际性土地，重点布局在“三北”地区（西北、华北北部和东北西部地区），结合生态建设和治沙，培育以灌木林为主的木质能源林，树种包括沙棘、柠条、黄柳、山杏、山桃、沙柳、柽柳等。在内蒙古、吉林、黑龙江、宁夏等地区地处偏远、林业剩余物资源较为丰富的林区、沙区、木材加工集中地，开展分布式林热一体化示范，探索能源林基地建设、现代化原料收集体系与分布式供热相结合的产业化模式，生产热、炭、电、气等多种产品。

4. 种养结合规模化生物天然气工程

2019 年 12 月，国家十部委联合下发了《关于促进生物天然气产业化发展的指导意见》(发改能源规［2019］1985 号)，其中指出到 2025 年，生物天然气具备一定规模，形成绿色低碳清洁可再生燃气新型产业，生物天然气年产量超过 100 亿 m^3；到 2030 年，生物天然气实现稳步发展，规模位居世界前列，生物天然气年产量超过 200 亿 m^3，占国内天然气产量一定比重。这初步为生物天然气的发展指明了方向，而且未来还具有更大的发展潜力。

按照种养结合、生态循环、绿色发展的要求，立足整县推进，打造生物天然气和有机肥“两大产品”，建立原料收储运、生物天然气生产、生物天然气消费、有机肥利用等体系，构建县域分布式生产消费模式，促进县域经济可持续发展和生态文明建设。

在农业生物质资源丰富、地势易于铺设燃气管网、农民经济条件较好、居住较为集中的乡镇或较大的村庄，推广沼气集中供气工程，加快构建新型农村社区配套的分布式生物能源体系，为农村居民提供高品位的清洁能源，提高农村居民生活质量，改善居住环境，推动绿色、健康、生态文明的新型农村社区建设。尤其应在水稻秸秆资源丰富的地区，通过将稻草进行有组织的集中式发酵生产生物天然气，来解决直接还田所带来的温室气体无组织排放问题。在具备资源、市场等条件的地区，建设大型混合原料生物天然气综合利用产业示范区，将提纯后的生物天然气输入城市天然气管道网络或作为城市公共交通车辆燃料。在乡镇布设沼气供应服务站点，以供应罐装沼气的方式为周边居民提供生活燃气，沼肥可生产有机肥，提高能源利用效率。从减少温室气体排放的角度尤其应该注意的是严格控制各个环节的沼气泄漏量，并且提高燃烧效率，这样可以确保生物质中的碳元素最大限度地向 CO_2 转化。

以沼渣、沼液为原料生产有机肥，开展有机肥替代化肥行动，建设有机肥施用的专用机具，以及喷灌、滴灌等有机肥施用设施，促进化肥农药减量增效，发展无公害、绿色和有机农业。

5. 秸秆热解气化多联产还田改土工程

根据各地农业生产特点和清洁能源需求，立足生物质资源禀赋与社会经济发展水平，主要在北方冬季取暖地区和粮棉主产省（区）以县为单位规划实施秸秆热解气化多联产工程，生产电、气、炭、油等多种产品，推动生物质综合利用高值化、产业化发展。气化后形成的生物炭具有很强的惰性，在土壤中可以存在上千年，相当于延长和提升了土壤的固碳作用。因此，大力推广生物炭基肥，可以改善土壤性质，促进耕地修复，解决农林废弃物污染与温室气体排放问题，保障国家粮食安全和农业可持续发展。

6. 生物质综合利用政策保障体系建设

生物质能的开发利用有利于改善农村生产生活环境，促进资源节约型、环境友好型社会建设，但长期以来我国在生物质能综合利用方面还存在很多短板，需要从以下几个方面建立完善的政策保障体系来推动其快速发展。

（1）加强生物质经济技术开发力度

应整合现有资源，组建公共技术研发平台，集中力量对生物质经济技术的基础性研究开展科研攻关。同时加大对生物质能装备体系和规模化生产技术的支持力度，强化国家先期投入的引导作用，推进生物质能利用技术进步和产业化发展。分层次、按类别逐步推进生物质能的科研及产业化工作，既要支持前景好的基础性研究，也要推动技术相对成熟的项目进入中试阶段产业化。引进、消化吸收发达国家生物质能源开发和利用技术，国外的生物质能技术和装置多已达到商业化应用程度，实现了规模化产业经营。

（2）出台相关的激励政策

我国生物质经济的开发利用尚处于不成熟阶段，建设成本高，市场竞争力差，要促进生物质能产业的发展，政府必须尽快制定相关支持政策，建立有利于生物质能发展的市场环境。政府制定的法律政策要适用，不但要有管理，更要有促进生物质能发展的政策措施。对于生物质清洁炉具等具备一定市场潜力的技术产品，建议出台相应的产品补贴政策，进一步培育市场。通过顶层设计以及PPP模式等，引导社会资本进入相关领域。建立农村、林场低碳或零碳排放用能与碳减排和碳交易结合，通过碳交易增加农民和企业的收入。

(3) 积极培育市场

应根据生物质能资源分散、区域性强、农民参与广的特点，鼓励扶持发展中小型生物质能项目，建立生物质资源收集网络，推动生物质颗粒燃料、大中型沼气工程等清洁燃料产品的商品化利用，调动企业和地方积极性、有效增加当地农民就业机会和经济收入。当前我国农业正处于传统农业向现代农业转型时期，随着物联网、云计算和大数据等信息技术的发展，应用信息技术，监测农村用能信息，有助于改善资源利用效率，及时发现问题并且精确确定问题的位置。

(4) 加大资金投入力度

政府支持、市场引导，吸引社会参与、多方投入，拓宽生物质能开发利用的融资渠道。各级地方政府和林业部门应按照《可再生能源法》和有关政策的要求，安排必要的专项资金用于生物质能资源培育和开发利用，并发挥好政府投资的引导作用，调动企业的积极性，创造良好的投资环境，吸引各方面资金支持。

(5) 建设服务保障体系建设

完善技术和服务体系，全面提高生物质能产业服务水平。建设生物质成型燃料生产、收购和配送网络，为林区、农村和农户提供较好服务，建立林业生物质原料收集配送等专业化服务体系。

4.5 总　结

本章从实现生物质合理化消纳的角度，分析了目前我国农村生物质资源情况及面临的问题，在分析农作物秸秆消纳现状、不同秸秆消纳方式的消纳潜力和环境影响的基础上，给出了生物质资源的合理化低碳消纳路径及发展建议，重点得到以下结论：

(1) 农村地区存在广阔的土地和空间资源，可以作为未来发展可再生能源的基地，建立汇集、输送广域分布的可再生能源的新型能源采集与输送系统，把能源生产作为支持部分农村经济发展的方向。

(2) 我国各类生物质资源总量丰富，应充分发挥生物质资源是目前可以获得的唯一可作为燃料的零碳排放可再生能源这一特有优势，和光电、风电和水电等可再生电力一起，构建我国以再生能源为主体的全新供应体系。

(3) 将成熟后的生物质资源通过清洁高效的燃烧技术在越短的时间内将其内部的碳元素迅速转化成 CO_2，进而作为下一轮作物生长的碳源，将越容易维持生物质所自有的“碳中和”属性。否则，不管这些生物质采取自然弃置还是其他利用方式，过程中都会源源不断地产生 CH_4 和 N_2O 排放，增加温室效应。

(4) 前些年受国家补贴政策的影响，生物质直燃发电成为我国生物质能源化利用的主要方式，这种方式没有将生物质这种唯一且宝贵的零碳燃料资源用在最合适的地方，而是将其变成了目前我国并不短缺的可再生电力，属于巨大的物力和财力资源浪费。

(5) 实现生物质的合理化消纳利用，将目前全部露天焚烧以及部分在农村以传统方式低效利用和被迫还田的秸秆资源加工成颗粒燃料，来替代农村散煤是应该最先考虑的合理化消纳方式，同时辅助中小型生物质锅炉、生物天然气工程、秸秆热解气化多联产等技术方案，最终形成生物质的综合性低碳化消纳路径。

(6) 未来北方农村地区应重点采用生物质颗粒燃料作为煤改清洁能源技术方案，在 CO_2、$PM_{2.5}$、SO_2 和 NO_x 减排方面，分别存在约4亿t、270万t、370万t和110万t的减排潜力，可实现显著的经济、环境和社会效益。

本章参考文献

[1] 李剑峰，宋宇，李蒙蒙等．江汉平原秸秆焚烧污染物排放的估算[J]. 北京大学学报(自然科学版)，2015，51(4)：647-656.

[2] 何敏，王幸锐，韩丽等．四川省秸秆露天焚烧污染物排放清单及时空分布特征[J]. 环境科学，2015，36(4)：1208-1216.

[3] WANG C，CHANG Y，ZHANG L，et al. A life-cycle comparison of the energy，environmental and economic impacts of coal versus wood pellets for generating heat in China[J]. Energy，2017，120，374-384.

[4] IPCC 国家温室气体清单特别工作组．2006年IPCC国家温室气体清单指南，日本全球环境战略研究所，2006.

[5] 国家发展和改革委员会应对气候变化司．省级温室气体清单编制指南(试)行，2011.

[6] 王爱玲．黄淮海平原小麦玉米两熟秸秆还田效应及技术研究[D]. 北京：中国农业大学，2000.

[7] 靳红梅，沈明星，王海侯，等．秸秆还田模式对稻麦两熟农田麦季 CH_4 和 N_2O 排放特征

的影响[J]. 江苏农业学报，2017(2)：333-339.

[8] FIEDLER F. The state of the art of small-scale pellet-based heating systems and relevant regulations in Sweden，Austria and Germany[J]. Renewable and Sustainable Energy Reviews，8 (2004) 201-221.

[9] SPs Certifieringsregler for P-markning av Pelletskaminer，SPCR 093，SverigesProvinings-ochForskningsinstitut，SP，2000.

[10] SPs Certifieringsregler for P-markning av Pelletsbrennareoch Pelletspannor，SPCR 028，Sveriges Provinings-och Forskningsinstitut，SP，1999.

[11] Ecolabelling of solid biofuel boilers (dominating source of heat)，Version 1. 2，Nordic Ecolabelling，2001.

[12] Ecolabelling of closed fireplaces for biofuel (supplementary heat source)，Version 1. 1，Nordic Ecolabelling，2003.

[13] Der Blaue Engel，Grundlage fur Umweltzeichenvergabe，Holzpelletheizkessel RAL-UZ 112. St. Augustin，RAL Deutsches Institut fur Gutesicherung und Kennzeichnunge. V，2003.

[14] Der Blaue Engel，Grundlage fur Umweltzeichenvergabe，Holzpelletofen RAL-UZ 111. St. Augustin，RAL Deutsches Institut fur Gu tesicherung und Kennzeichnunge. V，2003.

[15] 周建强,高攀，董长青，杨勇平．固体生物质燃烧中氮氧化物产生机理综述 [J]. 热力发电，2018，47 (12)：1-9+16.

[16] 何甜辉，蔡建楠，贺丽君．典型生物质燃料燃烧污染物排放综述[J]. 四川化工，2014，17 (03)：19-21.

[17] 聂虎，余春江，柏继松等．生物质燃烧中硫氧化物和氮氧化物生成机理研究[J]. 热力发电，2010，39(09)：21-26+34.

[18] 国家能源局．民用生物质固体成型燃料采暖炉具通用技术条件．NB/T 34006-2011[S]，北京：中国电力出版社，2011.

[19] 国家能源局．生物质炊事采暖炉具通用技术条件．NB/T 34007-2012[S]. 北京：中国电力出版社，2013.

[20] ZHANG S，DENG M，SHAN M，et al. Effect of straw incorporation on aldehyde emissions from a maize croppingsystem：A field experiment [J]. Atmospheric Environment 189 (2018)：116-124.

[21] ZHANG S，DENG M，SHAN M，et al. Energy and environmental impact assessment of straw return and substitution of straw briquettes for heating coal in rural China [J]. Energy

Policy 128 (2019)：654-664.

[22] 张双奇，邓梦思，单明等．基于秸秆露天焚烧量的北方农村地区秸秆成型燃料替代采暖散煤节能减排研究[J]. 农业环境科学学报，2017，36 (12)：2506-2514.

[23] SHAN M，CARTER E，BAUMGARTNER J，et al. A user-centered，iterative engineering approach for advancedbiomass cookstove design and development[J]. Environmental Research Letters，2017，12：095009.

[24] CLARK S，CARTER E，SHAN M，et al. Adoption and use of a semi-gasifier cooking and water heatingstove and fuel intervention in the Tibetan Plateau，China [J]. Environmental Research Letters，2017，12：075004.

第 5 章　北方农村清洁取暖合理化模式和原则

北方地区冬季取暖用能是我国农村生活用能的主要部分，也是农村建筑节能及清洁化发展的重中之重。农村清洁取暖工作事关方方面面，实施得好，将带来惠及民生的效果；实施得不好，将从某种程度上剥夺老百姓最基本的温暖过冬权利。大量的实践经验表明，决定实施效果好坏的关键是其实施模式和选择的技术路径是否科学合理，本章将对此进行重点论述。

5.1　北方农村清洁取暖的“四一”模式

本节从北方农村清洁取暖的初投资约束、运行费约束、使用便捷性约束、统筹规划约束等不同角度来分析北方农村清洁取暖的合理化模式和原则。

5.1.1　初投资约束

农村清洁取暖改造的初投资较高，普通居民一般很难承受，因此需要政府给予一定的补贴。虽然国家针对清洁取暖试点城市制定了不同的补贴方案，给申请入围的“2＋26”城市中的直辖市、省会城市、地级市以及汾渭平原城市每年分别提供 10 亿元、7 亿元、5 亿元、3 亿元不等的财政补贴，但由于这些地区人口密集、农户众多，即使不考虑补贴用于城市清洁取暖工作，假设全部用于农村清洁取暖，则按照当地的农户数量进行平均，每个农户所对应的国家财政补贴只有 1000 元左右，对于一些人口大市，平均下来仅有不足 500 元，远不能满足实际需求，绝大多数还要依赖当地市、县两级财政进行配套。实际上，目前地方政府普遍反映整体财力吃紧，很难进行大规模配套。经过多地调研和走访，认为每个农户清洁化改造初投资不宜超过 1 万元。

清洁取暖工作是一项重大民生工程，必须考虑农村居民的收入水平、中央和地方财政的承载能力。1万元初投资应包含取暖设备投资、房屋节能改造、基础设施投资。经过长期的实践和调研总结，发现只要选择科学合理的技术路线，1万元初投资是可以实现的。需要注意的是，基础设施建设应考虑功能专用性或多用性。以电网和燃气管网为例，随着农村居民收入水平逐渐提高，人均用电量必将逐渐提高，电网改造符合农村经济社会发展规律，目前仅是加快其发展步伐。反观燃气管网，建设动力仅为了满足农村当前的取暖需求，需要付出巨额的基础设施建设费用。未来的社会主义新农村不宜放弃农村的优势，尤其是涉及能源结构调整方面，更不应盲目跟随城市的建设标准和发展方向。

一些财政状况较好的地区，为达到目的不计成本，选择了不适宜的技术路线，即使财政压力未转移到农村居民身上，也是对政府公共资源的一种浪费。推进清洁取暖的内在动力是政策引导下取暖领域的供给侧结构性改革，财政补贴本应是填补缺口的关键角色，不该变成承担大头的主力军，完全依赖大量的财政补贴不可能做好清洁取暖工作。

5.1.2 运行费约束

长期以来，北方农村地区取暖以散烧煤为主，每个冬季消耗约1～2t散煤，花费1000～1500元。在进行煤改清洁能源后，最理想的状态是冬季取暖费用能与改造前基本持平，大量的实际调研也证明，绝大多数农村居民可以接受的运行费用为每个供暖季1千元左右。这样，就可以不依靠政府的运行补贴而持续运行下去。运行费用补贴尽管能解“燃眉之急”，却容易引发“长久之痛”。选择适宜的技术路线，不需要对运行费用进行补贴，可以大大减轻从中央到地方的财政压力，用合理的经济代价获取最大的节能减排效果。

5.1.3 使用便捷性约束

由于农宅具有房间数量多、使用时段不规律、间歇性在室等特点，取暖设备或系统宜具备分室调节功能，充分利用农户的行为节能以达到最大化的有效取暖。调研发现，农宅既有的散热器等供暖系统，不论是夜间使用的卧室、白天使用的客厅或仅做饭时使用的厨房，常常无任何阀门调节，多房间连续性供暖，甚至出现某间房或某一层常年不用仍然一直供暖的现象。因此，改造后的清洁取暖设备需做到可以分室调节、随用随开、启停方便，满足间歇式供暖需求。不同时段还要具备温度可设置功能，以满足不同时段不同功能房间的需求。

农村常住人口的构成，以老人和儿童为主，安全意识不强，容易发生误操作。有些供暖系统或设备开关程序繁杂，有些水系统要求整个供暖季不能断电以防止结冰危害，有些供暖系统在安装环节频频出错，有些供暖系统因设备部件较多容易损坏，有些供暖系统则存在较大的安全隐患。误操作一般会降低用户舒适感，损害用户温暖过冬的基本权利，甚至对用户的生命财产造成严重威胁。根据多年的经验总结和教训，农村地区清洁取暖工作应避免使用复杂系统，尽量使用易于操作的设备，最好是能够智能化一键式操作的设备。

5.1.4 统筹规划约束

农村住宅由于其特殊性，多由农户自建，多聚居于拥有上百年甚至千年的自然村落，个别村落为迁出重建规整村落。但我国多年以来的城镇化进程，多把规划的重点放在城镇区域，农村地区能源利用与取暖系统一直未得到重视。农村清洁取暖出现要么改不起，要么改了用不起，要么用了带来新的安全、热舒适难保证等新问题。在这几年的清洁取暖改造工作中，一些地区浪费大量初投资，结果发现无补贴难持续，电或气资源紧缺，人民群众温暖过冬的需求得不到满足，付出了沉重的代价。还有不少地区在观望，或者直接照搬其他地区的技术路线和政策内容，不知本地区该从何下手。

清洁取暖不等于“一刀切”地发展“煤改气”、“煤改电热”，应当根据本地资源禀赋、经济实力、基础设施等条件，结合大气污染防治和安全节能的全面要求，利用市场的优势，争取农村居民的支持和认可，充分发挥地方政府高效的推动作用，将政策红利用好用对，提出因地制宜的顶层规划。顶层规划内容应从选择技术路线、细化推广方式、制定补贴政策、建立长效机制等方面切入。

进行地区性取暖规划应考虑以下几个因素：

（1）当地资源禀赋：农村分散式的村落分布，不宜远距离进行引入或运输外来资源，避免增加外网铺设投资、运输费用，以及由此带来的能源保障、能源使用安全等问题。宜利用当地所具备的资源，就地消纳。合理测算当地的电力容量，配适当体量的热泵等高效节能取暖设备。利用农村丰富的生物质资源，采用生物质原料加工颗粒供应户式生物质炉具取暖或炊事。太阳能丰富的地区，可利用太阳能进行被动式或主动式取暖。村落附近如果有可利用的工业余热，可深度回收余热进行取暖。

（2）当地气候、地质以及农宅状况：综合考虑当地冬季温湿度状况，选择适合的热源设备，如空气源热泵考虑冬季供暖效果、调控能力以及化霜等问题；农宅的围护结构与布局，适合多大功率的热源设备，适合什么样的末端系统，是否满足设备的放置与安装等。

（3）当地能源需求：综合考虑农户的用能需求，除冬季取暖需求外，综合考虑夏季制冷、炊事、生活热水等，可选择同时满足多种需求的方案；综合考虑村落及其附近的非农村住宅的其他需求，如蔬菜大棚的取暖需求、养殖对生物质饲料的需求、附近学校、村镇办公或工厂等的集中供热需求等。

（4）当地经济水平状况：综合考虑政府财政实力与用户经济能力，同时调动外来市场与金融机构资本，合理利用进行资金配置，在农户侧的热源、系统与围护结构节能改造方面，形成一个保证能推起来、能用起来并持续下去的清洁取暖金融方案。

（5）实施模式与长效保障机制：综合考虑竞标企业的资质和服务能力，严把质量关。进入农村市场的设备质量必须得到保障，不仅安装和调试过程要合规合理，在若干年的运行时间里也应做到安全稳定，对应的设备厂商应提供可靠的长期维修保障服务。

综上，北方农村清洁取暖的合理模式应该从前期初投资、取暖运行费、农户使用要求和区域整体实施等多个维度来综合考虑，总结起来是初投资每户平均不超过一万元、无补贴的年取暖运行费每年不超过一千元、设备一键式智能化操作，并整体建立在一个顶层规划的“四一”模式，才是适宜农村清洁取暖的可持续化发展模式。

5.2 北方农村清洁取暖“四一”模式的重点支撑技术

根据上述“四一”模式，经过多年的技术创新及应用示范，已有山东省商河县、河南省鹤壁市等地基本实现了该原则（详见本书第 7.2 节），其采取的主要技术路径和支撑技术简述如下。

5.2.1 经济型农村住宅围护结构节能改造

考虑到农村地区经济水平以及减少对已有美丽乡村外观改造的破坏，对于绝大多数既有农宅来讲，围护结构节能改造不宜采取造价高施工难的外墙外保温改造、屋顶外屋面保温改造以及将原有窗户直接更换成双玻等改造方式，而应采用经济型保温综合改造方案。由于北方农村住宅的主要共性特点是体形系数大、取暖房间多、房间层高大、围护结构无保温、外门窗单薄且漏风等，同时在取暖习惯上存在全面供局部用、长时供短时用等严重浪费的现象，因此，经济型围护结构节能改造方案宜遵循以下几点：

（1）结合农宅室内外装修情况，内保温为主，经济施工简易，减少房间渗风空气量，降低间歇取暖启动能耗。

（2）单层农宅吊顶保温，降低室内层高，减少无效热损。

（3）南向日间充分利用阳光能量，夜间玻璃门窗宜增加遮挡减少冷辐射。

（4）薄弱北向外墙体优先墙体保温改造，其次为西墙、东墙，南墙因较大的窗墙比以及日间阳光的有益影响可不做墙体保温。

（5）房间个性化改造，常用房间改造优先，避免改而不用，做而无效。

（6）大面积连通空间，可提供隔断方案，以便分室调节精准供暖，减少能源浪费。

（7）经济条件有限地区，南向外门窗宜选择简易经济的外窗保温帘改造，减少门窗冷风进入热损失以及降低温差传热损失。

山东省商河县的示范工程通过对农宅围护结构的节能改造，实测数据表明室内温度有明显提升，平均每户供暖节能 30%左右。在围护结构改造策略方面，与围护结构全部改造相比，选择经济型保温改造方案后，每户成本可以控制在 4000 元以内。

5.2.2 低温空气源热泵热风机

农村地区经济发展水平参差不齐，地理条件迥异，农民的生活习惯和需求不尽相同，对各种技术的认知程度也不同，采用的技术手段也必然会存在多样性。但是，通过对目前已有的十几种散煤替代清洁取暖技术现场测试和大量对比研究发现，电力驱动的低温空气源热泵热风机（以下简称热泵热风机）在技术成熟度、经济性、可靠性、节能减排、安装和运行便捷程度、实际使用效果等多方面都具有较为明显的优势，是北方农村地区清洁化取暖的适宜技术。北京地区供暖季实测数据表明，根据建筑保温状况不同，其单位面积供暖季电耗仅为 20～40kWh/m^2，按照发电煤耗折合 7～13kgce/m^2，仅为采用散煤土暖气能耗的 1/2，为直接电热取暖电耗的 1/3；电费 10～20 元/m^2，低于分散燃煤土暖气的取暖费用；每户电力装机容量 3～5kW，每户设备投资为 4000～8000 元，在京津冀冬季外温条件下能够连续、稳定、灵活地实现住宅取暖，同时实现当地 $PM_{2.5}$的零排放。

在热泵热风机上安装简单的控制器，就可由电力调度中心根据电力负荷状况，直接向各村区域控制器发出指令，分时分片控制一定数量的热泵启动、停止或自主控制，从而实现对电网有效的削峰填谷。由于建筑的热惯性，对热泵热风机短期启停仅会使温度变化 1～2 ℃，不会显著影响室内舒适度。

从全国范围来看，各地对热泵热风机的重视程度不断提升。河南省鹤壁市有 400 多个村庄正在试点安装热泵热风机，推广安装约 7.2 万户。目前山东省商河县已经安装 3 万多台热泵热风机并且实现了智能化联网，逐步实现清洁取暖系统由可见到可控，为今后农村地区清洁取暖参与电力调峰和碳交易创造了条件。

5.2.3 农村户用生物质清洁利用技术

近些年，通过相关研究机构和企业的不断探索和尝试，已经发展出多种适合我国国情、经济适用的生物质压缩成型的户用清洁燃料生产和利用技术。但由于政策、资金等原因，目前这些技术仅应用于一些小型示范工程，还未得到大规模推广应用，更没有建立起相应的综合利用体系，使得许多有良好发展前景的技术推广缓慢甚至有停滞的风险。例如，2008 年 5 月 12 日汶川大地震后，四川省北川县作为地震重灾区，面临着民居重建及农户生活条件改善的艰巨任务。该项目探索实现南方地区低碳生态与民居建设相结合、切实改善村镇居民生活环境的目标出发，率先采用了基于“一村一厂”生物质颗粒燃料加工和清洁利用的方案，服务约 200 户农户，在村里建设了占地约 300m^2的加工厂房来满足农户的用能需求，每天生产能力为3～4t，单月总产量为100t左右，代加工收费标准约为400元/t。其次在农户家中安装可以与传统柴灶相结合的生物质颗粒燃料炊事燃烧器或独立型炊事炉，不仅确保不改变农户的原有炊事习惯，而且使炊事热效率可达40%以上，另烟气热回收余热效率达10%以上，用于给农户提供洗手、洗菜等生活热水，大大提高了便利性。农户每天做3顿饭的生物质颗粒燃料消耗总量不超过1kg，单户全年炊事总用量不超过0.5t，与之前传统柴灶的燃料消耗量相比节省了80%以上，这意味着可以为农户节省大量上山捡柴的时间。

此外，该炊事炉可以显著减少污染排放，燃烧单位质量燃料的CO和$PM_{2.5}$排放量与传统柴灶相比优势明显，可以使燃烧所产生的污染物排放量减少90%以上。农户在使用传统柴灶时厨房内48h平均浓度为31$\mu g/m^3$（最高浓度可接近200$\mu g/m^3$），而使用新型炊事炉时厨房内48h平均浓度仅为7.5$\mu g/m^3$（最高浓度仅为80$\mu g/m^3$），改善效果明显。由于采用这种"一村一厂"的代加工模式，农户全年用于炊事的生物质颗粒燃料花费不超过200元，节省大量的燃料费支出，具有显著的节能、减排、环境污染降低和人体健康改善等多重效益，对未来推广该模式提供了重要借鉴。

在北方地区，生物质户用清洁炉具能实现"炊暖两用"，更符合农民传统使用习惯，并且操作简便，比气和电安全系数高，群众易接受。农村的住房面积普遍较大，保温效果差，生物质炉具直接安装在室内，提温快、效果好，群众认可度高。同时能使农林废弃物能源化利用，变树枝、秸秆、牛粪为取暖原料，减少了取暖费用支出，变相增加了农民的收入。

山东省滨州市是国家四部委确定的2018年第二批北方清洁取暖试点城市之一，其下辖的阳信县是闻名的中国鸭梨之乡、全国畜牧百强县、中国古典家具文化产业基地，废弃木材、作物秸秆、畜禽粪污、林业废弃物等资源充足。全县10万亩梨园年可剪枝5万t，55万亩耕田年产秸秆80万t，木器加工企业年供应锯末10万t，肉牛存栏27万头可产生牛粪150万t，发展生物质取暖具备得天独厚的资源优势，为生物质清洁取暖提供了原料资源的保障。近年来，阳信县围绕运作方式、发展模式、推进步骤等方面展开研究，实施了生物质清洁取暖试点，委托专业机构编制《阳信县生物质清洁取暖总体规划》，形成试点工作方案。结合改造主体实际情况，在试点过程中实施了生物质成型燃料＋专用清洁炉具分户式取暖、生物质成型燃料+生物质锅炉分布式取暖、生物质热电联产集中取暖“三种方式”，形成了有意义的探索。

5.3 不符合“四一”模式的技术及原因探究

在近几年的农村清洁取暖改造工作中，出现了一系列不符合“四一”原则的案例，导致了资源供需失衡，政府财政吃紧，农民满意率低等问题。

5.3.1 盲目跟进“煤改气”

一些农村地区地处偏僻，燃气管网铺设成本高昂。政府在付出巨额基础设施投资后，仍有资金空缺，转向农户收取“燃气开口费”，增加农民的经济负担，这显然违背了“一万元初投资”的原则。绝大部分进行“煤改气”的地区，在政府补贴一部分用气费用之后，居民的取暖支出仍有较大幅度上升，这一点违背了“一千元运行费用”的原则。一些地区燃气产量并不丰富，对外依存度高出全国平均水平20%～35%，当地仍旧选择跟进“煤改气”，这是缺乏“一个科学规划”的表现。

5.3.2 分散农户集中取暖

农村地区住宅分布较为分散，集中取暖节点多，对管网铺设要求高。整个供暖系统的组成部件多，从源到末端路径长，因此出各种故障的概率相应较高。集中供暖的末端可调节性较差，无法兼容农村住宅“部分空间、部分时间”的供暖特点。供暖模式向城镇看齐的后果是，即使采用了较为高效的热源如集中空气源或地源热泵，但没有统筹考虑农宅实际取暖需求及末端动态特性，热用户侧的取暖费用并没有真正降低，其实也是一种能源浪费。因此，除非本地有免费或者极低成本的清洁热源，不宜在农村缺乏谨慎的思考而盲目发展集中供暖，否则必将违背“四一”中的“一万元初投资”和“一个适宜的顶层规划”原则。

5.3.3 直接电热取暖

直接电热本应是一种辅助性取暖措施，一些地区却将其作为主要取暖方式大规模推广。电作为一种高品位能源，直接变成低品位热量，本身就是一种浪费。直接电热设备的能源利用效率仅为热泵的 1/3 左右，为了得到热泵取暖相同的热量，用户要消耗 3 倍的电量，付出 3 倍的价钱。一些地区没有深入调研本地区的资源禀赋特征，没有仔细研究农村居民的取暖要求，没有认真考虑是否有更高效节能的技术路线。将本该作为辅助设备的形式推到了清洁取暖“舞台”中央，这样的做法违背了“一千元运行费用”和“一个适宜的顶层规划”两个原则。

5.3.4 “清洁型煤”取暖

“清洁型煤”按照目前的散户利用模式很难做到清洁，特别是清洁型煤生产厂家良莠不齐，质量堪忧。煤的高效清洁利用应走向大型化、集中化、高参数化。清洁型煤价格并不便宜，超出农民的心理期待价位，需要政府给用户进行燃煤补贴，额外了增加财政压力，不符合“运行费用一千元”的原则，也不符合“一个科学的顶层规划”的原则。

5.3.5 简单的多能互补

以传统太阳能＋辅热为例，形式为分户式安装，没有经过科学的计算和优化，很多工程细节不到位，造成太阳能保证率偏低、系统热损失大、运行维护不及时等。甚至不少地方的多能互补系统里的太阳能设备退化成为一个招牌，初始投资叠加，但真正发挥取暖作用的是电辅热等辅助热源。这样的多能互补系统背离初心，投资高回报低，不符合“一万元初投资”和“一个科学的顶层规划”的原则。

5.4 绿色金融模式支持北方农村清洁取暖

从目前农村清洁取暖的实施情况看，清洁取暖成本仍然主要依赖政府扶持。农村地区居民分散、房屋结构复杂多样、难以制定统一的取暖收费标准，相比城市取暖更难以实现取暖的市场化运作。从政府角度来说，大多数地方政府为实现农村清洁取暖，均采取了政府采购的直接补贴模式，补贴方式往往包括了取暖设备的初投资补贴和运行补贴两种。在实现清洁取暖的具体方式方面，政府不得不担任起技术专家和运行专家两种角色，既要对取暖技术进行甄选评价，又要对运行过程进行管理监督，各级政府实际承担了农村清洁取暖的风险兜底功能。

针对农村取暖的特点，为了有效将金融机构及社会资本引入清洁取暖领域，推动农村清洁取暖工作的顺利有效开展，可以考虑以下两种方式。

5.4.1 政府引导设立农村清洁取暖专项绿色基金

利用地方政府的相关补贴与行业内企业以及金融机构共同发起清洁取暖专项基金，并授权专业的投资机构进行管理（管理机构成员包括技术专家、金融专家等），对农村清洁取暖领域的企业或者项目进行股权和债权投资，并联合金融机构对于被投资企业和项目进行投贷联动的服务支持。通过绿色产业基金，地方政府不但放大了投入到清洁取暖领域的资金规模，同时一定程度上变直接补贴为股权投资，利用投资市场化的手段为本地的清洁取暖项目筛选出更合适的供应商，同时一定程度上实现了资本的保值增值，这种方式既有利于发挥政府基金的绿色引导作用，又可以很好地激发企业的经营积极性，保证分散化、重运营的清洁取暖体系的快速、高效建立和发展。以生物质清洁取暖为例，具体形式如下：

（1）政府将补贴资金设立绿色环保产业引导基金，引入社会资本，采用股权入股的方式，投入到运营企业设立的生物质能源生产厂。

（2）生产厂的股权初始架构为，经营企业占股 30％～40％，产业引导基金占股 60％～70％，基金可以在投资之初设立回购条款，比如，在燃料生产厂运营 2～3 年内，运营企业可按照投资成本价格回购引导基金手中持有的股份，3～5 年回购价格为投资成本加银行同期贷款利率。对于运营情况不佳的企业，基金有权更换运营商。

（3）对于每个生产厂项目，基金定期进行投后管理，对运营方的运营效果和效率进行评价。通过对燃料生产厂和用户端的基金化运营，一方面将政府资金定向地投入到了节能环保和清洁取暖领域；另一方面，当地的清洁能源产业也因此获得了资金支持，得到快速发展。同时，后期基金对于项目的投后管理和评估，本质上实现了对项目的后补贴和按效果补贴，运行良好的项目，运营方将基金所占股份赎回后，基金可以将收回的资金继续投入相关领域，循环使用，极大地提升了资金的使用效率，从而确保整个生物质产业的高效、有序、良性发展。

5.4.2 设立项目公司通过绿色贷款方式支持农村清洁取暖

当地农业合作社或其他机构，通过设立区域级项目公司的方式构成融资主体，组织区域内的农村清洁取暖投资和运营。鉴于取暖服务周期较长，需要前期一次性投入的特点，政府通过帮助项目公司补充授信、用补贴资金给企业予以贴息等方式，通过市场化方式实现对运营项目公司的市场化选择。

(1) 由设备制造商、农业合作社以及其他地方企业合作设立区域级的项目公司，负责组织实施当地的农村清洁取暖投资和运营。

(2) 清洁取暖的初投资部分采取政府补贴、社会投资与用户缴纳的多种方式实现，在对取暖区域进行整体能源规划和设计的情况下，确定农村取暖的适宜方式以及投资预算，同时采取政府购买服务与用户缴费相结合的方式，保证相关项目一定的投资收益，从而有助于相关项目向市场化的金融机构获得绿色贷款支持。

(3) 政府在协助相关项目争取政策性绿色贷款的同时，变部分前期设备初投资补贴为长效的运行补贴和贷款贴息补贴，有助于实现农村取暖项目的长期有效运行，减少部分设备制造企业重销售、轻质量、轻维护的短期市场行为。

第6章　农村建筑节能及新能源利用适宜性技术

6.1　农宅围护结构节能技术

6.1.1　北方农宅围护结构保温技术

本节针对翻建或新建农宅节能以及既有农宅节能改造两种情形分别介绍围护结构保温技术。

1. 翻建或新建农宅节能

(1) 围护结构热性能设计指标

农村住宅围护结构设计涉及热工性能的改善以及布局结构的优化等内容，而农宅的热工性能可以通过特定指标来反映，包括墙体和屋顶的传热系数、窗墙比、换气次数等。建筑的布局、朝向、结构等因素也影响围护结构的性能。例如，在很多北方地区，农宅的体形系数是一个重要的衡量指标。调查发现，很多农宅都是独立的单层结构，体形系数较大，围护结构散热损失更加突出。

在不同的气候地区，维持较为适宜的室内温度所需的围护热性能指标不同，为了更好地指导设计，2012年中国工程建设标准化协会发布了由中国建筑标准设计研究院、清华大学等单位编制的《农村单体居住建筑节能设计标准》CECS 332—2012，提出针对不同气候区建筑围护结构的热性能指标参考建议，2013年住房城乡建设部又发布了国家标准《农村居住建筑节能设计标准》GB/T 50824—2013。

两个标准都提出了农宅围护结构设计的热性能指标，例如，围护结构的传热系数限值、不同地区的窗墙比建议值等。表6-1节选了CECS 332—2012中给出的部分传热系数设计参考值。此外，该标准还给出了符合上述传热系数限值的一些围护结构的构造形式及材料厚度等。

严寒和寒冷地区农村居住建筑围护结构传热系数限值　　表 6-1

气候区	最冷月室外空气平均温度（℃）	典型地区	围护结构部位及传热系数限值［$\text{W}/(\text{m}^2\cdot\text{K})$］		
严寒地区	−10.0～−7.1	农安，桦甸，通辽，大同，杭锦后旗，天山，刚察，冷湖	屋顶	坡屋顶（右侧数值为吊顶传热系数限值）	0.35
				平屋顶	0.35
				外墙	0.35
				外窗	2.50
				外门	2.50
				地面	0.30
寒冷地区	−7.0～−4.1	辽中，朝阳，赤峰，格尔木，托克托	屋顶	坡屋顶（右侧数值为吊顶传热系数限值）	0.50
				平屋顶	0.45
			外墙	北/东/西向	0.35
				南向	0.45
				外窗	2.80
				外门	3.00
				地面	0.30

注：本表节选自《农村单体居住建筑节能设计标准》CECS 332—2012。

（2）保温技术方案

对于新建的农村住宅，取暖房间较多且都有连续取暖需求时，适合采用围护结构整体保温方案，即对整个墙体、门窗和屋顶进行保温，这种整体改造方案节能效果最好，但成本最高，外墙费用为 125 元/m^2左右，外窗费用为 320 元/m^2左右，屋顶保温费用为 50 元/m^2左右。

整体保温的具体技术和做法一般如下：外墙可以选择外侧粘贴膨胀聚苯板（EPS）或挤塑聚苯板（XPS）、草板或草砖、新型保温砌块、钢模网结构复合墙体等几种方式来提高保温性能。外侧粘贴膨胀或挤塑聚苯板的工艺流程包括：基层清理、刷专用界面剂、配专用聚合物粘结砂、预粘板边翻包网络布、粘贴挤塑板、钻孔安装固定件、挤塑板打磨找平及清洁、中间验收、拌制面层聚合物砂浆、抹面层聚合物抗裂砂浆、挂找平外墙腻子、弹涂、面涂、验收等。

外墙选用草板和草砖墙的方式进行保温时，需要先将稻草或者麦草进行烘干，然后通过机械压制形成一种新型建筑材料，用这种材料搭建的房屋也叫草板房或草砖房。干燥稻草的导热系数为 0.1W/(m·K) 左右，与水泥珍珠岩（一种保温材料）的导热系数相差不多，因此草板或草砖的保温性能良好，330mm 草砖墙的传热系数仅为 0.3W/(m^2·K)，是 370mm 砖墙传热系数的 1/3。此外，草砖或者草板墙体还具有造价低、选材容易、不破坏环境、重量轻等优点。草板或草砖一般不能够承重，所以草板或草砖房宜采用框架结构，如图 6-1 所示。在框架结构中填充草板或草砖，而后整理墙体表面，确保墙体垂直和平整，除去多余的稻草，用草泥填满缝隙，最后在墙体两侧采用水泥砂浆抹灰。根据用户需要，在墙体内外表面贴饰面层，在制作和施工过程中，还要注意草砖或草板的防虫、防燃、防潮等问题。

图 6-1 草板墙结构示意图

目前，草砖、草板已经在部分地区的新农村建筑有相应的示范应用。黑龙江、甘肃的轻钢龙骨结构纸面草板节能示范房，其单位建筑面积的整体造价为 600～700 元/m^2，价格比传统砖瓦房略低。

对于新建农宅的外墙，还可以选用新型保温砌块作为保温材料，相对于传统的保温砌块来说，通过优化原材料及配比，来减小砌块壁厚，增大保温材料层厚度，选择导热系数低、自重轻和吸水率低的保温材料进行内部填充，从而提高新型砌块保温效果，为了避免传统保温砌块在砌筑过程中的热桥问题，采用不同平面形式块型，通过相互连嵌的端部阻断热桥。

图 6-2 给出了两种新型保温砌块构造示意图。其中 T 型保温砌块是经过优化原材料及配比并减小砌块壁厚，选择导热系数低、自重轻和吸水率低的保温材料进行内部填充，通过改变填充的保温材料层的厚度来满足不同的保温要求，如图 6-2 (*a*)、(*b*)、(*c*) 所示。SN 型保温砌块是在砌块主体延伸的凸起空腔内填充保温材料，当砌块连锁搭接时，相邻砌块的凸起交错契合，从而使得砌块砌筑的墙体中保

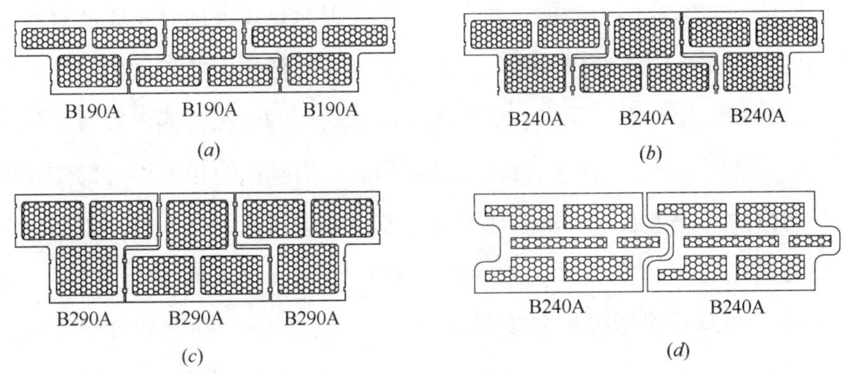

图 6-2 新型保温砌块及其嵌接方式

(*a*) T 型；(*b*) T 型；(*c*) T 型；(*d*) SN 型

温层交错搭接，不会形成热桥，保温效果好，如图 6-2（*d*）所示。此外，新型保温砌块通过特殊构造，以膨胀聚苯板为芯材，满足了节能要求。保温材料设于砌块内部，寿命得以延长。

钢模网结构复合墙体是通过模网灌浆的方式、利用膨胀聚苯板作为保温层的保温一体化墙体。这种墙体由有筋金属扩张网和金属龙骨构成墙体结构，采用模网灌浆工艺及岩棉板等保温材料构成，其做法如图 6-3 所示。这类墙体的突出优势在于利用一体化结构，避免了墙体热桥，而且强度高、抗震性能好，另外具有施工速度快、轻质等特点。但是这类技术应用时间相对较短，且对施工质量要求较为严格，因而其造价比一般的聚苯板外保温墙体高。

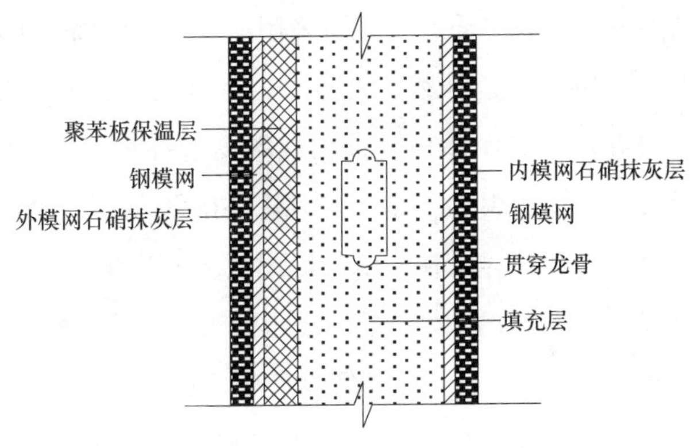

图 6-3 钢模网构造示意图

除了墙体、屋顶外，门窗也是建筑围护结构中的重要部件，它具有采光、通风、视觉交流和装饰等多种功能。在白天太阳照射时，窗玻璃是重要的直接获得太阳能的部件；而在夜间或者阴天时，门窗又会向室外传热。此外，门窗还是冷风渗透的主要部件。因此，必须采取有效的措施改善门窗的保温性能，以减少门窗冷风渗透损失及传热损失。门窗型材特性和断面形式是影响门窗保温性能的重要因素之一。框是门窗的支撑体系，可由金属型材、非金属型材或复合型材加工而成。金属与非金属的热工特性差别很大，木、塑材料的导热系数远低于金属材料。其中，PVC塑料窗和玻璃纤维增强塑料窗具有良好的保温、隔声性能和价格相对低的优势，较为适合农村地区使用。一般PVC双层玻璃窗的传热系数为2.8W/(m^2·K)，相对于传统的单层木窗［传热系数在5.0W/(m^2·K）左右］，可有效降低外窗的冬季热损失。

此外，外窗的气密性也是保温性能的重要指标，气密性越好的外窗，房间冷风渗透量越小，越有利于房间保温。例如，平开窗的气密性要好于推拉窗，在严寒以及寒冷地区，宜采用平开窗。但在20世纪70、80年代搭建的农宅多采用木框或钢框平开窗，由于年久失修，窗框腐烂或腐蚀导致窗缝增大，造成外窗的气密性变差，在此种情况下，除了更换气密性更好的PVC双层玻璃平开窗外，还可以在窗缝上贴密封条，通过这种较为经济的方式便提高外窗的气密性。

屋顶保温可以采用坡屋顶泥背结构保温层，泥背的制作是将泥浆、石灰等用水混合后经碾压而成，并添加少量麦草或麻刀等起到连接作用，以增强整体牢固性。实际施工时还可以向其中添加部分煤灰、麦糠、稻壳等材料，这样能够增加泥背层的保温性，还能减少整个屋顶的重量。也可采用泡沫水泥屋面来提高屋顶的保温性能，采用以废木材、废刨花板、秸秆、荒草、树叶和谷壳等各类农业废弃物为原料，辅以添加剂，并在传统灰泥屋顶上采用现场发泡技术施工而成。在施工过程中，将秸秆等农业废弃物为原料、菱镁水泥为基料和添加剂（改性剂和发泡剂）等按照一定的比例，经混合、搅拌，在传统灰泥屋顶上发泡生成200mm厚（厚度可根据所在地区气候条件确定）的泡沫水泥保温层。200mm厚泡沫水泥保温屋面的传热系数可小于0.68W/(m^2·K)。现场发泡水泥具有轻质、保温性能好、防火性能好、原材料价格低廉、来源充分、施工效率高等优点。同时，在温度适合的条件下可自然干燥，同时通过对生物质资源的利用，可以从一定程度上避免对秸秆、荒草、树叶等进行野外燃烧所产生的环境污染，有利于综合利用废旧资源，节能环保，具有资源综合利用价值。

2. 既有农宅节能改造

与城市住宅“全空间、全时间”的取暖要求不同，农村住宅取暖的特点是“部分空间、部分时间”。农村居民因为频繁进出房间，衣着普遍较厚，对室温的要求较城市居民低3~5℃，且一般为非连续取暖模式，需要在人员回到房间后建筑能够快速升温。这样，外墙采用内保温方式比外保温更具有优势。同时，外墙内保温技术相对简单，施工方便，可局部房间采用，室内连续作业面积不大，较为安全方便，有利于提高施工效率、减轻劳动强度，并且人工费用低，施工可不受室外气候的影响。

（1）外墙内保温板

北外墙优先，东西向外墙兼顾，墙体内侧用木龙骨作支撑，覆盖约30mm厚的高分子树脂保温板。该高分子树脂保温板的导热系数约为0.03W/(m·K)，防火性能为B1级。

（2）外墙内侧自保温壁纸贴

以带有背胶或后刷胶的10～30mm厚自保温壁纸贴，平整粘贴在清洁处理后的外墙内侧表面。

（3）屋顶新增高分子树脂保温吊顶

在屋顶内侧直接新增吊顶，可采用木龙骨支撑，覆盖带饰面约30mm厚的高分子树脂保温板。

（4）屋顶保温隔热包

隔热包采用具有一定尺寸规格的防火材料缝制而成，内装膨胀珍珠岩或膨胀蛭石等颗粒材料，隔热包厚度50～100mm，均匀铺设在被保温房间的承重能力较强的可上人顶棚上部。

（5）外窗内保温帘

外窗内侧增加一层带有边框的EVA透光材质的保温帘，边框固定在窗洞内表面的四周。保温帘通过上部卷轴做伸缩调整，保温帘与边框紧密连接，可显著增加外窗密闭性，降低冷风渗透热损失，同时保温帘与原有窗户之间形成30～100mm的空气层，有效减少夜间长波辐射和温差传热损失。

（6）外门保温帘

采用磁性PVC自吸门帘（或布制棉帘等），悬挂在外门内侧或外侧，人员进出及时闭合与门窗缝隙覆盖，极大降低冷风入侵与渗透，减少外门频繁敞开的热量损失，提高室内热舒适。

对于改造既有农宅采用内保温技术方案，从传统观念上来看可能会存在很多疑义，因此有必要对此做出一些说明：

（1）内保温的防止热桥问题

热桥是指处在外墙和屋面等围护结构中的黏土砖、混凝土或金属梁、柱、肋等传热能力较强的部位，由于热流较密集导致内表面温度较低，造成结露、发霉甚至滴水。城市多层建筑如果采用内保温，由于在楼板与外墙结合处没有一点保护而容易形成热桥，所以主推外保温将建筑完全包裹起来，可以理解为一个由墙面、屋面、地面、女儿墙、窗洞口周边和断桥隔热的门窗共同形成封闭的保温系统。我国北方农村住宅主要以单层为主，尽管近几年某些地区随着经济水平的提高出现了2层或以上的多层农宅，但由于农村人口数量的下降，主要居住空间仍以单层为主，对其中一层房间采取内保温，也可形成由墙面、屋面、地面、窗洞口周边和门窗等共同组成的完整封闭保温系统，不存在楼板与外墙结合处容易出现热桥的问题。而且目前北方农村在推广清洁取暖技术时，多鼓励“部分空间、部分时间”的供暖系统，当供暖空间只有一个房间时，对该房间的屋顶、外墙、内墙甚至地面等增加内保温更容易形成封闭系统，此时若采用外保温则无法避免供暖房间与邻室非供暖房间之间的热桥问题。

（2）内保温的防潮问题

建筑内保温在使用过程中，会因受到水及水蒸气间歇性浸润和渗透而受潮，对其保温性能及使用寿命均具有不良影响，保温层受潮后，不仅降低其机械强度和抗压强度，引起破坏性变形和外观质量变差，而且一般认为采用内保温的形式时，冬季由于墙体内表面温度偏低，表面会结露产生冷凝水，由此滋生霉菌等生物性污染问题，但对于农宅来说，上述问题不会严重。首先，农宅室内供暖温度一般较低，室内水分的蒸发作用不强，空气绝对含湿量小，露点温度偏低，墙体内表面结露现象不明显；其次，农宅换气次数一般比城市住宅大，含湿量较低的室外空气进入室内后会进一步降低室内空气的绝对含湿量，从而降低露点温度；再次，对室内湿度较大的农宅在做内保温时，结构形式上可选择通气型，将保温材料与外墙内表面之间留有空气层，且空气层上部出口不密封，与吊顶保持连通，确保渗入墙体和保温层之间的水蒸气可顺畅进入通气层排出，从而避免长期受潮后发霉等问题，而城市多层住宅因为受上方顶棚的限制无法实现该做法。

（3）内保温的防火问题

近些年，城市建筑由于保温材料所导致的火灾屡见不鲜，很多保温材料起火都是在施工过程中产生的，如：电焊、明火、不良的施工习惯等，尤其对于高层建筑来说，一旦发生火灾，这些带有保温材料的部位就容易形成具有拔风效应的“烟囱”，会加速火势的蔓延，且建筑物越高，“烟囱效应”越明显，蔓延速度越快。农宅采用内保温时要求保温材料具有B1级及以上防火性能，即难燃性建筑材料，此类材料有较好的阻燃作用，其在空气中遇明火或在高温作用下难起火，不易很快发生蔓延，且当火源移开后燃烧立即停止。事实上农宅室内易燃的物品主要是纸张、被褥、木质家具、堆放的松散状生物质燃料、房顶木架等，也是引起农宅火灾的最大隐患。在没有其他引燃物时，B1级的保温材料很难独立引发火灾，而且单层农宅的层高一般为3m左右，“烟囱效应”较弱，着火面积不易扩散，此外，与城市高层建筑相比，农宅在遇到火灾等紧急情况时更容易快速疏散到室外。但毕竟“水火无情”，农宅在采用内保温时，还是应该确保材料的防火性能要达到B1级及以上，且密切关注室内其他易燃物品的防火安全。

6.1.2 南方农村住宅围护结构节能技术

在南方地区，夏季炎热潮湿，可以通过对建筑本体热性能的改善来实现被动式的隔热，改善室内热环境。针对不同的围护结构类型，有不同的被动式隔热技术。例如，可以采用外遮阳等方式来实现夏季隔热，通过建筑布局的改善实现夏季自然通风、遮阳等。下面着重针对墙体和屋顶介绍一些被动式隔热技术。

1. 种植墙体与种植屋面

所谓种植墙体或种植屋面指通过种植攀缘植物覆盖墙面或屋面，利用植物叶面的蒸腾及光合作用，吸收太阳的热辐射，同时有效遮挡夏季太阳辐射，降低外墙或屋面温度，进而减少外墙或屋面向室内传热，达到隔热降温目的，如图6-4所示。

爬山虎是一种绿色攀缘植物，比较适用于种植墙体，如图6-5（*a*）所示。通过实地测试发现爬山虎可以遮挡2/3以上的太阳辐射，可以有效遮挡太阳辐射，降

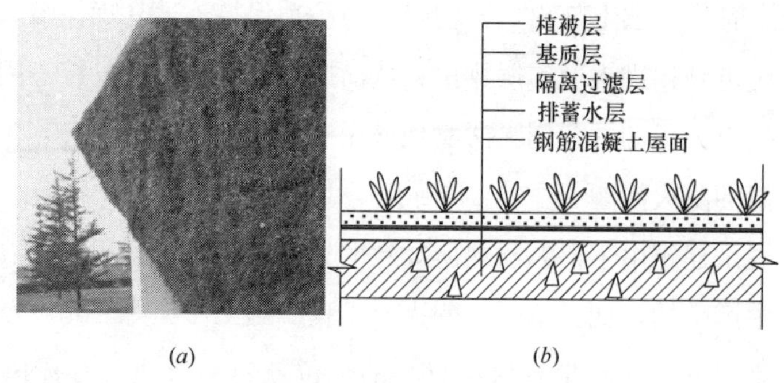

图 6-4 种植墙体与种植屋面

(*a*) 种植墙体；(*b*) 种植屋面结构

图 6-5 爬山虎与佛甲草

(*a*) 爬山虎；(*b*) 佛甲草

低墙体外表面温度，而且冠层内风速为冠层外风速的 15%，挡风作用可阻挡白天高温空气向墙面对流传热。佛甲草是一种景天科属植物，具有根系浅、抗性强、耐热、耐旱、耐寒、耐瘠薄、耐强风、耐强光照、抗病虫害能力强等特点，适用于种植屋面，如图 6-5（*b*）所示。

种植屋面较种植墙体来说，更为复杂一些，其构造和做法要保证植物生长条件和屋面安全，一般在屋面防水保护层上铺设种植构造层，由上至下分别为绿化植物层、种植基质层、隔离过滤层、排（蓄）水层等，构造层如图 6-4（*b*）所示。在施工过程中，必须考虑到种植屋面的结构安全性、防水性以及降温隔热效果。

种植墙体和种植屋面的隔热效果也已经被大量实验以及理论所证实。例如，实测数据表明，当室内不采用空调降温的情况下，采用种植屋面的房间空气温度要比采用普通屋面房间的空气温度低 3℃左右，而且屋顶内表面温度较普通屋面低 4℃，明显改善了室内热环境。

2. 通风瓦屋面

岭南传统民居屋面通风瓦技术也是南方地区屋顶隔热的一种典型形式。岭南传统民居大部分为双坡硬山屋面，采用木屋架上覆陶瓦（又称素瓦）做法。一般做法为：木屋架上放檩条，檩条上面钉桷板，桷板上覆板瓦，上面再盖筒瓦，筒瓦内外覆灰浆层，用以固定筒瓦和板瓦，如图 6-6 所示。这种屋面具有良好的综合隔热性能，岭南传统建筑屋面材料本身的热工参数并不具有隔热优势，而是这些热工性能普通的瓦片相互组合形成了一种含有活跃空气层，同时兼有通风与遮阳综合效果的隔热结构层，达到建筑隔热与提高舒适度的目的。板瓦的铺设方法一般都为“叠七露三”的形式，有瓦片铺设层数的差别。铺设的瓦片层数越多，室内的热环境越好，但造价比较高，屋面荷载也大。

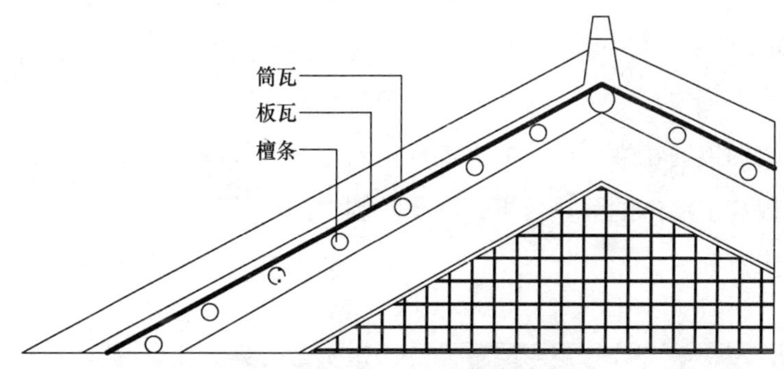

图 6-6 传统民居的双坡覆瓦屋面

筒瓦与普通板瓦屋面的主要不同在于筒瓦中的空气层。在白天，屋面构造中的空气层可以大大提高屋面的热阻，增大屋面结构的热惰性，室外的热量被大量阻隔，增强了屋面的隔热性能。在夜晚，由于空气的热惰性极小，使屋面结构在提高了热阻的同时，并没有使热惰性增加，在夜晚室内的热量可以很快散发出去。

此外，瓦垄与瓦坑高低错落间隔，在高出的瓦垄的遮掩下，瓦坑常常处于阴影中（图 6-7），也许人们在进行此种屋面艺术创作的时候，并没有在意到这种明暗相间的遮挡，起到了改善屋面隔热与室内热环境的效果。

通过对岭南地区典型农宅的测量数据分析表明：在白天，屋面内表面的温度远远低于外表面的温度，最大温差可以达到 23.2℃。在夜间，依靠瓦片之间的自然通风，有效降低了室内温度和屋面内表面温度，可以使建筑室内温度与室外温度几

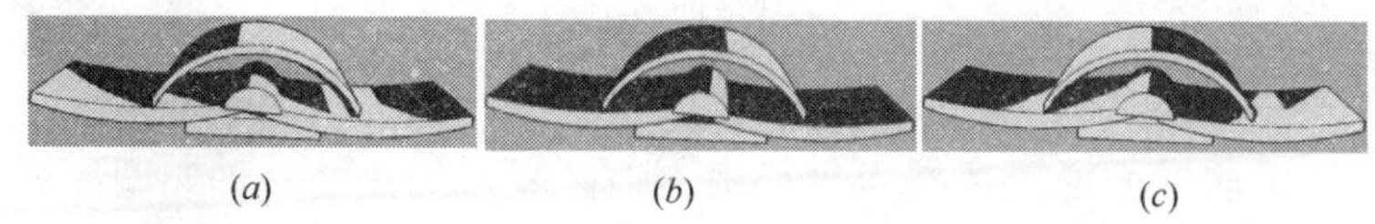

图 6-7　夏至日瓦垄与瓦坑阴影示意

（a）9：00 的阴影；（b）12：00 的阴影；（c）15：00 的阴影

乎相当。因此，这种通风瓦屋面可以有效阻隔室外热量的流入，适合南方地区，尤其是夏热冬暖地区。

3. 被动蒸发围护结构

（1）技术原理

该技术结合陶粒混凝土的自身特点，利用高效轻质混凝土材料的连通与非连通多孔材料的热湿传递特点，研究出具有隔湿保温层和表皮气候层墙体（微孔轻质混凝土）。非连通保温隔热混凝土墙体材料孔隙率为 20%～30%，围护结构具有良好的传热阻和热稳定性。冬季非连通多孔材料具有良好的保温性能，夏季利用高效轻质混凝土材料的连通特性，形成的表皮气候层对热湿气候开放，具有被动蒸发冷却隔热功能，提高了墙体的隔热效果，使建筑围护结构具有自我调节室内外气候的能力，其结构示意如图 6-8 所示。

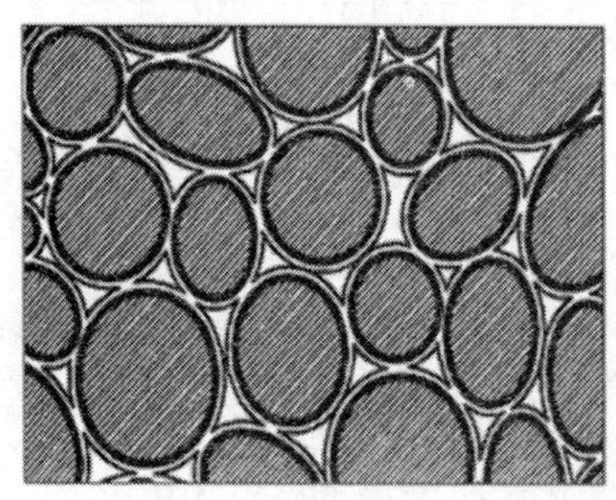

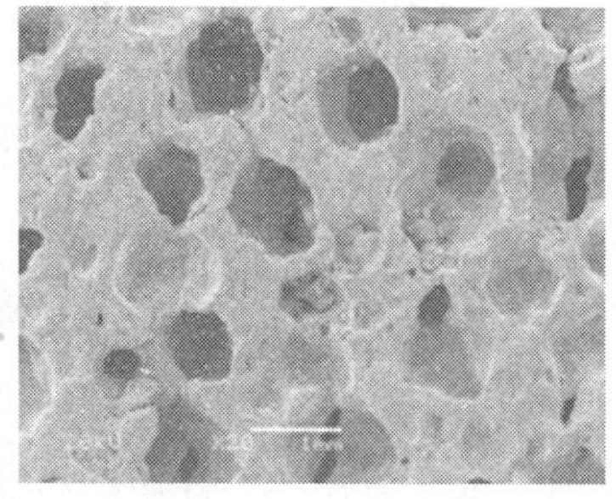

图 6-8　联通、非联通结构示意图

微孔轻质混凝土是由发泡浆体与陶粒搅拌制成的一种节能产品，其生产工艺包括浇筑成型—自然养护—成品加工等。通过调整微孔轻质混凝土的发泡过程即可调整材料整体的保温隔热性能，其联通、非联通的导热系数随材料密度变化的趋势如图 6-9 所示。

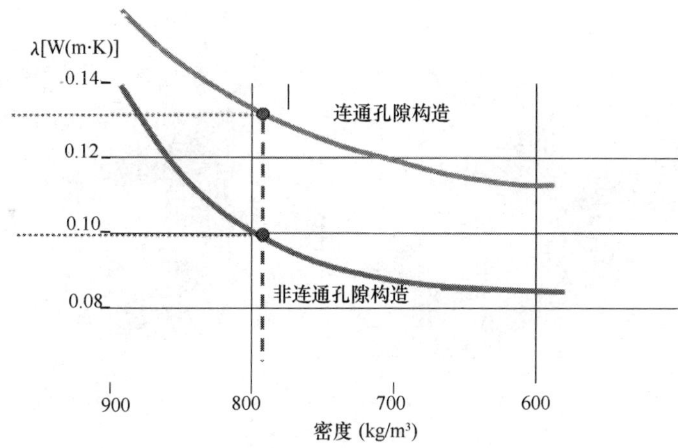

图 6-9 联通、非联通结导热系数随材料密度变化

（2）技术特点

1）强度高，当密度在 450～800kg/m^{3}时，强度范围为 4～10MPa，目前市场使用的加气块强度一般不超过 3.5MPa；

2）绝热性能好，按照不同的密度等级，导热系数可以达到 0.06～0.12W/(m・K)，加气混凝土砌块的导热系数一般超过 0.22W/(m・K)；

3）该产品属于无机轻质砌块，耐火等级达到 A1 级，耐火性能与加气混凝土砌块具有相同的效果；

4）微孔轻质混凝土的养护属于自然养护，其挂灰效果远优于必须采用蒸养方式的加气混凝土砌块，施工过程减少了挂网工序，提高了工作效率，节约了材料及人工成本；

5）该产品不需蒸养，工艺简单，投资小。

（3）应用模式

微孔轻质混凝土可直接做成砌块，也可做成复合挂板使用。

1）砌块

按是否承重可分为承重砌块和填充砌块。承重砌块可在满足节能要求的同时承受荷载力，主要用于多层砌体结构，与构造柱和圈梁配合作用；填充砌块主要用于框架结构，该砌块施工可节省保温施工这一工序所需要的工期、材料、人工等消耗，如图 6-10 和图 6-11 所示。

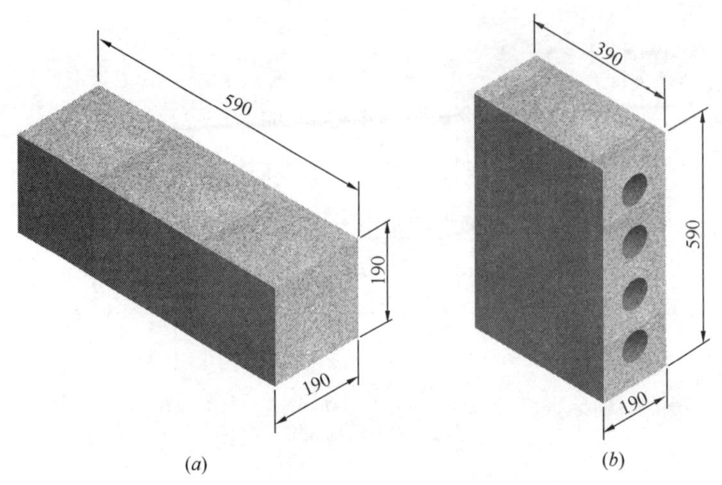

图 6-10　微孔轻质陶粒混凝土砌块（单位：mm）

（a）实体砌块 190×190×590；（b）空芯砌块 190×390×590

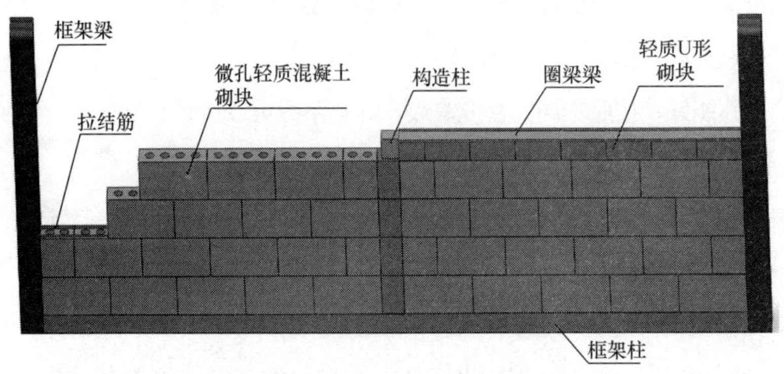

图 6-11　微孔轻质混凝土砌块砌体结构示意图

2）复合挂板

微孔轻质混凝土还可以利用特殊工艺制作成复合挂板，是将普通混凝土和微孔轻质混凝土浇筑在一起而形成的新产品，其中普通混凝土作为持力层和装饰层，轻质混凝土作为保温层，该工艺使传统挂板具有了保温的功能，如图 6-12 所示。根据装饰需求及龙骨设计，挂板宽度一般为 600mm、1200mm、1800mm；高度一般为 1200mm、1800mm、2700mm、3000mm；依据挂板尺寸，普通混凝土层厚度一般为 50mm、60mm、70mm；依据保温性能要求，轻质混凝土层厚度一般为 50mm、70mm、90mm、100mm。

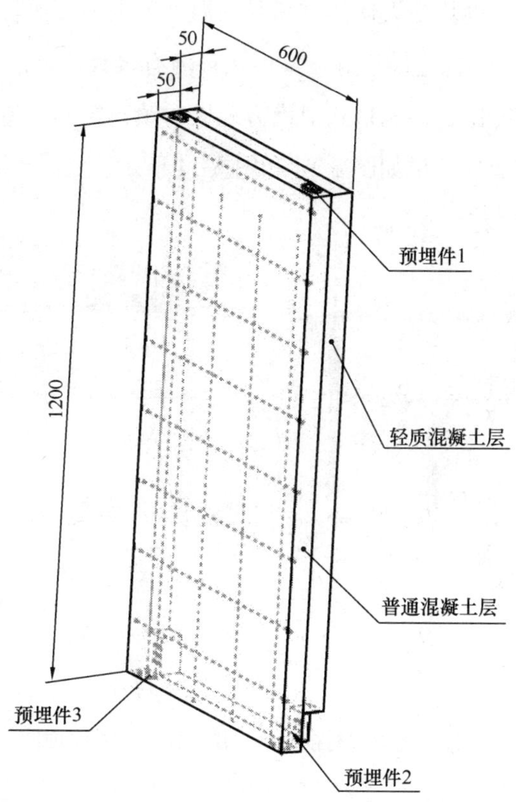

图 6-12 复合挂板 600×1200×（50+50）（单位：mm）

复合挂板采用特殊成型工艺和材料，结合效果好；其特性满足工业化生产需要；复合挂板同时具有装饰和保温作用，与微孔轻质混凝土填充砌块配合使用，完全满足各地区的节能要求；如在设计阶段采取此结构形式，框架梁柱设置预埋件，挂板高度按照层高设计，可节省龙骨施工所需资金；受力筋埋设于普通混凝土层内，保护层满足规范要求，解决挂板耐久性问题；同时保温性能好，经计算，50mm＋100mm 厚复合板传热系数低于 1.0W/(m^2·K)。

（4）应用案例

采用被动蒸发围护结构建成的某示范农宅位于成都市浦江县鹤山镇梨山村，总建筑面积 140m^2，共两层，建筑包括卧室、客厅、厨房、车库（储藏室）等功能用房，该工程于 2010 年建成入住。通过实测，在自然通风工况条件下，示范建筑冬季室内空气温度在 7～10℃之间波动；夏季室内空气温度在 25～30℃之间波动。冬季和夏季的室内空气温度均在人体能够承受的温度范围内，而且建筑内表面温度的波幅在2℃左右，室内热稳定性较好，室内热环境有较大改善。

总体来讲，该节能围护结构形式对南方地区村镇建筑的建造具有一定的借鉴意义。建筑平面图及建成后效果如图6-13和图6-14所示。

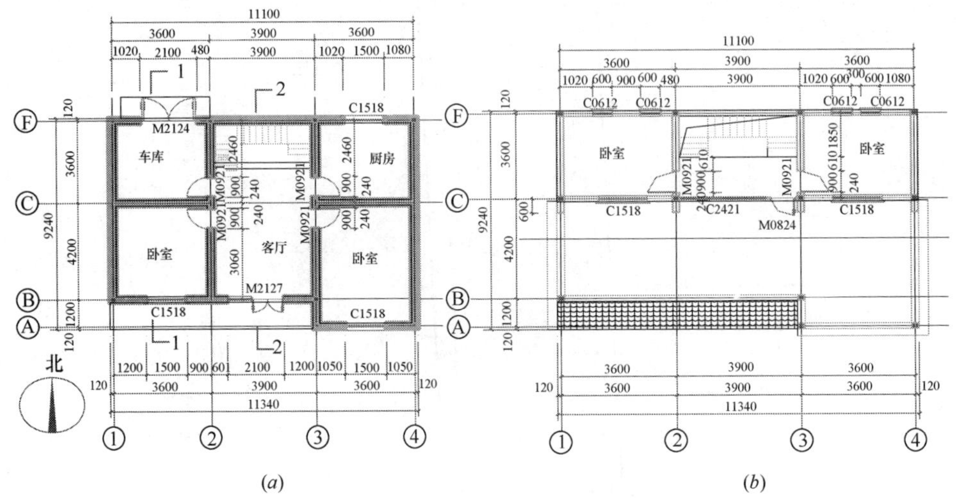

图6-13　南方农村被动蒸发围护结构建筑平面图

(a) 一层平面图；(b) 二层平面图

图6-14　南方农村被动蒸发围护结构建筑实景

6.2　新能源利用技术

6.2.1　低温空气源热泵热风机

近年来我国在低温空气源热泵热风机方面的技术发展迅速，目前处于国际领先地位。通过新的压缩机技术、变频技术和新的系统形式，已经把低温空气源热泵热风机的适用范围扩展到－30℃的室外低温环境地区，实现了我国整个北方地区的全覆盖。

外温在0℃左右是传统上的热泵应用范围；外温在－10℃左右，螺杆机、涡旋机的补气增焓和转子压缩机双级压缩等技术，*COP*可大于2。与单级压缩系统相比，双级压缩系统具有压缩比小、排气温度低、运行效率高等特点（图6-15）。可克服在寒冷地区空气源热泵系统效率低、可靠性差等缺点，实现低环境温度下正常制热，使热泵的使用范围延伸到更广的区域。

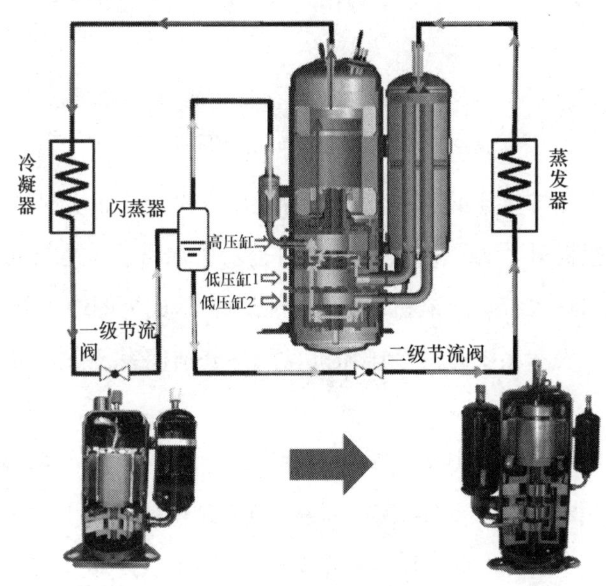

图6-15　三缸双级变容积比压缩机

基于双级增焓变频压缩机的空气源热泵取暖技术可有效解决低环境温度下空气源热泵制热量衰减的问题。如图6-16和图6-17所示，该技术通过单压缩机双级压缩喷气增焓变排量比运行，将压缩过程从一级压缩变为两级压缩，减小每一级的压差，降低压缩腔内部泄漏，提高了容积效率；通过中间闪发补气降低排气温度，提高了容积制热量；系统同时采用SD双级变容技

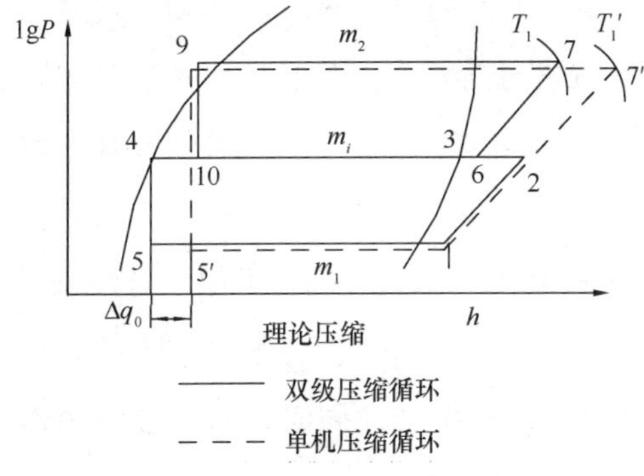

图6-16　双级增焓制冷循环图

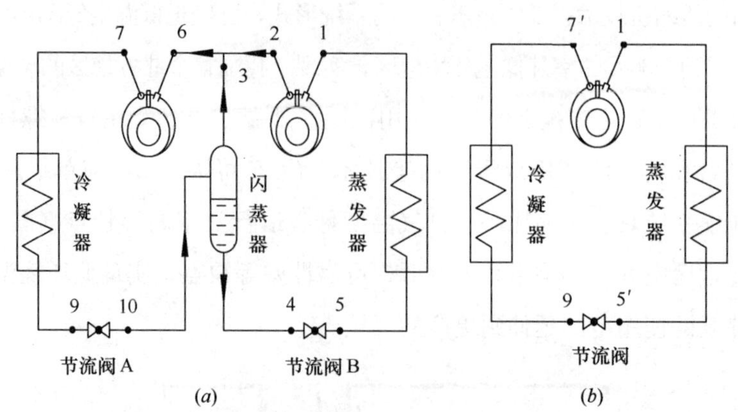

图 6-17 双级增焓变频压缩机系统原理示意图

(a) 双级压缩循环；(b) 单级压缩循环

术，实现变排量和变排量比的两种双级压缩运行模式，从而实现热泵制热环境下制热量和能效的大幅提升。为了使系统原理图表示更加直观，在图 6-17 左侧双级压缩循环原理图中，将系统单压缩机双级压缩结构表示成为图中上部所示的两个压缩机图形，它们并非表示系统有两个压缩机，而是分别代表一个压缩机的高压腔和低压腔。

实际测试结果表明，低温空气源热泵热风机运行稳定、可靠，在低温环境下制热性能良好。在额定制热（室外 7℃）工况下 *COP* 可达到 3.1，与普通空气源热泵相比能效提高 5%～10%；室外环境温度为－20℃时 *COP* 可达 1.95，制热量提高 50%～100%，能效提高 20%左右。低温空气源热泵热风机使用电能驱动取暖，在当地不会产生 $PM_{2.5}$ 排放。与其他取暖系统不同的是，低温空气源热泵热风机直接加热房间空气，可以迅速提高房间温度。如图 6-18 所示，热风机启动后，房间气温从 9℃加热到 15℃仅用时 20min。因此，在客厅等没有人员长期逗留的房间，热风机可以间歇运行，没有取暖需求时停机，需要取暖时再启动，同样可以保证取暖效果。

此外，低温空气源热泵热风机设备形式与家用分体式空调器类似，可按取暖房间安装，独立调节，可以间歇运行（图 6-19）。因此，与其他传统农宅连续取暖方式相比，用户可以采用部分空间、部分时间的运行模式；同时，温度设定操作简易，用户可以灵活调控室温，最大限度发挥行为节能潜力。

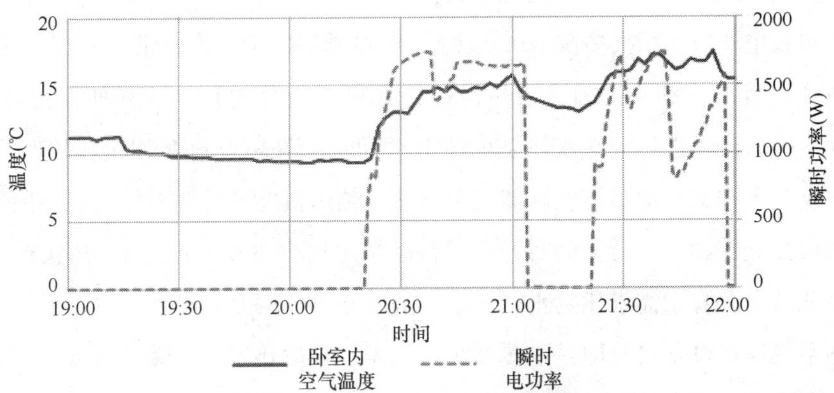

图 6-18 低温空气源热泵热风机加热房间的逐时室温

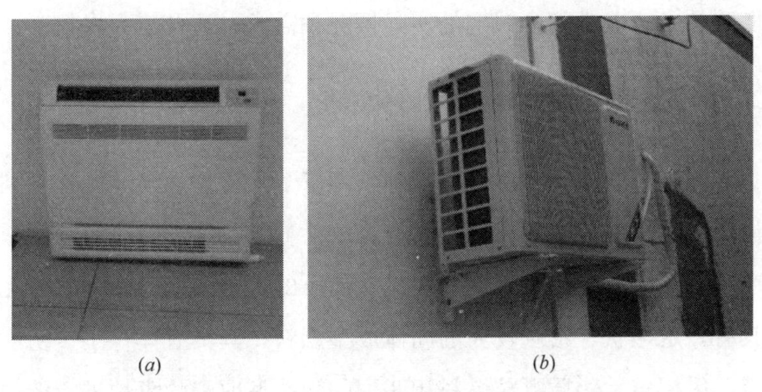

(a) (b)

图 6-19 空气源热泵热风机

(a) 室内机；(b) 室外机

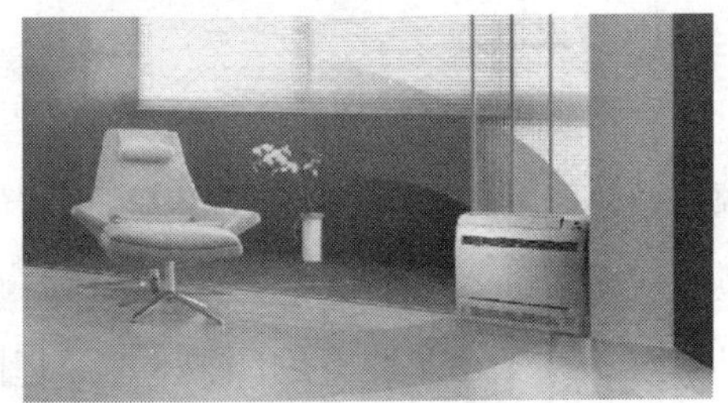

图 6-20 双出风口低挂壁式内机

室内机落地安装，热风贴地面流动，从下出风口自然上升，达到地暖取暖的舒适度，同时温升速度比常规地暖快。上出风口针对人员活动区域，实现快速取暖；下出风口针对脚踝区域，实现地暖式取暖。双出风口低挂壁式风机的送风方式如图 6-20 所示。

由于分房间独立安装，因此可以根据不同年龄、不同身体状况使用人员的实际需求灵活方便地调节室温，也能够根据房间是否有人控制热泵启停，实现“部分时间、部分空间”取暖调控，因而能够最大限度实现行为节能，降低取暖能耗。目前北方单户农宅建筑面积大多在100m^{2}以上，但冬季平时常住人口仅2～3人，只50～60m^{2}需要取暖。一室一机的热泵热风机恰好可以满足这种生活和使用模式需求，避免无人时取暖耗能，而热水热泵很难实现随时启停或部分房间取暖调控，导致全部住房整个冬季都在取暖，实际能耗可达热泵热风机能耗的两倍以上。户内每台热泵热风机独立控制、运行，同时开启运行的情况极少出现，加之*COP*比热水热泵高，因此外电源容量需求比热水热泵小，进而减少电网升级投资。

热泵热风机设备自身即是取暖系统，无需加装散热器、地暖等末端，不会出现热水热泵取暖工程中的跑冒滴漏等问题，且户内多台热泵热风机均独立控制、独立运行，同时出现故障的概率极低，生命周期内基本免维护，因而使其成为系统可靠性最高的取暖技术，非常契合农宅的实际情况和需求，适合广大农村。

6.2.2 智能型生物质颗粒清洁取暖炊事炉

近几年在国家节能减排和治理雾霾的大背景下，多地逐渐开始探索利用生物质颗粒燃料进行农村清洁能源替代的技术方案。生物质颗粒燃料加工技术是将秸秆、稻壳、锯末、木屑等生物质废弃物，用机械加压的方法，使原来松散、无定形的原料压缩成具有一定形状、密度较大的固体成型燃料，其具有体积小、密度大、储运方便的优点。采用与生物质颗粒燃料相匹配的智能型取暖炊事炉进行清洁取暖，具有燃烧稳定、效率高、灰渣及烟气中污染物含量低等优点，是解决农村清洁能源短缺、实现生物质消纳和散煤替代的有效途径。

1. 技术原理

生物质成型燃料的自身特性决定了其燃烧炉具的结构特征，智能型户用生物质颗粒燃料取暖炉是指专门燃烧生物质颗粒燃料的具备自动点火、自动进料、自动调节风配比和自动除灰等基本功能，且能通过控制器实现自动化运行的取暖炊事炉具。图6-21给出了此类炉具的基本原理图，其中包括炉体、炉膛、烟道及保温系统、储料及进料系统、点火及燃烧系统、对流换热系统、送风及引风系统、落灰及除灰系统、供回水循环系统和自动控制系统等主要部分。该炉具一般采用半气化燃烧方式，燃料适用范围较广，按照进风方式可划分为自然通风炉具和强制通风炉具。自然通风炉具完全靠烟囱的抽力和外界大气自然进风方式为燃烧供氧，该类型

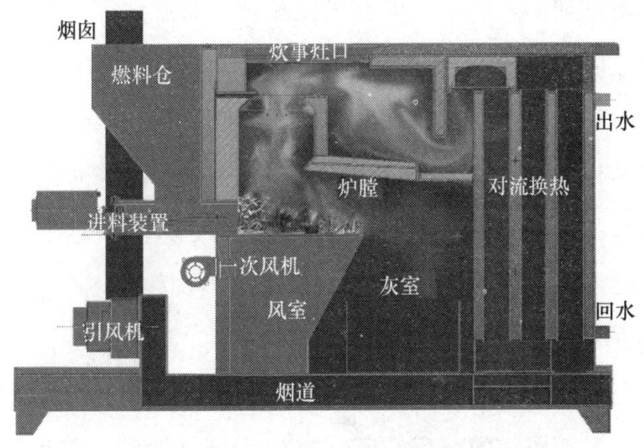

图 6-21　智能型生物质颗粒燃料取暖炊事炉原理图

炉具的特点是设计简单、操作简便、容易控制，但缺点是火力大小和供氧量不可调，难以实现很高的自动化程度。强制通风炉具使用电机和风扇将外界大气进行强制通风为燃烧供给氧气，该类型炉具特点是供氧效果好，火力大小可调，但缺点是设计较为复杂，需经一定培训后才能正确操作。对于以颗粒燃料为主的户用取暖炊事炉具，一般采用的是强制通风方式。

在使用智能型生物质颗粒燃料取暖炊事炉时，首先利用自动点火装置将燃料点燃，使其在较短的时间内进入明火燃烧阶段，而后一次风从炉排底部进入，与生物质燃料在炉膛里发生化学反应，使炉膛内的生物质燃料从下往上依次形成氧化层、还原层和热解层，下层的燃料边燃烧边释放出一些可燃物质，为了提高燃烧效率，在炉具上部火焰出口处增加二次风喷口与这些可燃物质进一步发生化学反应，将固体生物质燃料和空气的气固两相燃烧转化为单相气体燃烧，这种半气化的燃烧方式使燃料燃烧充分，可以实现不冒黑烟，把焦油、生物质炭渣等完全燃烧殆尽，明显降低颗粒物和一氧化碳等污染物的排放。随着燃烧过程的进行，燃烧室内的燃料量越来越少，这时可以控制进料电机将少量生物质颗粒燃料输送进燃烧室，并根据燃料种类、送料量、用户室温设置、炉具运行状态等自动调节各燃烧过程送风机和引风机的风量，始终保证高效清洁燃烧。对于木质类颗粒，可采用进料和除灰共用的结构形式，对于秸秆类含灰量比较高的颗粒燃料，需要配置专门的清灰机构，以便将燃烧室内的灰渣及时排至灰斗内，从而实现连续稳定的取暖。在整个燃烧过程中，受热面所吸收的热量可以使水套内的循环水升温，然后通过自然循环或强制循环的方式把热水输送到室内的散热器、风机盘管、对流炕等末端。当需要结束取暖时，应先提前停止往燃烧室内部加料，然后保持送风机和引风机延时运行一段时间，确保燃烧室中残余的颗粒料全部燃烧干净再停炉。

为了提高炉具利用效率，该取暖炊事炉在冬季取暖的同时还可以增加辅助性炊事功能，进行烧水、炒菜等炊事活动，炊事时可将拦火圈放置于通烟道一侧，挡住下部烟气通道，使火苗上行，以便更多地与锅底面相接触。

2. 取暖炊事炉系统安装及使用

智能型生物质颗粒燃料取暖炊事炉安装地点应与卧室进行有效隔离，适合安装在专用锅炉房或者无人居住的配房空间，确保无烟气泄漏，并保持室内通风良好，且安装房间应在合适位置设置CO报警器。严禁将炉具安装在室外、卧室或与卧室相通的房间内，穿墙通孔应做好密封，以防CO中毒；安装地面应采取硬化措施，燃料仓应具备足够的有效容积，燃料仓最大储料量应满足不少于10h额定工况的燃料需求，炉具储灰斗存灰量应满足稳定运行清除间隔不低于12h，正常工作时，炉具最后一级受热面排烟处的烟气温度应不大于150℃，否则会导致炉具热效率偏低，炉体外壁面最高温度应不超过60℃，出水温度应不超过85℃，且要配置水温超限报警功能和泄压装置。炉具烟囱应通往室外，并保证烟气流动通畅，烟囱出口要避免正对取暖季主风向。

在采用常规散热器作为末端时的安装方式基本与农村常见的燃煤土暖气类似，安装时尽量采用带水泵的强制循环。如果采取自然循环方式，要确保散热器具有足够的高度，一般散热器中心高度要高于炉子中心高度35～45cm以上，散热器离炉子越远、弯头越多，所需高度越大。取暖炉供水及回水干管的直径要相同，横走要有0.5%～1%的坡度，为了减少系统阻力和确保取暖效果，要做到管线短、直径粗、弯头（包括阀门）少，在热水干管的末端及中间上弯处要安装排水管，其高度要高于补水箱。补水箱也是膨胀水箱，其容积为系统容水的5%左右，最好安装炉子的回水干管在室内，且其高度应高出热水横管10～20cm，补水箱应经常保持1/2水位，不足时应及时补水。

取暖点火前应先将整个系统注满水，气体排净。炉具烟囱应按烟囱口外径配置，高度不低于4m，烟囱过细、过短会影响取暖效果。炉具在冬季停炉保养或系统暂时不运行时，应将系统内的水彻底放干净，以防止结冰冻坏管路系统及炉体，如系统或炉体已经结冰，必须使冰完全融化后方可重新点火，以防止因系统冰堵，而发生爆炸事故。

使用期间要经常彻底清理炉膛内的结渣、炉壁的积灰和烟囱的积尘，提升取暖效果；经常清扫、擦拭炉盘炉体，保持干净整洁，防止腐蚀；经常清理灰斗内的积灰，避免烧坏炉箅等。春季停炉时，应对取暖炉和系统采用湿法保养，即停炉后要使炉内和系统内保持满水状态；清除储料仓内燃料，不能完全进行清除的应启动炉具使燃料燃尽；将炉内的积灰以及焦油等清理干净，在炉膛内放适量石灰粉，保持干燥，减少腐蚀；清理干净烟囱内的积灰，并封闭烟囱出口以防雨水进入；关闭炉具主电源，并做好电器元件防护等。

3. 推广应用

以生物质颗粒作为户用取暖炊事炉的燃料，可以减少煤炭散烧，同时为解决农村秸秆野外焚烧问题实现资源化利用找到了一种就地消纳、变废为宝的方案，实现节能、环保等多重效益。

目前生物质颗粒燃料取暖炊事炉在北方清洁取暖试点城市中已经进行了一些探索性尝试，如山东、山西、河北、河南等地，详见本书第 7.4 节。但是，通过调研发现，现有部分炉具在使用方面还存在一些问题，部分厂家受成本和市场价格等原因的制约，往往减少炉具的材料用量，缩小了炉具料斗体积、炉膛换热面积等，降低自动化功能配置，进而导致炉具热效率低、燃烧排放性能欠佳等问题。实测发现部分类型炉具的热效率不足 60%，与高效炉具 80%的热效率相比，还有很大的提升空间。由此，在以后的推广工作中，应选取热效率和排放性能优的取暖炉具，该类型炉具在料箱不断料、灰斗不满灰的情况下可以实现全自动高效清洁化运行，以此逐渐淘汰不合格产品，引导市场良性发展，避免劣币驱逐良币的歧路，从而实现大幅度减少生物质燃料消耗量和农户取暖花费、提升农户体验、减小推广阻力，同时还可减少大气污染物排放总量，反之质量差的产品会破坏良好的社会和市场需求，导致农户废弃不用，无法达到预期目标。

测试结果表明，质量优的智能型生物质颗粒燃料取暖炊事炉在燃烧木质颗粒时的 $PM_{2.5}$ 排放因子可低至 0.3g/$kg_{干燃料}$，燃烧秸秆颗粒的 $PM_{2.5}$ 排放因子约为 0.5g/$kg_{干燃料}$，远低于散煤和清洁型煤，具有良好的节能减排发展潜力。在满足农户清洁取暖的同时，对生物质有富余的地区，还应该鼓励进一步拓宽生物质颗粒燃料的销售渠道，向附近的小城镇住区、企业、学校、医院、个体工商户等出售，提高经济效益和生存发展能力，最终达到农民使用经济清洁能源、企业获取一定利润、政府得到环境效益的共赢目标。

6.2.3 生物质成型燃料加工技术与设备

生物质颗粒和生物质压块（棒）是目前应用最为广泛的生物质成型燃料形式，通常将粒径小于 20mm 的称为生物质颗粒，粒径大于 20mm 的称为生物质压块（棒）。生物质压块（棒）主要作为壁炉的燃料，生物质颗粒由于其较好的机械输送和气流输送性能，广泛用作户用取暖、集中供热以及部分生物质发电的燃料。

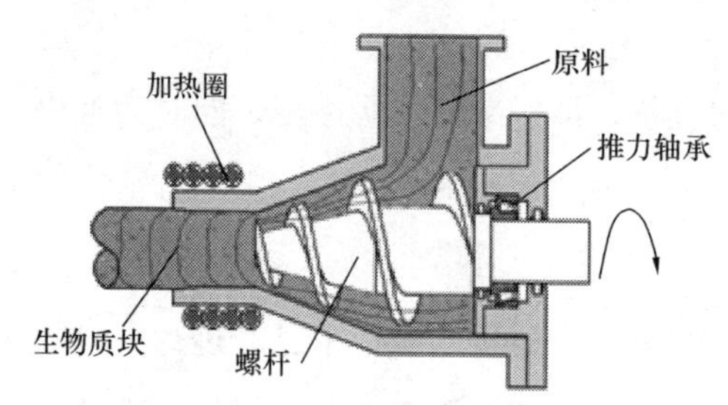

图 6-22 螺旋挤压成型原理图

1. 螺旋式挤压成型

螺旋挤压成型是通过旋转的螺杆不断将生物质物料挤送进成型筒使物料致密而成型（图 6-22 和图 6-23）。由于螺杆轴向挤压力受到螺杆叶片强度的限制，大多数成型模具筒具有加热装置将生物质原料中的木质素加热到具有粘结作用的熔融状态而更易成型。随物料的不断推入，粘结成型部分的生物质棒被不断挤出成型模具。由于生物质的热导性极差，原料中需要有一定的水分进行热传导，但水分过多在高温状态下会汽化留存在成型棒内，当成型棒挤出模具后由于挤压力消失使留存在成型棒内的高压蒸汽突然释放而发生“放炮”现象。该类成型机对原料的含水率要求较高，由于送料螺旋与物料在高温下不断摩擦，其磨损较快，使用寿命较短，另外，由于加热成型能耗也相对较高。

图 6-23 螺旋挤压生物质棒成品及成型机

2. 活塞（挤）冲压成型技术与设备

此类成型机分为开式和闭式两种，由于改变了成型部件与原料的作用方式，在大幅度提高成型部件使用寿命的同时，也显著降低了单位产品能耗。其产品是压缩块，生物质原料的成型是靠活塞的往复运动实现的，其进料、压缩和出料过程都是间歇进行的，即活塞每工作一次可以形成一个压缩块。在成型模具（或称压缩管）内块与块挤在一起，但有边界。此类成型机按驱动动力不同又可分为两类：一类是用发动机或电动机通过机械传动驱动成型机的，通过曲柄连杆机构带动活塞做高速往返运动，产生冲压力将生物质压缩成型；另一类是用液压机械驱动的，即液压驱动活塞式成型机。这类成型机大多为常温成型，也有采用加热成型的，其成型原理与螺旋挤压成型机相同，只是将推送物料的送料螺旋改为柱塞。生物质常温成型的机理是在柱塞对物料高压下使物料间填充相互嵌合而成型，如图 6-24 所示。

图 6-24 锯末常温成型嵌合状态

开式活塞挤压成型机结构相对简单，活塞往复移动将料仓落入的物料不断挤入成型模具（图 6-25）。成型模具可以具有一定锥度，也可以是直筒。有锥度的成型模具是利用锥度后截面积的缩小使物料密度增大而成型，锥度及锥筒部分的长度是决定物料能否成型的关键，对不同性质的物料其锥度及锥筒部分的长度不同；直筒式的成型模具是利用物料与筒壁间的摩擦阻力迫使物料密度增大而成型，在一定直

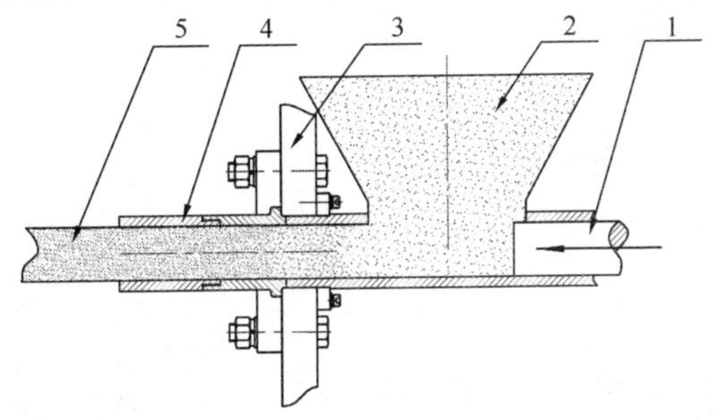

图 6-25 开式柱塞挤压成型原理示意图

1—柱塞；2—料仓；3—机架；4—成型模具；5—成型棒

径状态下，成型模具筒的长度是决定能否成型的关键，同样，对不同性质物料成型其要求的长度不同。为了适应对各种生物质的成型，成型模具加工成可接长的结构。

图6-26　机械式柱塞挤（冲）压成型机

机械式活塞挤（冲）压成型机（图6-26）是一种曲柄连杆机构将动力机的旋转运动转变为柱塞的直线运动将生物质物料挤入成型模具。生物质成型需要柱塞有较大的推力，曲柄连杆机构的动力输入轴上需要配备一个质量较大的飞轮以保证柱塞有足够的推力（挤）冲压物料。这种成型机振动、噪声较大。

液压驱动活塞式成型机以液压油泵产生高液体压力使液压油缸产生大推力推动柱塞将生物质物料挤压成型，很好地解决了机械式活塞挤（冲）压成型机振动、噪声大的问题，机器的运行稳定性得到极大的改善，而且产生的噪声也非常小，明显改善了操作环境。但由于活塞的运动速度较机械驱动低很多，生产率受到一定程度的影响。

闭式活塞挤压成型是将生物质原料挤入一个相对封闭的空间（液体、气体可以从缝隙或模具上的液、气排出孔或槽排出），在活塞的挤压下成型。当活塞回位到进料位置时，生物质原料落入或预压进入活塞回位后形成的空腔，同时，换位油缸成型模具换位到已挤压成型的生物质块可以推出的位置。在下一次对落入空腔内的生物质物料成型挤压时，成型块推料杆便将前次挤压成型的成型块推出成型模具到出料槽（图6-27）。作业时，主压活塞在主压油缸的推动下间歇式前后移动，换位油缸的推拉成型模具间歇式左右移动，

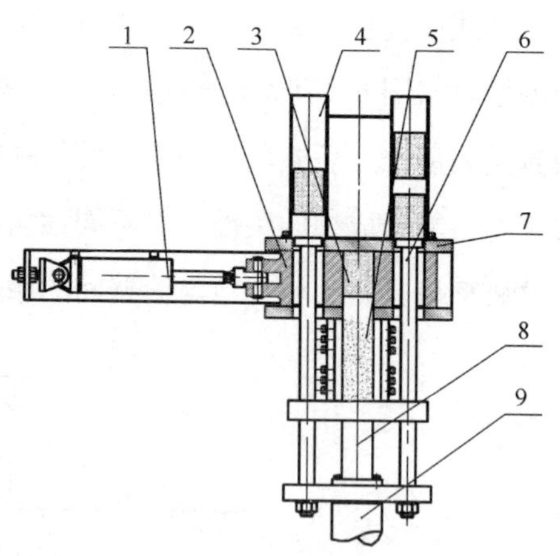

图6-27　闭式活塞挤压成型
1—换位液压油缸；2—成型模具；3—生物质成型块；4—出料槽；5—生物质原料（预压）；6—成型块推杆；7—成型模具导槽；8—主压活塞；9—主压液压油缸活塞

成型块被推杆依次从左右推出。这种成型机对原料的粒径、含水率要求相对较低。一种 BRQ-300 型液压驱动闭式双向挤压生物质常温成型机对办公碎纸机的碎纸屑、树叶、灌木削片、木材加工剩余物的锯屑、刨花等含水率 30%以下的物料都可以挤压成型，其成型块的密度随成型机液压系统最大压力的设定最大可达到 1.25g/cm^3。

3. 辊压成型

生物质辊压成型是压辊相对于具有成型孔的平面或曲面模具滚动将生物质物料不断挤压进成型孔而成型。按成型模具的不同有平模、环模和对辊等几种成型方式（图 6-28），大多用于生产颗粒状成型燃料。作业时，生物质原料在压辊的辊压作用下，位于成型孔开口处的物料被挤入成型孔，孔与孔之间的物料也被挤压，物料颗粒间及物料与未开孔的模具间发生摩擦而产生热使原料中的木质素软化产生粘结作用，随压辊与模具的相对运动，这些木质素被软化的物料也不断被挤入成型孔而使成型孔内的原料致密成型，最终被挤出成型孔成为颗粒。成型孔直径与成型孔长度比是能否成型的关键，也决定成型颗粒的密度。

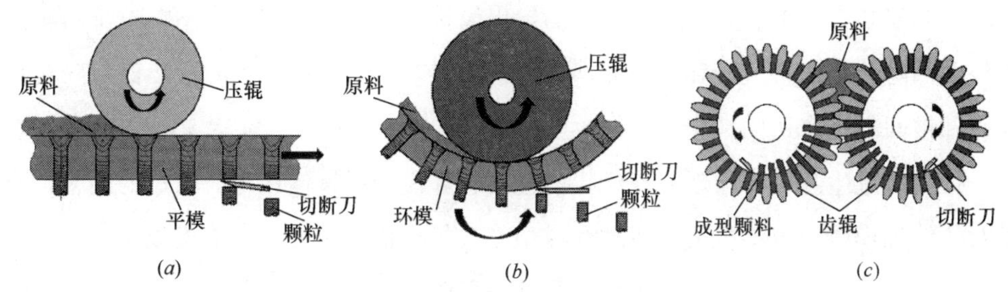

图 6-28 辊压成型原理图

（a）平模；（b）环模；（c）对辊

环模颗粒成型机又分卧式和立式两种，卧式环模成型机的环模和压辊旋转平面垂直地面，是现有颗粒成型机的主流机型，按环模直径的大小其成型颗粒生产能力在 1～5t/h 不等。作业时，动力驱动环模旋转，压辊位于环模内与环模内圈接触，在摩擦力的作用下被动旋转将生物质原料挤压、摩擦生热并进入环模成型孔成型。这种成型机由于作为成型模具的环模开孔率受到限制，一般在 40%左右，在无孔处压辊与物料挤压力远大于有孔部分的挤压力。因此其成型能耗也较大，生产每吨生物质颗粒的电耗大多在 100kWh 以上。另外，由于压辊与物料、环模内圈表面的挤压、摩擦较重，影响压辊与环模的使用寿命。国产该类成型机的环模、压辊使用寿命为500h左右；瑞典、意大利、德国等欧洲国家该类成型机的环模、压辊使用寿命为1500～2000h。

立式环模成型机的环模和压辊的轴线都为垂直设置，具有构造简单、结构紧凑等特点，但由于被成型生物质原料的重力作用而沿垂直方向分布不均，大多数这类成型机环模成型孔为单排或双排，并且成型颗粒直径较大，多为棒或块状。

平模颗粒成型机的成型模具为一水平固定圆盘，在圆盘上与压辊接触的圆周上开有成型孔。大多数压辊为圆柱形，作业过程中由于圆盘成型模具沿径向线速度不同，圆柱形的压辊与成型模具之间存在相对滑动，可起到原料磨碎作用，所以允许使用粒径稍大一些的原料。

对辊成型机的2个辊既是压辊也是成型模具。辊的圆周方向开有成型孔，生物质原料从上部落入2个相对同速转动的辊之间被转动的辊压入成型孔而致密成型，成型的颗粒落入辊中部。落入2辊之间的原料在有孔处被挤压入成型孔，无孔处的原料落入成型机的底部，底部的回料系统将原料再回送到料仓。在2个辊中部的成型颗粒被安装在辊上有具有筛网作用的导出筒排出成型机。由于成型颗粒排出成型机外前回随转动的辊上升和跌落而产生一些碎料，具有筛网作用的导出筒将碎料筛落底部被回料系统送回料仓。

针对传统生物质环模颗粒成型机能耗高、环模和压辊使用寿命较短的问题，通过对传统环模颗粒成型机成型机理和成型方式的分析，研究认为造成成型能耗高的主要原因是压辊对原料在非环模成型孔处挤压能耗远大于成型孔处挤压的能耗，约占总成型能耗的70%；造成环模、压辊使用寿命短的原因也是非成型孔处的挤压、摩擦加速了环模内圈表面和压辊表面的磨损。

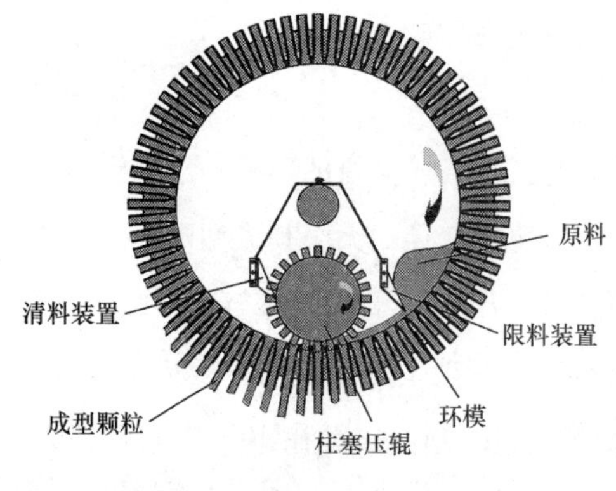

图6-29　柱塞式压辊生物质环模颗粒成型机原理图

图6-29是柱塞式压辊生物质环模颗粒成型机示意图，该机型以降低环模颗粒成型机能耗和增长环模、压辊使用寿命为目标，压辊圆周有规律地排列一系列的柱塞，柱塞压辊与环模

同方向转动，转动过程中压辊上的柱塞始终与环模上的成型孔对正，并有一定长度进入环模成型孔的锥形入口。压辊的实体圆周面与环模内圆周面有一定宽度的间隙。在压辊前端装有限料装置以防止进料过多而拥堵在压辊与环模之间而造成过大的挤压力；在压辊的后端安装了压辊柱塞间的清料装置以防止生物质原料在压辊柱塞间滞留而形成实辊。

作业时，柱塞压辊的柱塞与环模成型孔对正运转，柱塞端部将生物质原料直接挤入环模上的成型孔，消除了传统环模成型机非成型孔区压辊对物料的挤压，从而极大降低了成型能耗和过程中的发热，具有能耗低、发热小的特点。试制的环模外径 760mm、颗粒直径 8mm 的可移动式生物质颗粒成型机样机及加工出的成型燃料见图 6-30。其生产率达 300kg/h，能耗小于 34kWh/t，成型颗粒燃料密度大于 $0.9g/cm^3$。

(a)

(b)

图 6-30 可移动柱塞式压辊环模颗粒成型机样机及其成型颗粒

(a) 可移动柱塞式压辊环模颗粒成型机样机；(b) 成型颗粒

某科技支撑计划研制的环模外径 1600mm、颗粒直径 30mm 的柱塞式压辊环模颗粒成型机样机及其成型颗粒见图 6-31，其生产率为 4t/h，成型能耗不大于

(a)

(b)

图 6-31 颗粒直径 30mm 柱塞式压辊环模成型机及其成型颗粒

(a) 可移动柱塞式压辊环模颗粒成型机样机；(b) 成型颗粒

35kWh/t。

4. 总结

以生物质成型燃料应用而言，颗粒燃料应用最广，占生物质成型燃料应用的90%以上；棒状和块状燃料由于体积大、输送流动性差主要应用于壁炉和部分供热锅炉的燃料。与成型燃料应用相对应，用于生产生物质颗粒燃料成型的辊压式成型设备的应用也相对广泛，对其研究也较多，主要集中于成型机理的研究，其目的是降低成型能耗和提高成型燃料品质，不断有新成果和新设备出现。各类成型技术与装备性能比较详见表6-2。

生物质成型技术及装备性能比较 **表6-2**

成型方式	成型设备	成型原理	耗能状况	成型部件损耗	生产率	应用
螺旋挤压成型	螺旋挤压机	加热	大于100kWh/t	送料螺旋寿命较短	一般	淘汰
柱塞挤/冲压成型	机械式冲压成型机	常温	约70kWh/t	冲压柱塞需要润滑和冷却	较高	较少
	液力驱动挤压成型机	常温	约70kWh/t	磨损小	较低	较多
辊压成型	环模成型机	摩擦加热	大于100kWh/t	环模、压辊磨损较快	高	广泛
	平模成型机	摩擦加热	大于100kWh/t	平模、压辊磨损较快	较高	较多
	柱塞式压辊环模成型机	常温	小于50kWh/t	——	高	中试
	对棍成型机	常温	小于50kWh/t	磨损相对较慢	较低	较少

6.2.4 有机废物多相流沼气-微藻-有机肥集成处理技术

2017年12月，世界顶级科学家聚集在美国田纳西州纳什维尔市提出了“食物、能源和水的关联关系”（Food-Energy-Water Nexus）构架，其基本思想是将农业、能源和环境进行系统化解决，其中，多相流沼气和微藻技术是系统化解决生态问题的核心技术之一。沼气技术是生态产业的关键技术，而目前普遍采用的是静态发酵技术和机械搅拌发酵技术，这两种沼气反应器的结构原理分别见图6-32和图6-33。

静态发酵反应器的主要弊病是流动性差、易沉淀、堵塞和发酵慢，无法满足大工业生产的需要。机械搅拌发酵技术虽然对静态发酵的流动性有所改善，但并未彻底改变静态发酵的机理，尤其是机械搅拌装置容易出故障、造价高、很难满足大规模使用的问题。而多相流是一种通过技术手段实现的两相或多相共存的流体，它包括气-固、气-液、液-固两相流和气-液-固三相流。这种技术已经广泛应用于石化、

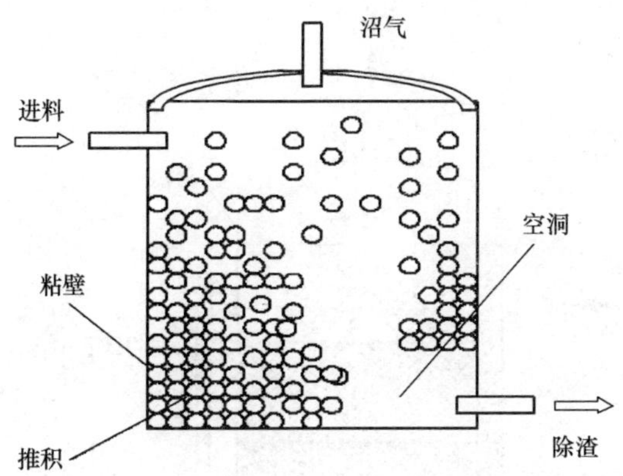

图 6-32 静态发酵结构原理图

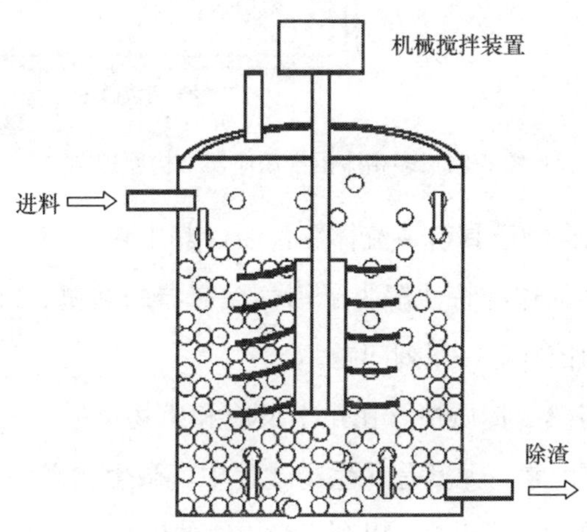

图 6-33 机械搅拌发酵结构原理图

电力、冶金、核工业及高科技等各个领域，近年来，世界上开始将多相流技术用于生物领域。

多相流沼气反应器（Multiphase Flow Biogas Reactor，MFBR）以液一固两相流为主体发酵方式，在发酵过程中有甲烷、二氧化碳等多种气体存在，从而构成典型的多相流发酵方式。多相流沼气发酵的基本原理是通过沼液泵对沼液加压，再经过分布装置使沼液在反应器内均匀流动，在沼液的作用下，使反应器内的有机质实现“流态化”，从而使传统的静态发酵变为“流态化发酵”。多相流反应器主要包括反应器外壳、沼液循环泵、沼液分配装置和管道等部件，其结构原理图见图 6-34。

多相流沼气反应器具有以下基本特性：

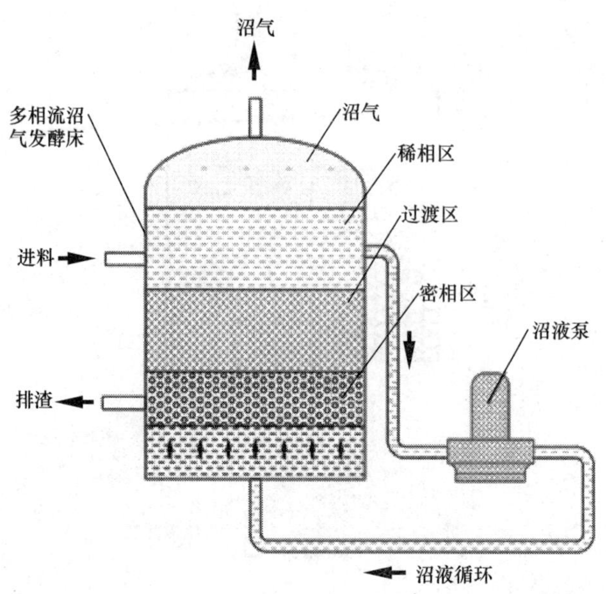

图 6-34 多相流沼气反应器结构原理图

（1）反应器的混合物质具有“流体”性质，其中包括易于流动、均压、均温、混合强烈等。MFBR 的这种特性解决了沼气反应器的堵塞、沉淀、分布不均、大型化、工业化和自动控制等一系列问题。

（2）MFBR 的传热、传质快。在化学反应和生物反应过程中，传热和传质是影响反应速度的重要因素，尤其是在生物过程中，微生物需要从环境中获得养分，同时需要将排泄物排入周围环境，以利于微生物的生长和繁殖。如果微生物与周围的传热、传质特性差，尤其是在高浓度状态下，微生物生长繁殖缓慢，甚至死亡。这些死亡后的微生物尸体结成黏糊状物质，使沼气发酵特性很差。因此，对于传统沼气反应器的发酵浓度很低，通常在 1‰左右，在粪污处理过程中需要进行液固分离后才能发酵。

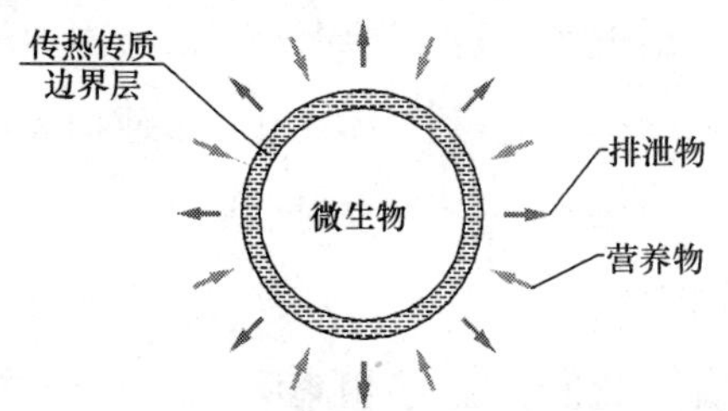

图 6-35 多相流状态下微生物的传热传质模型图

在多相流沼气反应器中，微生物、沼液、有机质和其他气体都是处于运动状态，微生物与周围环境之间的边界层都很薄，传热传质速度是静态发酵的几十倍，甚至几百倍。微生物在多相流状态下的传热、传质机理如图 6-35 所示。

正是由于微生物的传热传质状态得到极大改善，使得多相流沼气发酵速度大大加快，尤其是发酵很彻底，不会出现成团、结块等现象，是发酵浓度大大提高，生产的沼液品质得到很大提升，可以用于生产有机农作物。

（3）多相流沼气反应器具有分层和分级的功能。由于重力的作用，密度较大物质在反应器的底部，中等密度物质在中部，而轻密度物质在反应器的上部，从而在反应器中形成密相区、过渡区和稀相区。MFBR 的这种特性可以分离重金属、杂质、石块、骨头等，对难以发酵的纤维、粗颗粒等有机质可以在底部反复发酵，自动延长发酵时间，使有机质发酵更彻底，沼渣量很少。尤其是在生产有机肥的过程中，可以尽快将植物蛋白、氨基酸、葡萄糖、维生素等排出反应器，而难于发酵的物质经过反复发酵，从而使沼液的品质进一步提高，肥效很好。

由于 MFBR 具有这些特殊性能，使得多相流沼气反应器在实际应用中具有很多优点。比如，发酵快、不堵塞、发酵浓度高、对原料中的不同物质进行分级发酵、发酵多种物料，以及混合发酵等。适用于人畜粪污、秸秆粉末、餐厨垃圾、城镇污泥、酒糟等多种物料混合发酵。发酵周期仅为 5～10 天，装置小、可靠性高、造价低，可一体化生产沼气、液态有机肥和沼渣有机肥，为综合解决废物处理和资源化利用提供了核心技术，第一代多相流沼气装置外观见图 6-36。

图 6-36 第一代多相流沼气装置

微藻是一种地球上广泛分布的微生物，在光合作用下可吸收二氧化碳、有机质，使其转化为植物蛋白、氨基酸，并含有丰富的维生素和多种微量元素，是一种高档营养品和能源原料。国外将微藻和微藻酸制成高端肥料，售价达每吨数万元，微藻有机肥在我国也开始应用，同时，微藻具有很强的吸收氨氮、盐、分解抗生素和洗涤剂的能力，因此，微藻在处理污水和粪污方面国内外都进行了大量研究，并逐步使微藻生产进入工业化时代。工业化微藻生产装置、沼液及污水微藻、高浓度粪污微藻外观见图 6-37。

将有机废物通过多相流沼气发酵，再将沼液在光合作用下通过微藻吸收二氧化

图6-37 工业化微藻生产装置及沼液微藻

(*a*) 工业化微藻生产装置；(*b*) 沼液及污水微藻；(*c*) 高浓度粪污微藻

碳和有机质生产高端有机肥，形成“有机废物多相流沼气—微藻—有机肥集成处理系统”，如图6-38所示。将环境治理、废物处理、高端有机肥生产、可再生能源和生态农业有机结合起来。该系统所产生的液态有机肥以及由有机肥种植的蔬菜如图6-39所示。

图6-38 多相流沼气-微藻-有机肥集成系统

图6-39 液态有机肥以及由有机肥种植的蔬菜

(*a*) 高浓度高品质液态肥料；(*b*) 高端微藻蔬菜

6.2.5 秸秆天然气集中式生产及分布式供气集成技术

1. 技术原理

该技术以秸秆为主原料，原料经过快速化学预处理后与农业有机废物畜禽粪便及城市有机生活垃圾等多元物料进入厌氧发酵罐进行厌氧发酵，产生的沼气经提纯后成为天然气，供车用、民用和工业用。所产的沼液、沼渣经过固液分离后沼渣做成有机复混肥，沼液作为液面肥可施于农作物上，提纯后分离出来的CO_2可以用于生产工业级和食品级CO_2。该技术包括原料收储运、快速化学预处理、多元混合物料协同厌氧发酵、环境友好的沼气提纯、沼渣沼液综合利用和远程在线自动控制六大部分，技术路线如图 6-40 所示。

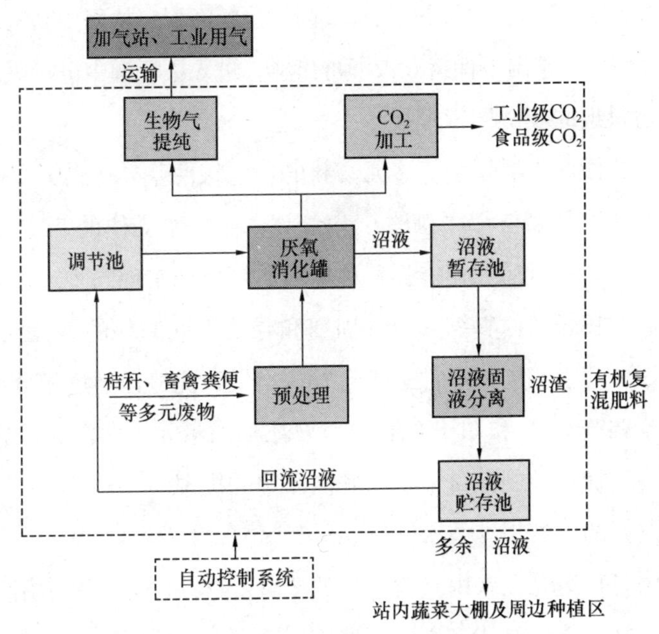

图 6-40 秸秆生物天然气技术路线图

（1）原料收储运技术

由于秸秆分布分散、收获季节性强，秸秆收集、储存和运输成为大规模利用的主要瓶颈。现有分散型和集约型秸秆收储运模式存在利润最大化的竞争因素，导致秸秆收运成本过高，城镇集中供气工程承担不起高昂的原料成本费用。因此，可以根据新型城镇集中供气工程需要的原料量和供气规模来确定原料成本价格范围，采用“农机作业置换”、“农保姆”和“产品置换”等收运模式来控制收运量和收运成本等，以此来解决提高收运效率、降低收运成本以及确定收运量与收运成本条件下的最优收运距离等关键问题。

（2）低成本的快速预处理技术

利用一种常温、固态化学预处理技术，可使秸秆的产气量提高 50%～120%，使得秸秆的单位干物质产气率超过了牛粪的产气率。以玉米秸为例，其详细处理过程如下：采用专用搓揉机对玉米秸进行搓揉处理，以破坏玉米秸的物理结构，并便于化学药剂的浸入和对玉米秸秆中的木质纤维素进行化学作用。把搓揉后的玉米秸秆与一定量的专门的化学药剂拌合在一起，并堆放到预处理池中。通过化学药剂的浸入和对玉米秸秆中的木质纤维素进行化学作用，破坏木质素与纤维素和半纤维素的内在联系，改变纤维素的结晶度，增大玉米秸秆与厌氧菌的接触面积，从而提高玉米秸秆的生物可消化性和产气率。在常温下保持3天即可出料，进入厌氧罐中进行厌氧发酵。

（3）多元物料近同步协同发酵技术

由于秸秆、粪便和生活垃圾等多元物料的理化特性差异较大，在原料特性和原料组成上有明显区别，如秸秆原料的C含量高，而禽畜粪便的N含量高，生活垃圾的有机质含量高。混合后如何能让每种原料尽可能地实现同步或近同步发酵，考察如何将发酵周期较长的原料缩短产气周期和寻找不同原料的最佳厌氧消化配比，使各种原料可以在几乎相同的条件下各自发挥出最大优势，通过相分离方法来实现定向酸化，考察调节C/N和C/P的比例以及添加微量元素对混合原料产气性能的影响，分析人为添加和控制微量元素来协同作用的机理。

（4）环境友好的水洗提纯技术

根据沼气中各种组分在水中具有不同的溶解度这一原理，可采用压力水洗法脱除CO_2和H_2S。压力水洗技术工艺包括脱CO_2和脱S、冷凝脱水、水的再生系统三部分，如图6-41所示。原料沼气在常压下由风机增压泵增压、一定温度下进入原料气缓冲罐，保持一定压力，从吸收塔底部进入吸收塔，水从顶部进入进行反向流动吸收，脱除其中的CO_2和H_2S，净化气从塔顶排出，再经冷凝脱水系统脱除其中的游离水，最后获得合格的产品气。富液由吸收塔底部排出，进入再生塔利用减压或空气吹托再生，再生后的水再进入吸收塔，循环往复。压力水洗技术是一种绿色环保技术，水作为吸收剂不仅可以循环使用，而且是零排放，不会对环境产生二次污染。同时，用水吸收CO_2和H_2S，甲烷的损失量小，提纯浓度高，投资运行成本也低。除此之外，水对设备也没有腐蚀，可以减少设备费用。

（5）沼渣沼液综合利用系统

由发酵罐排出的沼渣和沼液进行固液分离，沼渣进一步加工成复合有机肥料销售，50.9%的沼液回流用作进料调节用水，剩余20%的沼液排放到沼液池中贮存后可作为液态肥直接使用。沼液作为液态有机肥，可直接施用于蔬菜大棚中，多余

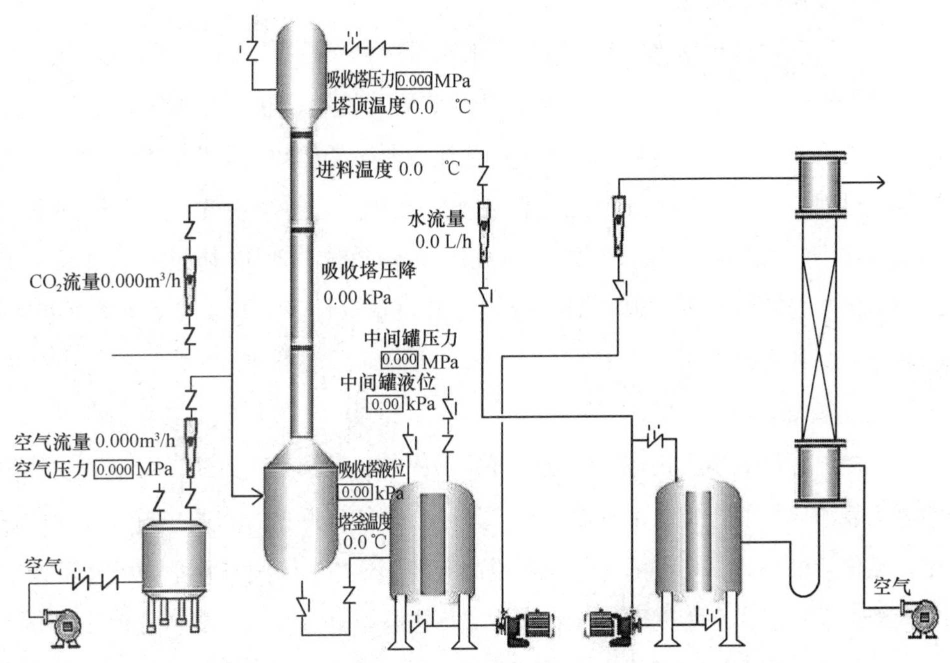

图 6-41 压力水洗工艺流程图

的沼液施用于周边的农田，作为农田土壤改良用。

颗粒有机无机复混肥加工成套设备主要由堆肥发酵系统、配料混合系统、制粒系统、烘干系统、冷却筛分系统、包装系统和控制系统等组成，如图 6-42 所示。

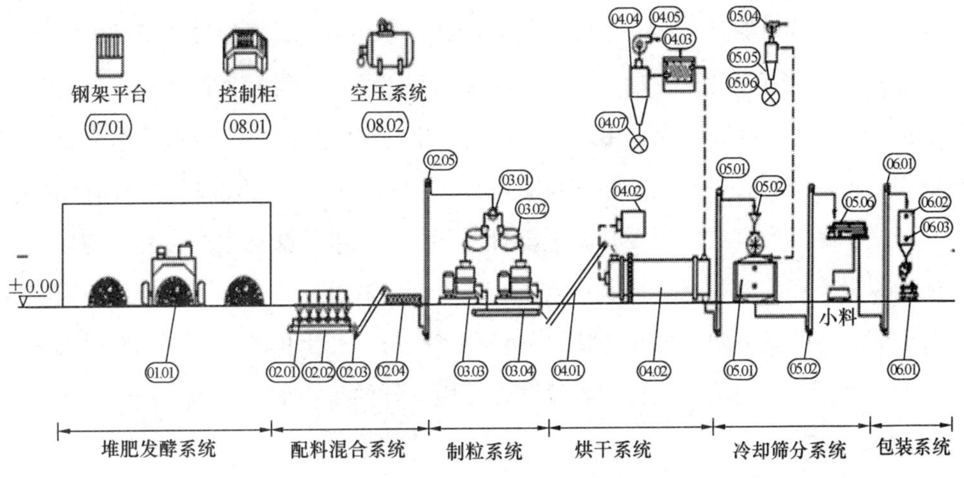

图 6-42 颗粒有机复混肥加工成套设备

(6) 远程在线自动控制

生物天然气项目自动化控制系统实现对秸秆厌氧发酵系统和沼气提纯系统过程的工艺参数、电气参数和设备运行状态进行监测、控制、联锁和报警以及报表打印，通过使用一系列通信链，完成整个工艺流程所必需的数据采集、数据通信、顺序控制、时间控制、回路调节及上位监视和管理作用。整个系统主干传输网采用100Mbps工业以太网，支持IEEE802.3规约和标准的TCP/IP协议；也可采用工业级专用控制局域网，该控制网具备确定性和可重复性及I/O共享性，以实现数据的高速传输和实时控制。

2. 技术特点

(1) 提出了低成本、快速、常温、湿式、固态化学预处理方法。可显著改善秸秆的可厌氧消化性能，解决秸秆难以厌氧消化、产气率低这一难题。与未处理秸秆相比，经化学处理后，秸秆的产气量可提高50%～120%；固态化学预处理不产生任何废液，没有任何环境问题，而且在常温下进行，处理方法简单，处理成本低。

(2) 提出了混合原料近同步协同发酵的方法。采用多种混合原料作为厌氧消化的原料，厌氧发酵之前首先通过各种预处理包括物理、化学预处理方法等分别针对不同特性的原料进行前处理，使其发酵周期缩短或发酵周期可控，从而实现混合原料同步或近同步发酵，并在厌氧发酵过程中产生优势互补，使其产生协同效应。

(3) 采用北京化工大学自行研制的压力水洗沼气提纯技术，可高效提纯沼气，把沼气中甲烷的含量提高96%，达到国际车用燃气的标准。提纯过程只使用水，而且所有用水皆可循环利用，不产生任何污染，是目前最具环保性的提纯方法。

(4) 可实现真正意义上的生态循环和高效利用。厌氧发酵生产出的沼气提纯出CH_4注入天然气管网或作为车用。秸秆沼气产生的沼渣呈固态，可直接作为有机肥料使用，也可按照各种不同作物的需求制成复混有机肥料；沼液一部分循环利用，一部分施于蔬菜大棚或农田，是完全符合循环经济要求的清洁生产过程。与以畜禽粪便为原料生产沼气相比，彻底解决了其沼渣、沼液难以处理和利用，易造成二次污染的问题；与秸秆热解气化相比，秸秆沼气生产不产生焦油、废水和废气等污染物，产生的沼气热值高、品位好，是一个环境友好的生物加工过程。

3. 应用模式

生物天然气工程以农作物秸秆为主要原料，混以畜禽粪便及其他有机废物。用快速化学预处理技术将秸秆进行预处理，然后利用多元混合物料协同厌氧发酵技术进行厌氧消化，产生的沼气利用压力水洗提纯技术将沼气进行提纯，沼渣用来生产有机肥，沼液一部分回用于厌氧发酵系统，另一部分作为液体有机肥施用于农作物上，整个系统实现远程自动控制。

4. 应用案例

阿鲁科尔沁旗生物天然气工程座落于内蒙古赤峰市阿鲁科尔沁旗天山镇新能源产业集中区内，项目占地面积 300 亩，包括预处理、沼气发酵、分离提纯、有机肥料生产、办公管理区，以及种植、绿化、原料堆放、生物肥堆放区等。目前，项目一期主体工程 2 万 m^3 发酵罐已完成建设。项目共有 12 个发酵罐，单体发酵罐容积 $5000m^3$，总发酵容积 6 万 m^3。建后日产沼气可达 6 万 m^3、提纯生物天然气 3 万 m^3。沼气提纯后一部分注入城镇天然气网管用于民用，供阿旗镇居民使用，一部分压缩罐装进入加气站，用作出租车和公交车的车用燃料，建成后实景图如图6-43所示。

图 6-43 阿鲁科尔沁旗生物天然气工程实景图

(*a*) 场区全貌；(*b*) 厌氧发酵系统；(*c*) 提纯系统；(*d*) 加气站

5. 技术小结

该技术利用农业及其他有机废物生产生物天然气，将低品位的沼气利用提纯技术将其变成具有高附加值的高品位能源—生物天然气。将其做大，使其具有规模效益，实现专业化管理，效率高，具有广阔的利用前景。同时将沼渣沼液回用于农作物，使整个系统形成闭合循环，实现了可循环的持续性全产业链式发展。

厌氧消化产生的沼气的成分是50%～65%CH_4，30%～38%CO_2，0%～5%N_2，<1%H_2，<0.4%O_2，500ppmH_2S，此外还含有一定量的水分。经提纯后的沼气需满足国家车用天然气标准《车用压缩天然气》GB 18047—2017，高位发热量>31.4MJ/m^3、H_2S≤15mg/m^3、CO_2≤3.0%、O_2≤0.5%。

6.2.6　生物质热解制气技术

1. 气化技术基本原理

生物质气化是在一定的热力条件下，将组成生物质的碳氢化合物转化为含一氧化碳、氢气和低分子烃类气体（如甲烷）等可燃气体的过程。气化过程与常见燃烧过程的主要区别是：燃烧过程中供给充足的氧气，使原料完全燃烧，目的是直接获取能量，燃烧后的产物是二氧化碳和水蒸气等不可再燃烧的气体；气化过程只供给热化学反应所需的氧气，而尽可能将能量保留在反应后得到的可燃气体中，当其再燃烧时则进一步释放出它所具有的化学能。

按气化用途类型可分为：气化供（燃）气、气化发电、气化供热等；按气化设备和运行状态类型可分为：固定床气化和流化床气化；按使用气化剂类型可分为：空气气化、氧气气化、水蒸气气化、氢气气化与复合气气化。

生物质气化采用的设备是生物质气化炉（也称气化器），它有多种形式，现以下流式（也称下吸式）固定床气化炉的工作过程为例，来说明生物质气化的基本原理（图6-44）。

首先，将部分气化原料从固定床气化炉的顶部加入，落到炉栅上，用火种将其点燃，紧接着原料陆续加入到要求高度。开动风机，空气从分布在炉子周围的数个进风喷嘴吸入炉中，喷嘴的上下位置一般是设在“氧化区”附近，允许有部分空气从炉顶的进料口被吸入炉内。工作过程中，炉中的气流是从上向下的，并且是在微负压的条件下运行，生产出来的可燃气性气体（简称燃气）穿过炉栅，经出气口被抽走。气化原料由炉顶的进料口落入炉中，可以是连续投料，也可以是间歇投料。

生物质气化炉经启动转入正常工作时，上面的原料不断加入，炉中的物料也缓慢向下移动。整个气化过程，可大体自上而下分为四个区域：干燥区→热分解区→

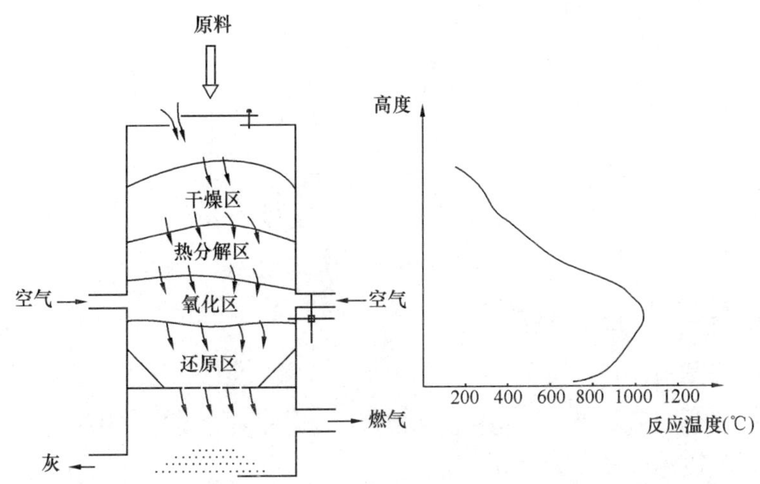

图 6-44 生物质气化原理示意图

氧化区→还原区。各个区域的反应过程如下：

(1) 干燥区——水分蒸发

含有水分的原料在这里与下面的热源进行热交换，温度升至 100～300℃，使原料中的水分蒸发出去，成为干物料。水蒸气在抽力作用下向下流动，干物料在重力作用下往下移动。

(2) 热分解区——析出挥发分

来自干燥区的物料、水蒸气和空气，进入热分解区后继续获得氧化区传递过来的热量，当物料的温度升至某一数值（最低约为 160℃）时，生物质将发生热解反应而析出挥发分，热分解区内的温度约为 300～700℃。热分解反应产物较为复杂，挥发分中主要有氢气、水蒸气、一氧化碳、二氧化碳、甲烷、焦油和其他碳氢化物，剩下来的固态物质为焦炭（也称木炭）。

(3) 氧化区——氧化反应

生物质热分解区的产物连同空气、水蒸气在气化炉内继续下移，温度再升高。当温度达到热解气体最低着火点（约为 250～300℃）时，可燃挥发分气体首先被点燃和燃烧，炽热的炭随后发生不完全燃烧，生成一氧化碳、二氧化碳和水蒸气。氧化区内的反应速率较快，放出大量的热量，最高温度可达 1000～1200℃，挥发分参与燃烧后进一步降解。正是这个区域产生的反应热为干燥区、热分解区和还原区提供了热源。

氧化区发生的化学反应主要有：

$$C + O_2 \longrightarrow CO_2$$

$$2C + O_2 \longrightarrow 2CO$$

$$2CO + O_2 \longrightarrow 2CO_2$$

$$2H_2 + O_2 \longrightarrow 2H_2O$$

$$CH_4 + 2O_2 \longrightarrow CO_2 + 2H_2O$$

（4）还原区——还原反应

还原区已基本没有氧气存在，二氧化碳和高温水蒸气在这里与炽热的炭发生反应，生成一氧化碳和氢气等。这些气体和挥发分等形成了可燃气体，完成了固体生物质向气体燃料的转化过程。由于还原反应是吸热反应，还原区的温度也相应降低到 700～900℃，反应速率较慢，还原区发生的化学反应主要有：

$$C + CO_2 \longrightarrow 2CO$$

$$H_2O + C \longrightarrow CO + H_2$$

$$C + 2H_2 \longrightarrow CH_4$$

$$H_2O + CO \longrightarrow CO_2 + H_2$$

$$3H_2 + CO \longrightarrow CH_4 + H_2O$$

气化过程中，炉中的气体均向下通过炉栅，由风机从燃气出口抽走。炉上的原料不断加入，炉中的物料依次下移，化为灰烬落入灰膛，从出灰口扒出。

通常把氧化区和还原区总称为气化区，气化反应主要在这里进行；而干燥区和热分解区则总称为燃烧准备区。需要说明的是，将气化过程截然分为几个区域与实际情况并不完全符合，仅仅是为了便于分析，实际上一个区域可能局部地掺入另一个区域，因此，上述几个过程，可能会出现相互交错的情况。

目前国内多数生物质气化站是采用下流式固定床气化炉来进行气化的。现将一些厂家提供的生产出燃气的主要成分及其热值汇总见表 6-3。

燃气主要成分及低位热值 **表 6-3**

原料品种	燃气成分（%）						标准状态下低位热值
	CO	H_2	CH_4	CO_2	O_2	N_2	（kJ/m^3）
玉米秸	21.4	12.2	1.87	13.0	1.65	49.88	5328
玉米芯	22.5	12.3	2.32	12.5	1.4	48.98	5033
麦秸	17.6	8.5	1.36	14.0	1.7	56.84	3663

续表

原料品种	燃气成分（%）						标准状态下低位热值
	CO	H_2	CH_4	CO_2	O_2	N_2	(kJ/m³)
棉秸	22.7	11.5	1.92	11.6	1.5	50.78	5585
稻壳	19.1	5.5	4.3	7.5	3.0	60.5	4594
薪柴	20.0	12.0	2.0	11.0	0.2	54.5	4728
树叶	15.1	15.1	0.8	13.1	0.6	54.6	3694
锯末	20.2	6.1	4.9	9.9	2.0	56.3	4544

注：标准状态下指0℃、一个物理大气压工况。

2. 产品性能

根据生物质资源特性和产物的不同，可以采用不同的生物质气化设备和工艺路线：农作物秸秆类原料采用流化床气化多联产炉、果壳类原料采用固定床下吸式多联产气化炉、木质类原料采用固定床上吸式气化多联产炉；对于不同的生物质气化产物可以采用相应的产品利用路线：气相产物（生物质可燃气）用于发电、供气、直接烧锅炉供热或带动蒸汽轮机发电；固相产物（生物质炭）根据生物质原料的不同可分别用于制备炭基有机-无机复混肥（秸秆类原料）、高附加值活性炭（果壳类和木片类）以及工业用还原剂和民用燃料（木质类）。生物质气化多联产技术为生物质利用探索出了一条绿色、环保和循环、可持续发展的路径。

（1）生物质可燃气性能

生物质可燃气主要含有 CH_4、CO、H_2等可燃成分，另外还有 N_2、CO_2及少量O_2等不可燃成分，不同原材料的气体成分和热值如表 6-4 所示。

不同原材料的气体成分和热值 **表 6-4**

原料	CH_4（%）	CO_2（%）	CO（%）	H_2（%）	O_2（%）	热值（kJ/m³）
稻壳	2.6	13.5	14.5	9.5	1.61	3762
木片	3.94	19.62	12.62	12.35	0.27	5300
杏壳	3.32	17.64	10.84	14.87	0.27	4351

（2）生物质炭性能

生物质炭根据原料来源不同，可以分为稻壳炭、木炭、秸秆炭等。稻壳及木片相关参数见表 6-5。

稻壳及木片相关参数 **表 6-5**

原料	热值（kJ/kg）	灰分含量（%）	挥发分含量（%）	固定碳含量（%）
稻壳	18497	45.35	5.21	49.44
木片	30188	8.44	9.76	81.80

生物质炭是一种多孔质炭材料，外观黑色，形状主要有粉状和颗粒状。生物质炭具有发达的孔隙结构、较大的比表面积、特异的表面官能团、稳定的物理和化学性质，能耐酸碱，能经受水湿、高温及高压，不溶于水和有机溶剂，特别是制成活性炭后，是优良的吸附、净化材料，也可以作为催化剂或催化剂载体，是工业、农业、国防、交通、医药卫生、环保事业和尖端科学不可或缺的重要材料。

将生物质炭制成炭基复合肥（炭为20%～30%），在农业上还田以后有如下效果：可以增加土壤孔隙度，降低土壤密度、改善土壤通气、透水状况，提高土壤最大持水量；可以增加土壤透气性和缓解土壤板结的难题，解决土壤板结的作用；可以将我国农田土壤中紧缺的氮、磷、钾、镁等大量元素返回到土壤中，而且还可以补充植物所必须的铜、铁、锌等微量元素，有利于提高农作物的产量和品质；可以抑制土壤对磷的吸附，有利于磷的解吸，从而改善植物对磷的吸收利用；具有修复土壤重金属污染的作用，对污染土壤中的镉（Cd）具有显著的吸附作用；可以提高土壤的地温（1～3℃），有利于作物的生长，从而使作物的生长及成熟期提早（7天左右）；具有稳定土壤的pH作用、对肥料和农药的缓释作用、对土壤的保水作用、改善土壤的微生物环境的作用、水稻具有抗倒伏作用、生物质炭（含碳量50%～90%）还田可以起到固定CO_2的作用，每吨生物质炭固定2t以上的CO_2。

（3）生物质提取液成分与性质

稻壳提取液大约含有18种物质，主要含有21.17%的醇类、3.75%的酚类和3.65%的酯类，还有酸类、酯类、醛类、酮类等约40.08%的大量其他物质。以生物质稻壳为原料生产的生物质提取液的基本性质如表6-6。

以生物质稻壳为原料生产的生物质提取液的基本性质 **表 6-6**

试样	密度（g/cm³）	折光率 n_D^{19}	pH	总酸（%）	颜色	气味
粗提取液	1.050	1.7856	6.86	0.89	黑褐色	烟焦味
精制提取液	1.025	1.3387	6.93	0.56	淡黄透明	微弱烟焦味

以稻壳提取原液和稀释300倍的菌毒敌具有100%的杀菌性能，稻壳提取液能在较短时间内明显消除鸡粪臭味，而菌毒敌无法消除臭味。经对生物质提取液进行的毒理性试验结果表明：该样品雌雄小鼠经口毒性试验属于无毒级；经对生物质活性提取液中的重金属及细菌数试验结果表明：该样品的重金属及细菌数均符合《化妆水》QB/T 2660—2004的要求。

3. 主要技术经济指标

正常气化运行条件下，每吨木片可发电900kWh，产出木炭0.2t，提取液0.15t；若以稻壳和秸秆为原料，每吨稻壳可发电700～800kWh，产出稻壳炭0.3t，稻壳提取液0.15t；整个加工过程不需要外加热量，投资650万元/1000kW（设备费）。以5MW生物质气化多联产工程为例，年利用农林废弃物将达到6万t，生产1.5亿～1.8亿m^3可燃气，每年可代替标准煤1.5万t，减排二氧化硫360t，减排氮氧化物110t；同时得到固体炭1.2万t，有机质活性提取液0.9万t，可减少二氧化碳排放3.6万t，能够产生良好的经济、社会和环境效益。

综合分析比较以上几种造气技术的特点、优劣，选择具体造气技术可按照以下原则：当某地具有分散或相对集中的秸秆、厨余垃圾、粪污、有机废水等多种生物质资源时宜选择有机废物多相流沼气一微藻一有机肥集成处理技术；当某地具有非常丰富的秸秆和禽畜粪便资源时，宜采用集中式生物天然气集成技术；当某地植物性生物质资源相对丰富，且有供暖、供气、供工业蒸汽或发电等多种负荷需求时，宜采用生物质热解气化技术。

6.2.7 村镇建筑一体化太阳能空气取暖技术

1. 村镇太阳能空气取暖技术特点及存在问题

随着我国经济的持续发展，能源短缺、环境污染问题日益凸显。推广适合农村的可再生能源技术，改善农村能源消费结构，能有效缓解农村能源短缺，促进农村经济社会可持续发展。在新农村建设过程中，技术成熟的太阳能光热利用技术得到了广泛的应用。受技术和经济条件所限，目前村镇建筑太阳能的应用多局限于太阳能热水器的使用，太阳能取暖主要以被动式太阳房为主。太阳能热水取暖系统受成本以及防冻、防过热和不易灵活控制等条件限制，在村镇地区虽有一定应用，但仍无法很好地适应村镇要求。而以空气作为热媒的太阳能取暖系统相比之下在村镇应用有其独特的优势：(1) 工作温度范围较广，不存在冬季冻结问题；(2) 空气不会腐蚀集热器和管路；(3) 空气系统对集热器的承压、密封等要求不太严格，即使有少量泄露，对系统的运行和效率不会产生较大的影响；(4) 空气集热反应速度快，日照后出热空气时间短；(5) 太阳能空气取暖可旁路送入新风，有效解决由于房间气密性高造成的新风供应不足的问题；(6) 空气集热器直接加热空气用于取暖，无需二次换热，提高了取暖效率；(7) 在非取暖季通过管路的切换系统可用于强化室内通风，既可避免过热又可以有效改善室内环境。因此，太阳能空气取暖技术可靠性更高，有利于改善村镇地区的室内环境，进而提高我国村镇地区清洁取暖水平。

目前针对村镇地区的太阳能空气取暖技术和适宜性产品开发尚不成熟，主要存在以下问题。

(1) 集热部件：结构简单的空气集热器热效率仍然相对较低，而效率较高的空气集热器结构又相对比较复杂，成本较高；集热器安装规范尚未完善，与建筑之间结合不紧密等问题，致使太阳能空气集热器的推广应用受到较大限制。

(2) 蓄热部件：在设计中往往存在着工作介质和蓄热材料性能不匹配；集热器面积与蓄热器体积匹配欠合理等问题。

(3) 与建筑的一体化程度：太阳能建筑设计中，尚未综合考虑各种节能技术，如改善围护结构物性、优化建筑构型等，使太阳能空气取暖系统发挥更大优势。

2. 村镇一体化集热屋面太阳能空气取暖集成技术

村镇建筑太阳能空气取暖技术应立足于解决太阳能空气取暖在施工安装、运行、关键部件性能等各环节的技术问题，开发易与建筑结合的、高效构件化太阳能空气集热装置、高效紧凑型太阳能蓄热装置和构件，优化太阳能空气取暖集成技术，有效利用太阳能得热，实现全天候高效取暖。

(1) 一体化太阳能空气集热屋面

我国村镇地区太阳能集热器相关产品安装于建筑屋面时遇到了种种问题，比如集热器施工安装时对屋面的防水、保温性能会造成破坏，遗留下漏水等隐患，给村镇居民的正常生活造成了困扰；集热器产品规格与建筑模数不协调，屋面的集热器产品过于突兀，建筑美观大打折扣。

采用一体化集热屋面将有效解决上述问题。将平板型太阳能空气集热器与建筑屋顶有机结合，不仅使得建筑屋顶具有集热性能，而且能够实现承重、防水、防风、保温等建筑功能。太阳能空气集热屋面建造技术主要有模块拼接式和整体铺设式。模块拼接式融合了装配式住宅理念，太阳能空气集热构件与屋面整体框架在工厂完成部品化预制后，在施工现场将构件通过可靠的连接方式进行模块化拼接与组装，有益于缩短建设周期。但多模块拼接后系统对风机的风压要求较高，而且各集热模块自成一体，均有边框相互隔开，不仅增加了整个集热屋面的材料用量和重量，降低了有效集热面积，也使屋面保温相互隔开不能自成一体，降低建筑物保温性能。为改进上述缺陷，采用整体铺设式太阳能集热屋面建造技术，将支撑框架、保温层、空气流道层、集热层和玻璃盖板各层材料现场施工铺装，形成整体集热屋面。该技术在整村改造大面积施工时可大大降低施工难度，缩短施工周期，并且可避免各集热模块之间的风道连接部件，降低了空气流动阻力，也较大程度减少了集热模块边框材料与热桥。

集热屋面设置于屋顶上，在建筑主梁连接部位安装支撑件，如图 6-45 所示。支撑件与主梁完成连接后，在既有屋顶表面敷设一层镀锌钢板。支撑件与薄壁方钢框架采用铆接，然后填充柔性保温材料。在薄壁方钢框架上面铆接沟槽彩钢板，然后铆接吸热蓝膜（铝质），彩钢板的沟槽与吸热蓝膜之间的通道形成空气流道。最后安装玻璃盖板，各块玻璃盖板之间的接缝采用幕墙专用密封胶密封，集热屋面玻璃盖板分格如图 6-46 所示。通过固定玻璃盖板组件，在吸热蓝膜与玻璃盖板之间形成空气夹层。

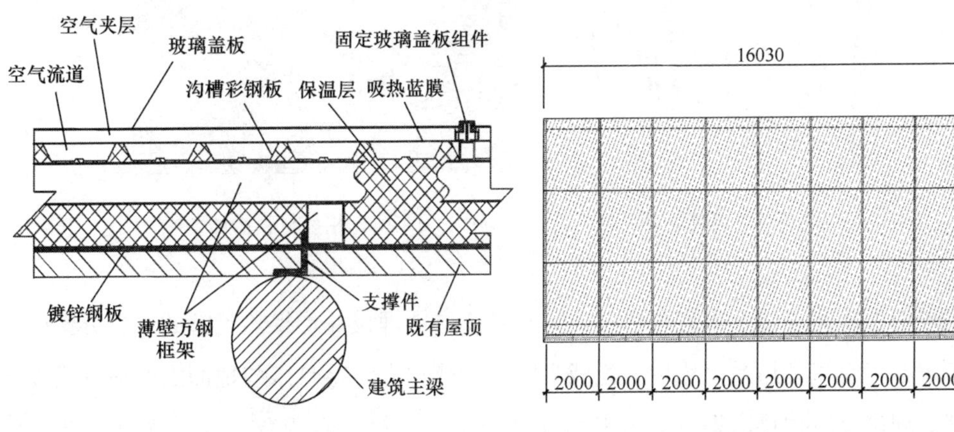

图 6-45 集热屋面构造

图 6-46 集热屋面玻璃盖板分格图

（2）太阳能空气蓄热技术

由于太阳能与取暖存在着时间和强度上的不匹配，因此需要设置蓄热层储存日照充足时段的富裕热量。在太阳能空气供热技术中，如果不考虑蓄热问题，风机不能根据室温进行供热控制，会导致室内温度波动较大，尤其是日间太阳能辐照度较高时室温会很高，如果设置有风机根据室温进行控制措施，则会导致日间过余集热量不能得到有效利用，降低了系统的太阳能保证率。因此，采用合理的蓄热方式是太阳能空气供热技术的重要环节。适合太阳能空气取暖系统的蓄热方式有卵石堆蓄热、相变蓄热、地面（墙面）蓄热（图6-47～图6-50）。其中卵石蓄热需要制作容积较大的地下卵石箱，造价比较高，而相变蓄热目前在应用上还不十分成熟。

图6-47　地面现浇混凝土通风盘管蓄热

图6-48　室内地面蛇形架空风道蓄热

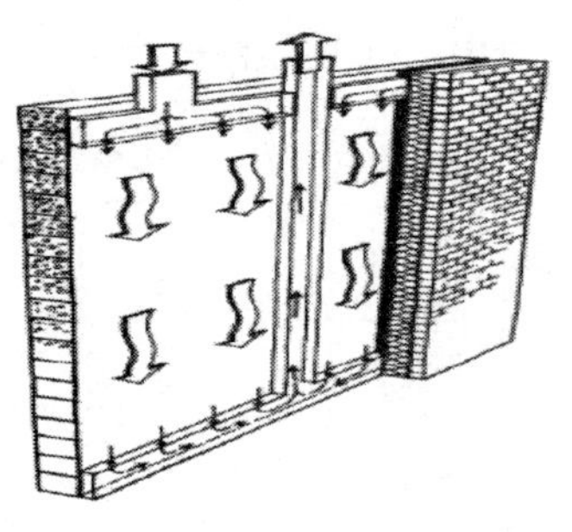

图6-49　墙体蓄热

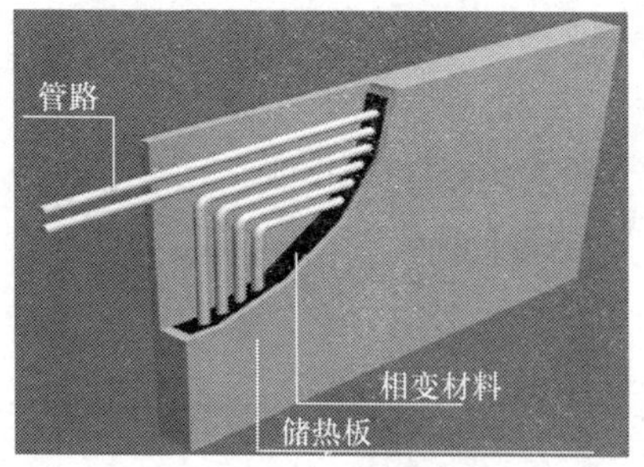

图6-50　填充相变材料墙体蓄热

采用了地面混凝土作为蓄热层，并在蓄热层中埋设蛇形换热盘管的布置方案能够有效蓄存空气集热系统热量。为减少蓄热床热损失，蓄热床与地面之间应敷设保温层。理论计算蓄热床垂直、水平温度场分布图（图6-51和图6-52）显示，当空气进口温度为45℃时，出口温度约为38℃，水平向和垂直向温度梯度明显。由垂直温度场可以看出在离水平埋管中轴线 0.7m 以上基本不受中心温度影响。离水平埋管中轴线 0.3m 处水平面上温度分布大致均匀，可达 30℃。

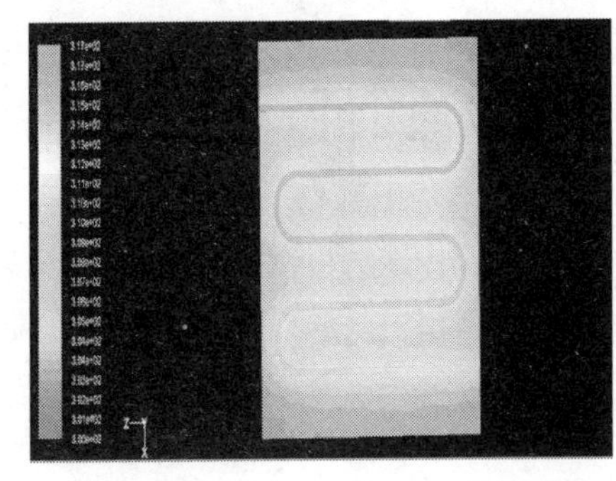

图 6-51 蓄热介质管道水平切面温度场分布

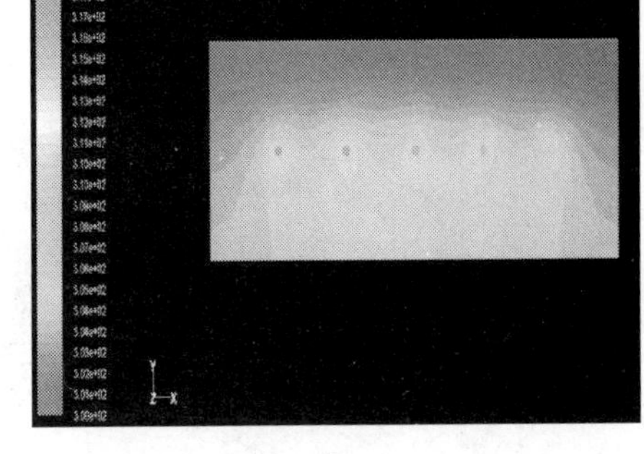

图 6-52 管道垂直切面温度场分布

(3) 太阳能空气集热系统防过热技术

由于非取暖季房屋无用热需求，如未采取措施会导致房屋过热或集热屋面温度过高，不仅影响室内的热舒适性，还会缩短集热构件的寿命，因此，太阳能空气集热系统需要关注非取暖季防过热问题，并在经济条件允许的情况下，兼顾非取暖季热量的有效利用。

太阳能空气集热系统非取暖季防止过热的最简单有效的措施，是在集热系统的进风端和出风端分别设置旁通风口，采用外吸外排的方式，利用太阳能集热热压通风，在吸风口处吸入室外空气，并由顶部排风口排向室外，在降低集热构件内部温度的同时，还可以隔绝太阳能辐照热量向室内屋面的传热，降低室内空调和通风负荷。

另外一种可以同时解决非取暖季防过热和热量有效利用的技术措施是在上述通风形式的基础上，采用强制排风的方式，并在排风热管道上设置风—水换热装置加热水并储存到水箱中作为生活热水加以利用，技术原理如图 6-53 所示。该技术措施可进一步利用太阳能空气集热热量，在经济条件允许的前提下，是非取暖季防过热优先考虑的技术措施。

3. 技术应用效果

针对北京村镇单层民用住宅，设计建造了采用一体化集热屋面的太阳能空气取暖系统。太阳能空气取暖系统装置和流程如图 6-54 和图 6-55 所示。取暖系统主要

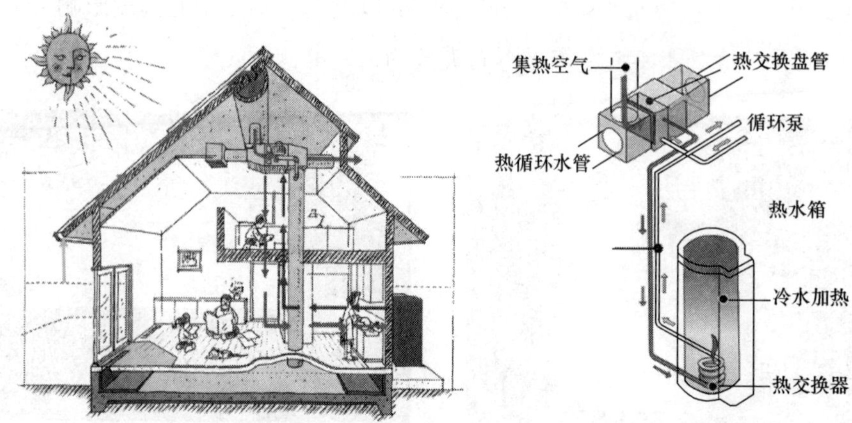

图 6-53 太阳能空气集热非取暖季防过热的技术原理

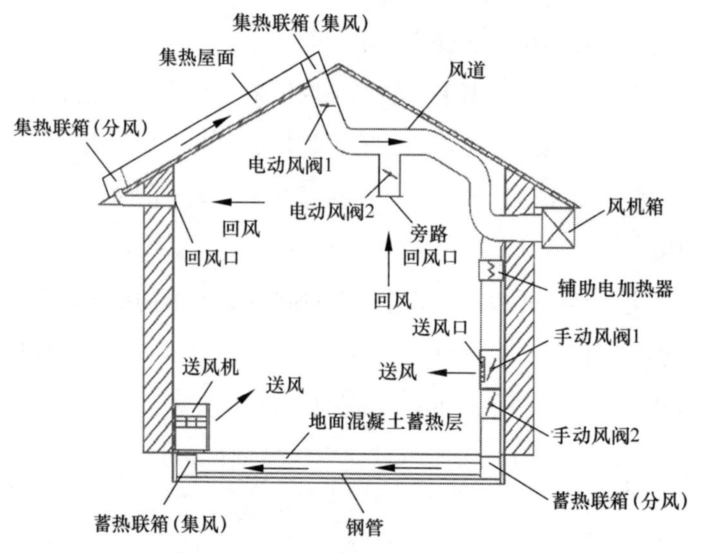

图 6-54 一体化屋面空气集热系统

由集热屋面、风道、风机箱、电动风阀、手动风阀、辅助电加热器、地面混凝土蓄热层、送风机、控制系统、数据采集系统等组成。

集热屋面进出风侧分别设置集热联箱，内部各条空气流道以并联形式与集热联箱连接。集热屋面进出口集热联箱均设隔板，将空气流道数量按两个房间的负荷比例进行划分。蓄热层沿南侧墙、北侧墙分别设置蓄热联箱，蓄热层内埋设钢管，以并联形式与蓄热联箱连接，房间1、2分设蓄热层及蓄热联箱。风机箱内安装高静

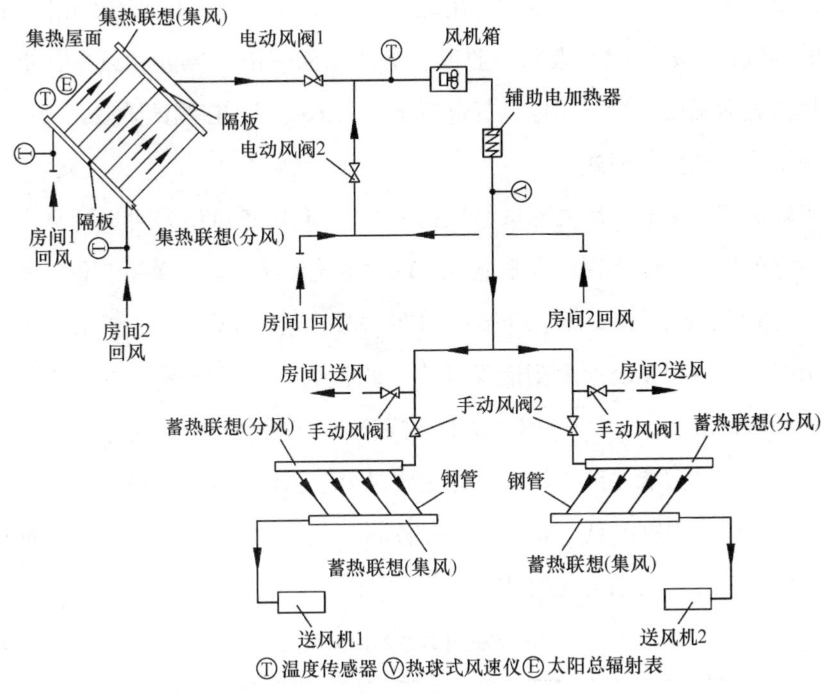

图 6-55 系统流程图

压低噪声离心风机，风机箱设置在北侧外墙上。考虑到北京市农村清洁取暖电价优惠政策，采用辅助电加热器，在夜间谷电时段，利用辅助电加热器取暖，并将热量储存在蓄热层。辅助电加热器还可用于在日间日照不足时，对回风进行加热。送风机设置有手动调节档位，送风量由用户自行选择。电动风阀 1、2 的启闭根据集热屋面的集热板表面温度，由控制系统控制，手动风阀 1、2 的启闭由用户自行调节。集热屋面建成后的建筑外观见图 6-56，室内安装的送风机见图 6-57。

图 6-56 集热屋面外观

图 6-57 室内送风机

为评价太阳能空气取暖系统的应用效果，在2017年12月对太阳能空气取暖系统的相关参数，如集热屋面太阳辐照度、集热屋面进出口风温和风速、室内外温度、蓄热体表面温度、峰谷用电量等进行了4天的实测。在测试阶段，太阳能空气取暖系统采用自动控制模式。

太阳辐照度、风速、风温测试结果见表6-7。利用测试结果可以计算出集热效率和太阳能保证率，作为评价太阳能空气取暖系统取暖效果的关键指标。从表中可以看出，房间1、2各测试日室内温度均在15℃以上，满足设计要求。在测试期间，太阳能空气取暖系统的太阳能保证率平均值为35%，满足《可再生能源建筑应用工程评价标准》GB/T 50801—2013对资源较富区太阳能取暖系统保证率的要求。测试日1的太阳能保证率较低，这主要是由于测试日1的集热屋面投运阶段的集热屋面太阳曝辐照度最低。相应地，在各测试日中，测试日1的集热屋面得热量最低，太阳能空气取暖系统耗电量最高。

各测试日参数测试结果 **表6-7**

测试日	测试日1	测试日2	测试日3	测试日4
室外温度（℃）	−2.28	−1.19	−1.83	−1.12
室外相对湿度（%）	43.76	41.75	69.92	33.29
房间1室内温度（℃）	15.00	17.28	15.77	16.64
房间2室内温度（℃）	15.48	18.54	16.72	17.34
H（MJ/m^2）	5.71	17.76	10.43	13.92
H_s（MJ/m^2）	8.03	18.49	11.61	15.31
Q_c（MJ）	54.55	224.53	126.44	172.32
E_E（kWh）	102.42	53.04	80.35	65.98
屋面集热效率（%）	19.90	26.34	25.26	25.79
太阳能保证率（%）	12.89	54.04	30.42	42.04

北京市发展改革委2017年11月6日发布的《关于本市清洁采暖用电用气价格的通知》规定，北京市居民“煤改电”分户自取暖用户谷段电价时段为当日20:00至次日8:00，执行补贴后的电价0.1元/kWh。因此，在测算电费时，将当日20:00至次日8:00的电价取0.1元/kWh，其他时间的电价则选取《北京市居民生活用电试行阶梯电价实施细则》的第一档民用电价0.4883元/kWh。根据上述峰谷电价划分原则及各测试日电量表读数，可得到各测试日的谷电耗电量、峰电耗电量、谷电占比及日电费，见表6-8。测试结果显示集热屋面日总太阳辐照度越高，

谷电占比越高，高峰时段的耗电量占比越低，电费越低。

各测试日耗电量测试结果 **表 6-8**

测试日	测试日 1	测试日 2	测试日 3	测试日 4
谷电耗电量（kWh）	51.5	40.48	46.39	46.51
峰电耗电量（kWh）	50.92	12.56	33.96	19.47
谷电占比（%）	50.28	76.32	57.73	70.49
电费（元）	30.03	10.18	21.22	14.16

在日照相对充足的测试日 2 白天，采用红外热像仪对房间 1 的蓄热层表面温度进行测量，热成像见图 6-58。测试时室外温度为−1.19℃，辐照度为 1017W/m^2。根据红外热像仪对测试区域平均温度的读数可知，测试区域的蓄热层表面平均温度为 23℃，具有一定的辐射取暖效果。

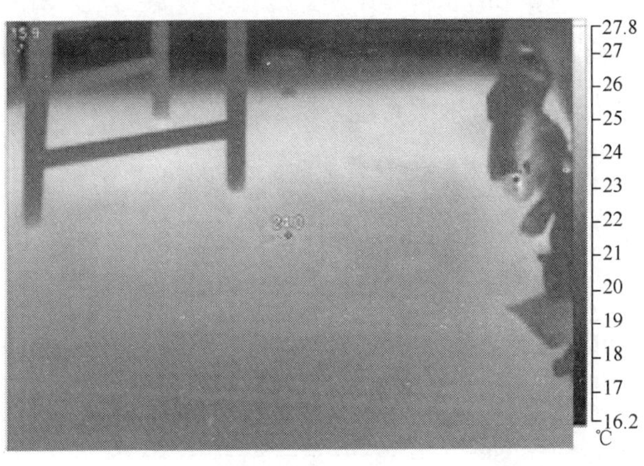

图 6-58 房间 1 的蓄热层表面热成像图

为降低噪声对用户的影响，风道内设计空气流速不高于 4.5m/s，横向风道安装在吊顶内，并采用外保温包覆方式降低气流噪声向室内的传播。采用高静压低噪声离心风机，风机置于静音风机箱中，并设置在室外，且风道与风机箱之间采用软连接。风道尽量采用平直管道，减少影响气流流动的部件。经现场调研，测试期间用户对噪声情况的评价为可接受的噪声水平等级。

4. 技术小结

针对北京村镇单层民用住宅设计建造采用一体化集热屋面的太阳能空气取暖系统。在自动控制模式（全天取暖）下，对测试日的集热屋面集热效率、太阳能保证率、耗电量、室内温度、室外温湿度、噪声、蓄热层表面温度进行计算与实测，发现集热屋面平均集热效率为24.5%，太阳能保证率平均可达35%，最高能达到54%。各测试日室内温度均在15℃以上，满足设计要求。测试区域的蓄热层表面平均温度为23℃，具有一定的辐射取暖效果。测试期间用户对噪声情况的评价为可接受的噪声水平等级。目前，该项技术仍在进一步改进和完善中。

6.2.8 太阳能楼板蓄热技术

太阳能作为一种可再生的清洁能源，被广泛应用于建筑供热，太阳能取暖系统包括太阳能集热器、输配装置、供热末端等。由于太阳光照仅白天存在，如果建筑有夜间取暖需求，则需要借助建筑结构等进行蓄热，或选取额外的辅热、蓄热设备以满足夜间取暖需求。常见的系统有太阳能送风取暖系统、太阳能地板辐射取暖系统，本节介绍一种满足全天取暖需求、同时又具有较高能效的太阳能取暖系统：辐射与对流相结合的太阳能复合取暖系统。

1. 辐射与对流相结合的太阳能复合取暖系统形式

太阳能复合取暖系统的具体形式如图6-59所示。系统热源为平板式太阳能集

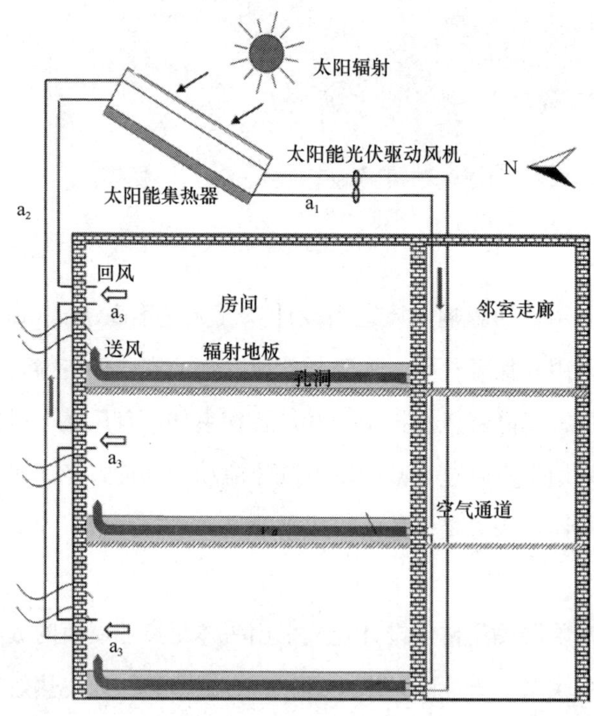

图6-59 辐射与对流相结合的太阳能复合取暖系统示意图

热器，集热器吸收热量加热空气后送入室内（状态 a_1），热空气经风管从走廊侧通入各层各个房间的辐射楼板预留的孔洞（直径 D，间距 S，如图 6-60 所示）中，向地板表面传热，同时进行辐射换热与对流换热；此时，通过孔洞换热后的空气直接送入室内（状态 a_3），在室内再次进行对流换热后的空气再返回集热器中（状态 a_2）。

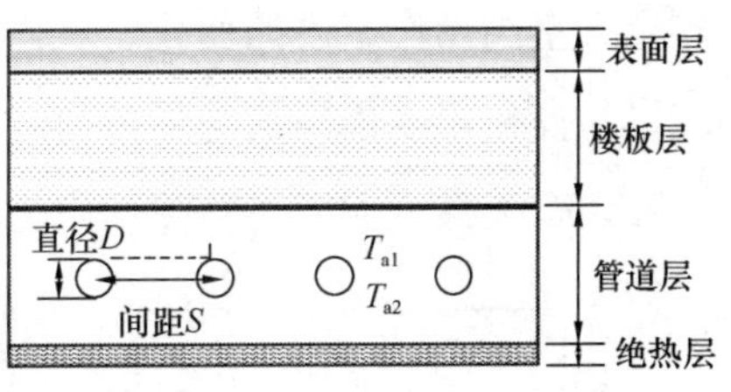

图 6-60 辐射楼板结构示意图

以我国青藏高原地区为例进行冬季取暖分析，冬季最低气温可达－20℃，而太阳辐射强度全年较高，是十分适合使用太阳能取暖系统的地区。以拉萨冬季典型日为例，具体的气象条件如图 6-61 所示。

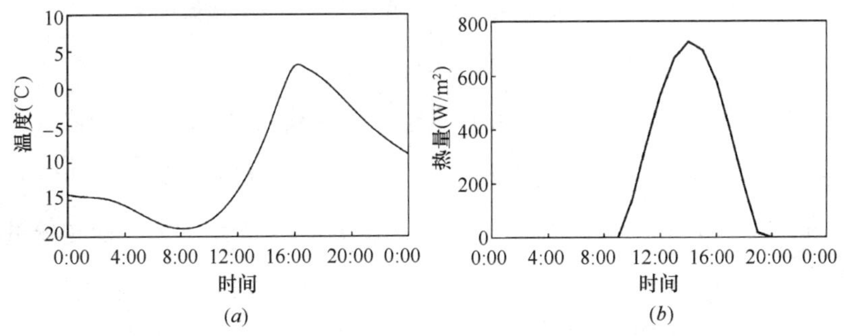

图 6-61 拉萨冬季典型日气象条件

（a）温度；（b）太阳辐射

为研究太阳能取暖系统的取暖效果，采用操作温度（T_{op}）表征空气温度与壁面温度的综合作用效果，同时通过系统总供热量（Q）与太阳能总热量之比得到的集热效率（α）来衡量系统供热能效的高低。

2. 复合系统取暖性能

太阳能复合取暖系统在拉萨典型日的供热性能列举如下。在正午 12：00，室外太阳辐射强度为 664W/m² 时，集热器出口温度为 35.5℃，地板温度为 22.2℃，经过地板后送入空气的温度为 25.5℃，此时的空气温度为 20.7℃，操作温度为 19.8℃；空气直接返回集热器，此时的太阳能集热效率为 58.7%。当下午 16：00 太阳辐射强度降低至 400W/m² 时，操作温度为 20.8℃，返回集热器的温度为 21.4℃，集热器效率仅有 44.7%。

全天室内操作温度的变化、供热量如图 6-62 所示，其中全天平均操作温度为 19.2℃，操作温度最高值与最低值的差异为 2.9K，夜间无太阳时平均操作温度为 18.9℃，全天最大太阳能集热效率为 59%。

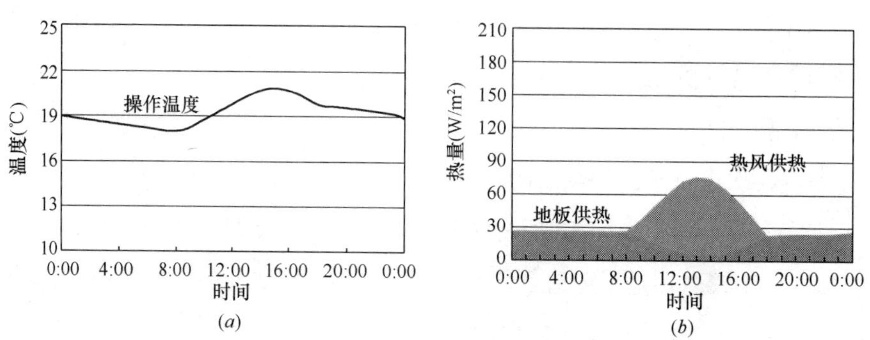

图 6-62 辐射与对流相结合的太阳能复合系统取暖系统性能

(a) 操作温度；(b) 供热量

对比而言，传统的太阳能热风取暖系统应用于相同房间、相同气象条件时，全天平均操作温度仅为 15.8℃，操作温度最高值与最低值的差异为 7.4K，夜间无太阳时平均操作温度为 14.7℃，全天最大太阳能集热效率为 58%；而传统的太阳能辐射地板取暖系统应用于相同房间、相同气象条件时，全天平均操作温度为 18.3℃，操作温度最高值与最低值的差异为 1K，夜间无太阳时平均操作温度为 18.4℃，但全天太阳能集热效率最大为 55%。

从末端形式来看，送风系统属于即时取暖系统，可以迅速加热室内，返回集热器空气温度低，有助于集热效率的提高；辐射取暖系统属于延时取暖系统，其蓄热能力强，具有较强的时间转移能力。本节所述复合取暖系统则属于二者的合理结合。

综上所述，辐射与对流相结合的太阳能复合取暖系统与独立的送风系统、辐射楼板系统相比，具有显著的优点：系统有较好的蓄热能力，夜间具有较好的供热能力，弥补了送风系统蓄热能力不足的缺陷；白天送入房间的热量可以被充分利用，弥补了辐射楼板供热能力不足的缺陷；集热器效率较高，说明全系统能量利用效率较为理想。

从综合取暖效果来看，仅靠太阳能作为热源满足建筑全天取暖需求的关键点在于利用房间或末端的热惯性，将白天的太阳辐射转移至夜间释放进室内，辐射楼板系统则有效使用了楼板作为蓄热体。辐射与对流相结合的太阳能复合取暖系统在系统效率方面显示出较大优势，其原因在于采用了送风这种即时供热的方式对辐射楼板进行了补充。

6.2.9 反射镜太阳能集热供热系统

1. 传统太阳能集热系统存在的主要问题

在所有类型的太阳能低温集热器中，全玻璃真空管太阳能集热器通常被更多地选用。全玻璃真空管由内外玻璃管及真空夹层组成，其中内管外表面具有选择性吸收涂层。当太阳光穿透外玻璃管和真空夹层照射在内玻璃管时，内管外壁将太阳能转化成热能，加热全玻璃真空管中的工质。真空夹层有三个作用：一是将采集的热量保留在管内，减少集热原件的热损失，增强集热器的热二极管效应；二是减少冷凝的发生；三是防止真空管在寒冷天气中冷却。而平板集热器由于盖板往往是单层玻璃，承晒面热流失严重。因此，相比于平板型太阳能集热器，全玻璃真空管太阳能集热器具备更好的热性能，能在严寒天气和阴天的情况下更有效地为用户提供热水。然而，我国北方采用的全玻璃真空管太阳能取暖系统存在如下问题：

(1) 太阳能在冬季不充足

太阳能本身具有间歇性，源于其季节性和区域性。冬季时，北半球远离太阳，导致太阳的辐射强度和时长减少，但由于冬季取暖对热量的需求增加，这就有可能造成需求和供给不匹配。太阳能取暖系统为了满足当地的取暖和热水的需求单纯靠提高集热面积与建筑面积的比值，仅可增加导热工质的流量却提升工质的温度。

(2) 全玻璃真空管在夏季容易过热

太阳能取暖系统的集热器面积通常比太阳能热水系统多出几倍，这样会造成除了冬季的三个季节，尤其是夏季产热量会大大超出冬季的水平。全玻璃真空管太阳能集热器在炎热的天气中吸收大量的热量，不存在取暖需求时，仅依靠建筑生活热水需求，远不能把过剩热量用尽，甚至可能导致真空管炸管、整体系统性能变差、系统损坏等问题。

2. 反射镜太阳能集热系统的结构特点

反射镜太阳能集热系统的初衷是既满足冬季取暖和生活热水需求，又能避免在夏天系统过热，同时具有一定的成本效益，使用维护方便快捷。

(1) 采用太阳能集热器和反射镜耦合的方式

如图 6-63 和图 6-64 所示，反射镜太阳能集热装置由两部分组成：一是水平型全玻璃真空管太阳能集热器阵列；二是在太阳能集热器底部以一定倾斜角度摆放的镜面反射器。选用全玻璃真空管太阳能集热器可以减少集热原件的散热；选用反射镜一是因为其相对于传统的放置在真空管背部的内嵌式漫反射器更加便宜并且易于维护；三是采用反射镜可以进一步聚集太阳光、有效提高真空管太阳能集热器的辐照度，反射镜一般采用超白镀银镜面，理想情况下反射率高达 0.9。这个设计主要解决太阳能不充足导致的导热工质温度不够的问题。整个太阳能集热装置面朝正南，这样摆放可确保该太阳能集热器接收到最多的太阳辐射，尤其是在正午时，太阳辐射达到最大值。并且，太阳能集热器阵列采用向右前倾斜的方式，这点不同于传统的太阳能集热器向上倾斜的设计，意在解决全玻璃真空管太阳能集热器夏季容易过热的问题。

图 6-63 太阳能集热系统实物

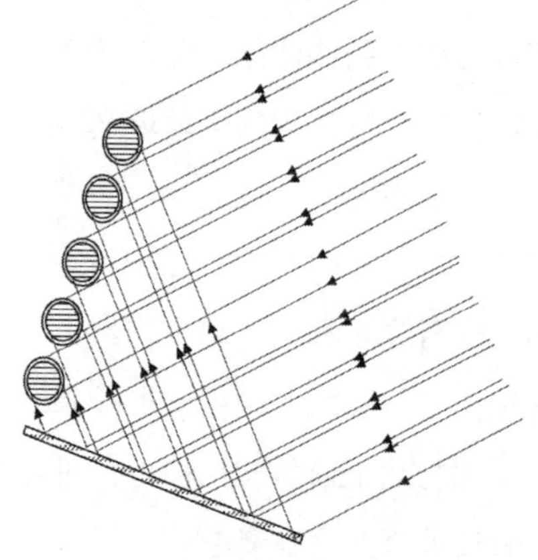

图 6-64 前俯承晒方式

(2) 防冻、防炸管的系统供水管网设计

针对全玻璃真空管供热系统普遍存在的炸管问题，该太阳能集热系统将对集热装置供水一般采用的下供上回形式变更为上供上回形式，一旦循环水泵停止工作，水管可以通过重力将水排空，可以防止系统结冻、真空管炸管。

(3) 双水箱设计

在实际应用中，该太阳能集热系统配置双水箱，分别用来热量收集和供热。一方面通过温差循环，实现太阳能获取的最大化及最小电力的投入量；另一方面，通过定温控制，在满足室内舒适度要求的同时实现经济效益的最大化。

3. 反射镜太阳能集热系统的应用

北京某农村采用反射镜太阳能集热系统为某会议室提供冬季取暖和生活热水，其建筑围护结构均按国家标准建设，末端为辐射地板，当建筑需求侧的取暖和生活热水需求超过太阳能可以提供的热量时，电辅助热装置作为补充投入使用。其中，太阳能集热器规格为2000mm×3160mm，聚光镜规格为1000mm×2000mm。经设计计算，为满足会议室取暖要求，根据选择的产品集热性能确定以6.25m^{2}为单元的太阳能集热器共设置6组水平型全玻璃真空管太阳能集热器，集热总面积达37.5m^2。对应的反射镜确定为24块，总面积为48m^2，系统原理如图6-65所示。

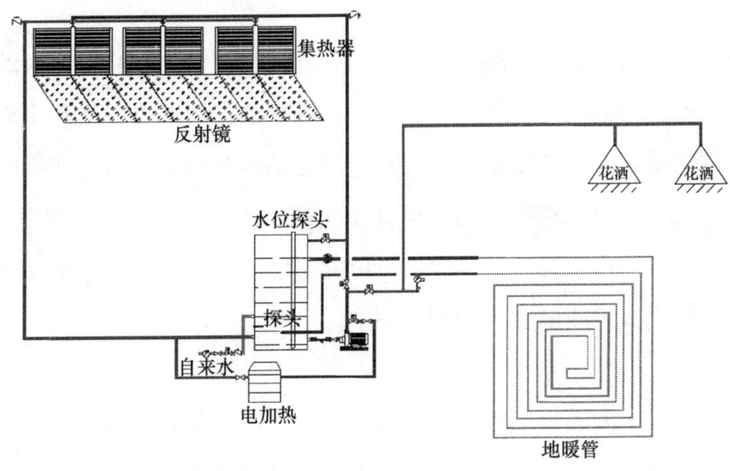

图6-65 太阳能取暖系统原理图

(1) 系统运行性能

该太阳能取暖系统在寒冷天气下运行正常，室外干球温度最低达－20.6℃，无系统结冻现象出现。会议室室内平均温度可达13℃，满足农村地区室内温度要求。就此次示范而言，所采用的两个水箱容积分别为500L和1500L，利用太阳能基本实现自给自足，电辅助热装置实际运行未投入使用。

(2) 装置热性能

从太阳辐射分布来看，太阳能集热装置理论上可采集的太阳能来自五个方面，即全玻璃真空管太阳能集热器接收的太阳直射辐射、全玻璃真空管太阳能集热器接收的天空散射辐射、全玻璃真空管太阳能集热器接收的地面反射散射辐射、镜面反射器反射的太阳直射辐射、镜面反射器反射的天空散射辐射以及镜面反射器反射的地面反射散射辐射。该太阳能集热器装置冬季单位面积得热量是集热器采用常规放置方式的 1.7 倍以上。

4. 技术总结

反射镜太阳能集热系统以崭新的设计方式高效利用可再生能源、实现清洁能源替代化石能源，与现行的能源政策匹配，示范证明其在寒冷地区为建筑取暖和提供生活热水具有更强的可靠性。

6.2.10 户式光伏发电及光热供暖一体化技术

1. 技术原理

传统光伏发电的原理是利用半导体界面（硅材料或其他材料）产生的光伏效应而将光能直接转变为电能的一种技术。该系统采用的太阳能光电光热多能板是将太阳能电池组件与太阳能集热器结合起来制造而成的同时具有发电与产生热水功能的一种装置，通过在太阳能组件内加集热管能实现将组件内的热能有效快速地取出，为组件提供了良好的作业温度。该装置可以同时实现供电、供暖和供生活热水三种功能，可有效提高太阳能的综合利用效率。

2. 系统设计

每户住宅屋面上安装太阳能光电光热多能板，同时设置保温储热水箱。系统在产生光伏电能的基础上同时产生热能，通过太阳能集热连接管路的循环，将热水储存在保温水箱里面，通过智能化设备将热水运输到各个用户终端，满足日常生活热水、取暖所需。系统生产的电能与电网并网发电，系统生产的热水供农村居民取暖及生活热水使用，这将进一步提升太阳能系统全年的节能减排效益，还提高了农村居民的生活品质。

太阳能光电光热多能板安装在每户屋面（坡屋面和平屋顶均可安装），设计安装倾斜角与朝向应根据当地日照条件确定，以保证太阳能效率，取暖季晴天仅太阳能应保证室内舒适度，连续阴雨雪天气和夜晚可采用辅助热源进行加热保证取暖需求。

系统辅助热源可采用变频低温空气源热泵机组，通过消耗少量电能从室外的空气中获取热量。由于往往取暖设计面积较大，而实际使用负荷会根据家庭人口数量及用户使用习惯不同会有很大差异，采用变频空气源热泵机组可通过内装变频器改变压缩机运转频率，随时根据用户冷热负荷需求调节压缩机的运转速度，从而做到合理使用能源，达到节能的效果。当取暖循环回水温度低于一定值时，自动开启空气源热泵补热。室内末端采用风机盘管，用户仅需通过遥控器即可自主调节室内温度。整个系统原理图如图 6-66 所示。

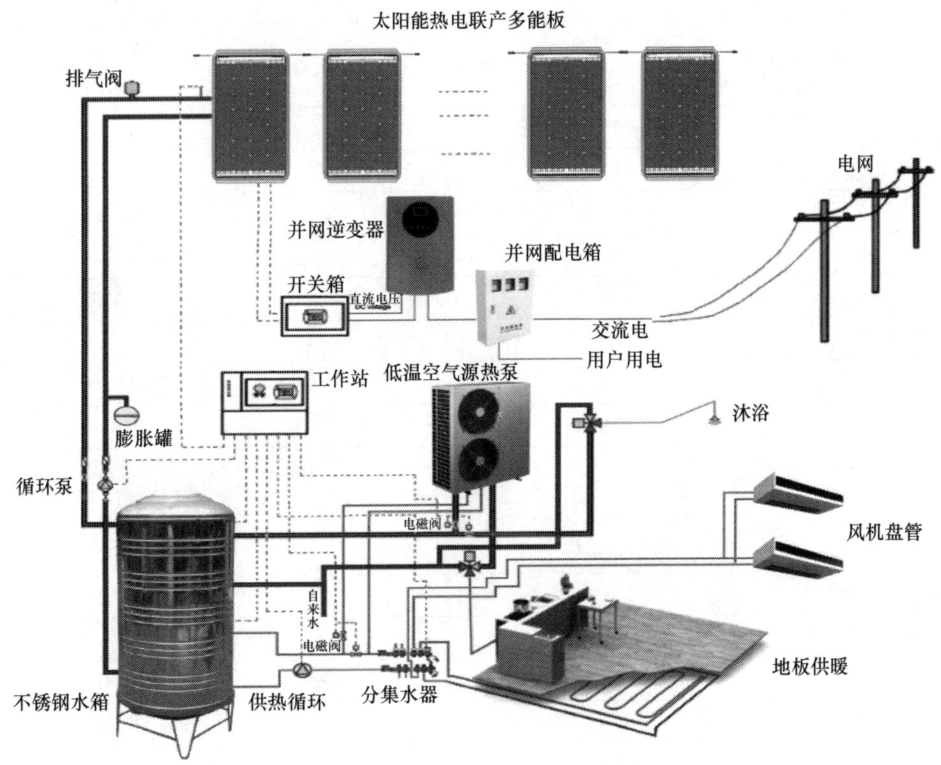

图 6-66 户式光伏发电及光热供暖系统原理图

3. 运行效果

户式光伏、光热取暖热水示范项目位于甘肃省兰州市榆中县三角城乡高墩营村，设计单位为兰州陇星热能科技有限公司，前期共安装 60 户，每户住宅屋面上安装太阳能光电光热多能板 26 块，集热面积合计 20.8m^2，同时单户设置保温储热水箱，容积为 1m^3。实际运行效果如下：

(1) 项目发电情况

对50户农宅年发电量进行统计，结果如表6-9所示。从统计数据来看，每户平均年发电量为3041kWh，发电上网收购电价为0.2987元/kWh，政府财政补贴电价0.42元/kWh，因此平均每户全年发电上网总收益为2185.6元。

单户农宅年发电量 **表6-9**

序号	发电量（kWh）	序号	发电量（kWh）
1	3220.4	26	2686.8
2	3226.1	27	3346.4
3	3519.3	28	2902.9
4	3845.9	29	3845.7
5	2661.5	30	3599.7
6	4116.3	31	2215.6
7	3055.7	32	3123.7
8	3386.1	33	1168.8
9	394.6	34	3233.7
10	4071.3	35	1655.5
11	2525.0	36	3800.6
12	3383.5	37	2981.4
13	2309.5	38	991.9
14	3323.4	39	4100.3
15	3626.9	40	3001.6
16	2353.8	41	3894.1
17	4426.0	42	3425.4
18	4354.8	43	3211.5
19	2238.8	44	3919.7
20	3446.4	45	3370.3
21	2330.6	46	4184.4
22	3154.3	47	1835.3
23	2469.96	48	3196.7
24	3389.5	49	1390.0
25	2321.1	50	3817.5

（2）典型农户运行情况

选取一户采用户式光伏、光热取暖热水系统的典型农宅开展测试，测试农宅建筑面积90m^2，测试户型图如图6-67（*a*）所示，其中卧室1采用其他取暖方式，测试期间未开启；客厅装有两个风机盘管、卧室 2 与厨房各安装一个风机盘管，总取暖面积约 70m^2，常住人口 2 人。住宅外墙为 37cm 砖墙，有 6cm 聚氨酯泡沫板保温，住宅外窗为普通两层铝合金结构。26 块太阳能光电光热多能板安装在屋面上，集热面积共计 20.8m^2，在发电上网的同时为住宅提供取暖和生活热水，如图 6-67（*c*）所示。系统储热水箱容量为 1m^3，辅助热源采用变频低温空气源热泵机组，如图 6-67（*d*）所示，取暖末端为风机盘管，如图 6-67（*e*）所示。

图 6-67 典型农户实施情况

（*a*）典型农宅户型图；（*b*）典型农宅外立面；（*c*）太阳能光电光热多能板；（*d*）空气源热泵；（*e*）风机盘管

（3）晴天系统运行状况

为评估此太阳能系统出热情况，在晴天对该系统运行状态进行监测，室内、室外温度及出热功率如图 6-68 所示。测试期间，补热（空气源热泵）系统未开启，在 16：20，由于集热系统出热不够，空气源热泵自动开启。

从测试结果来看，测试期间室外平均温度为－2℃，仅依靠太阳能系统进行供热时，室温均能保持在 13℃以上，能满足温度需求，期间集热系统最大出热功率为4448W。随着时间推移，太阳高度角逐渐减小，集热系统出热量也随之下降。在16：20，集热系统出热不足时，空气源热泵自动开启补热。

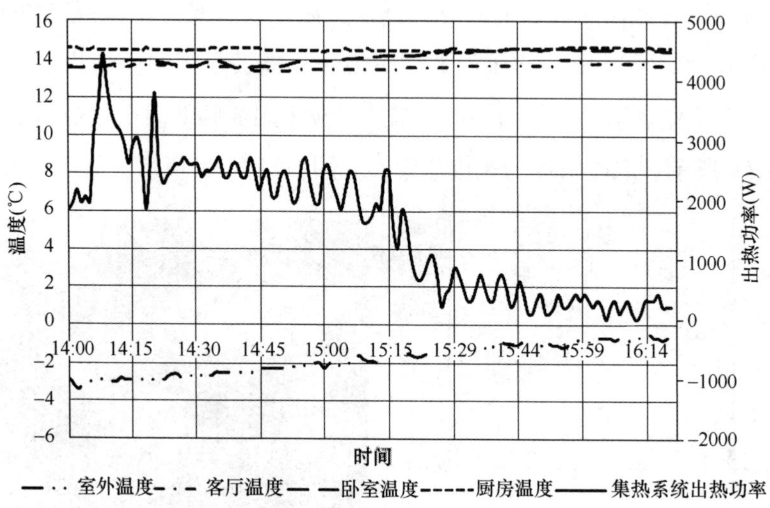

图6-68 晴天系统运行状况

(4) 阴雨雪天及夜间系统运行状况

在阴天、雪天时，太阳能系统不能正常工作，此时需依靠空气源热泵为室内供热。室内外温度连续监测结果如图6-69所示。测试期间，室外平均温度为－4℃，集热系统不能正常工作，空气源热泵系统持续运作，室内各房间温度均能保持在14℃以上，在阴雨雪天及夜晚均能满足热舒适需求。

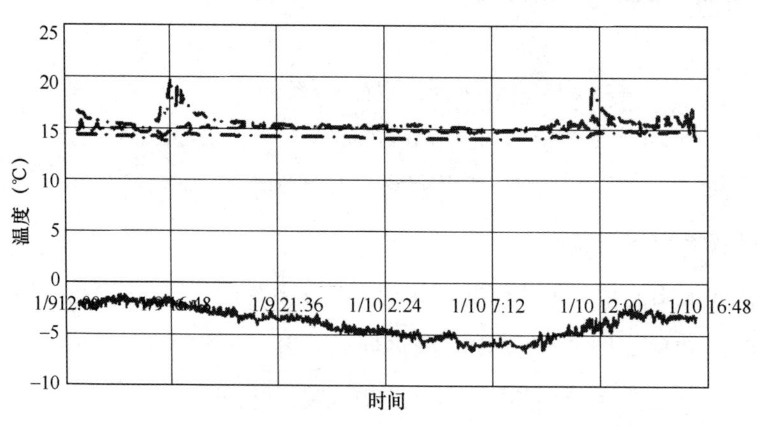

图6-69 阴雨雪天及夜晚系统运行状况

（5）经济性

经现场测试，该系统年每户平均发电量 3041kWh，对应年发电总收益约为 2186 元。兰州市供热取暖期为 5 个月，由于不同的使用习惯，农户取暖季总用电量大约在 6000～8000kWh，对应电费约为 3000～4000 元。扣除本系统发电收益后，农户取暖季实际电费在 1000～2000 元之间。

4. 技术总结

综合来看，该技术具有以下优势：

（1）可以实现供电、供暖和供生活热水三种功能，可有效提高太阳能的综合利用效率。

（2）能解决居民的全年的热水供应和冬季取暖，提高居民的生活质量，实现了农村“煤改电”，减少污染。

（3）生产的电能与电网并网发电，减轻居民冬季取暖用电费用负担，从全年的角度综合来看，农户冬季取暖费用一般在 1000～2000 元之间。

（4）实际运行中，系统自动运转，农户仅需通过风机盘管等取暖末端的调节即可控制室温，便于农户操作。

（5）设计合理时，晴天仅依靠太阳能系统进行供热即可保证室温，在阴雨雪天及夜晚，需依靠空气源热泵系统补热来满足热舒适需求。

6.2.11 户用风-光互补发电技术

1. 技术原理

户用风-光发电系统是一种独立运行的小型风力-太阳能发电系统，一般不并网发电，而是独立使用。其基本原理是由风力发电机将风的动能通过风轮机转换成机械能，再带动发电机发电转换成电能，以及由太阳能板通过光电效应直接把光能转化成电能。户用风-光互补发电系统的主电路如图 6-70 所示。

其中风力发电的基本工作流程如下：

（1）风作用在风轮上，带动风轮叶片旋转，低速转动的风轮由增速齿轮箱增速后，将动力传递给发电机，使空气动能转化为机械能。

（2）风轮的轮毂与发电机轴固定，风轮的转动驱动发电机轴的旋转，带动永磁三相发电机发出三相交流电，使机械能转化为电能。

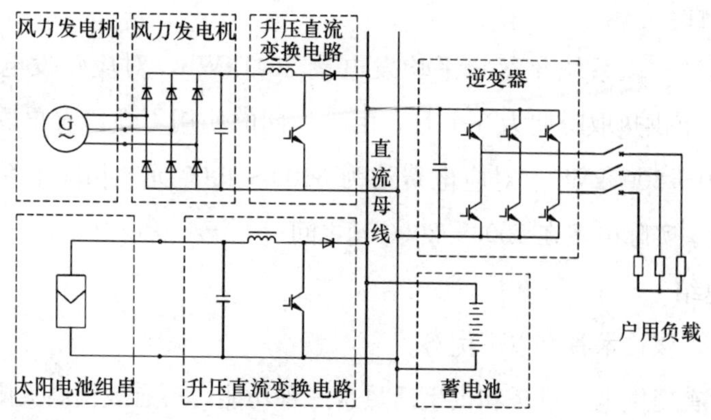

图6-70 户用风-光互补发电系统主电路示意图

(3) 发电机输出的13～25V的交流电经过风光互补控制器的整流，由电压不稳定的交流电变成具有稳定电压的直流电，并向蓄电池充电，使风力发电机产生的电能转化为化学能。

根据风力发电系统的工作状态，风速可分为切入风速、额定风速和切出风速；当风速低于切入风速时，风轮机不工作；当风速值在切入风速和额定风速之间时，风轮机正常工作；当风速高于额定风速而低于切出风速时，风轮机过速工作；当风速高于切出风速时，为保护风力发电系统，风轮机停止工作。因此，为了更有效地利用风能同时保证风力发电系统的安全，户用风力发电系统设置调向、调速装置。调向原理为：在额定风速以内，尾翼板与风轮旋转面保持垂直，风向变化时，尾翼板与风向保持水平，因而保证了风轮的正向迎风。调速原理为：当风速大于额定风速时，利用调速机构使风轮偏离风向某一角度，减少风轮迎风面积，从而减少对风能的吸收，使风轮在额定转速下工作；当风速过大时，控制风轮旋转面与风向平行，使风轮停止转动，风力发电机停止发电。依据目前的小型风力发电技术，仅需要3m/s的风速（微风的程度）即可发电。

太阳能发电的基本工作流程如下：

(1) 太阳照射太阳能板，太阳能电池吸收0.4～1.1μm波长（针对硅晶）的太阳光，将光能直接转变成电能输出。

(2) 太阳能板输出的18V直流电经过风光互补控制器升压后向蓄电池充电，将太阳能板产生的电能转化为化学能。

最后，统一由蓄电池组输出直流电供直流电器直接适用，或通过有保护电路的逆变器后变为220V的交流电，供用户照明及各类交流电器使用。

2. 系统构成

户用风-光互补发电系统主要有风力发电机、太阳能板、储能系统三个部分组成，系统原理如图6-71所示。

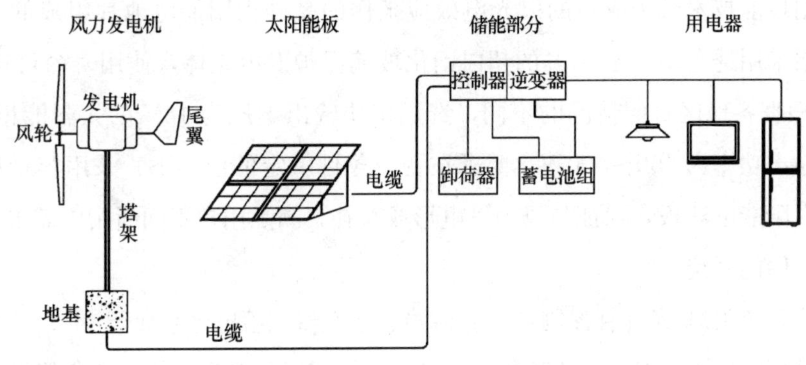

图6-71 风-光互补发电系统原理图

(1) 风力发电机

目前户用小型风力发电系统中普遍采用塔高10m的500W水平轴风力发电机，风力发电机主要由风轮、发电机、回转体、尾翼组成；切入风速为3～4m/s（3级、微风），额定风速为8～11m/s（5级、轻风），切出风速为20～25m/s（9级、烈风）。

1) 风轮：由3个叶片、轮毂、盖板、连接螺栓组件和导流罩组成，利用叶片来接受风力并将风力传送到转子轴心；过去的叶片材料多为铝合金或玻璃钢，自重较大，切入风速要求很高，限制了风力机使用的效率，现在普遍更换为质量轻、强度高的碳纤维复合工程塑料材质的叶片，仅需要微风程度的风速即可发电，对风能进行更充分的利用。

2) 发电机：由机壳、定子绕组、转子磁钢、发电机轴和前后端盖组成。风力机驱动的发电机均为低速发电机，在每分钟几百转的转速下即可发电。发电机选用永磁式或励磁式三相交流发电机，采用防止绕线的滑环和碳刷结构。

3) 回转体：风轮、发电机和尾翼的载体，是一个安装在塔架顶部的轴承结构，使风力机的主体可以绕塔架垂直轴在360°水平方向自由转动，实现尾翼调整方向的功能。

4）尾翼：由销轴、尾翼杆和尾翼板组成，尾翼的材料通常采用镀锌薄钢板。当风向改变时，尾翼与风向产生一个角度，空气阻力变大，迫使尾翼转动，带动整个风机转动，对风机起到调向和调速的作用。

（2）太阳能板

采用目前技术较为成熟的以光电效应工作的晶硅太阳能电池片组成的太阳能板，表层采用透光率大于91%的超白钢化玻璃保护发电主体，使用寿命可达25～30年。根据各地区日照情况的不同，选用多块输出电压为18V的太阳能板串联，使其总输出功率为400～600W，要求在资源条件一定的前提下，采用容量尽可能合适的太阳能电池板，保证与风力发电形成互补，满足用户不间断用电需求。

（3）储能系统

储能系统由风-光互补控制器＋卸荷器、逆变器、蓄电池组成。

1）风-光互补控制器＋卸荷器：风光互补控制器是专为风能、太阳能发电系统设计，多与卸荷器一体化制造。控制器采用无极卸载方式控制风机和太阳能电池对蓄电池进行智能充电，在太阳能板和风力发电机所发出的电能超过蓄电池存储容量、蓄电池组电压超过额定电压的1.25倍时，控制器停止向蓄电池充电并控制卸荷器将多余的能量消耗掉，在正常卸荷情况下，可确保蓄电池电压始终稳定在浮充电压点，而只将多余的电能释放到卸荷上，从而保证了最佳的蓄电池充电特征，使得电能得到充分利用。由于蓄电池只能承受一定的充电电流和浮充电压，过电流和过电压充电都会对蓄电池造成严重的损害，风光互补控制器可实时监测蓄电池的充电电压和充电电流，并通过控制风机充电电流和光伏充电电流来限制蓄电池的充电电压和充电电流，确保蓄电池既可以充满，又不会损坏，确保了蓄电池的使用寿命。

2）逆变器：逆变器由逆变桥、控制逻辑和滤波电路组成，可将蓄电池组输出的直流电流转换成220V交流电，并提供给用电器。逆变器具有过放保护功能，当风速长期较低、太阳能板接受光照不足的情况下，蓄电池充电不足，蓄电池组电压低于额定电压的0.85倍时，逆变器停止工作，不再向外供电；当风速升高或太阳光照增强，蓄电池组电压恢复到额定电压的1.1倍时，逆变器自动恢复工作、向外供电。

3）蓄电池：蓄电池的功能是把电能转变成化学能储存在蓄电池内，推荐使用更加绿色环保的锂电池，虽然锂电池在价格上较铅酸蓄电池要贵3倍左右，但是结合使用寿命分析，投入相同的成本，锂电池较过去使用的铅酸蓄电池有下列优点：

① 耐用性好：铅酸电池一般深充深放电300次以内，有记忆，寿命在两年左右，且铅酸电池内有液体，消耗一段时间后，如果发现电池发烫或者充电时间变短，就需要补充液体；锂电池耐用性较强，消耗慢，充放超过500次，并且无记忆，寿命4～5年。

② 体积小、质量轻：铅酸蓄电池的能量约为30Wh/kg，锂电池约为150Wh/kg，相同容量的前提下，锂电池较铅酸蓄电池更轻，体积更小，更加节约安装空间。

③ 环保：铅酸电在回收过程中如果方法不当会造成污染；锂电池则相对环保。

3. 运行效果

根据我国风力资源区划标准，年平均有效风能密度大于200W/m^2，有效利用时数500～600h（风速3～20m/s）为风能丰富区。如果基本相同的两地平均风速相差一倍，其风能则相差7倍。由此可见选择好的场址，不但能使风力机发出的电能更高，安装费用降低，而且可以避免事故发生。

由于小型风力发电装置独立运行，一旦发生故障使供电中断，因此要求系统各环节有足够的运行可靠性和完善的保护措施，在静风期应进行定期全面检查，及时排除故障隐患，保证系统安全可靠运行，提高年发电量和机组使用寿命。

以往的离网发电系统较为单一，多为独立的风力发电系统或太阳能发电系统，而风能和太阳能都具有能量密度低、稳定性差的弱点，同时受地理分布、季节变化、昼夜交替等因素影响大，因此单一形式的独立发电系统仅可在风能或太阳能丰富的地区使用，很大程度上局限了小型发电系统的使用范围。现阶段采用的风光互补型发电系统则是由风力发电机和太阳能板两种发电设备共同发电，可以在资源上弥补风电和光电独立系统的缺陷，实现昼夜互补——晴天时由太阳能发电，夜晚和阴雨天无阳光时由风能发电；季节互补——夏季日照强烈、冬季风能强盛；在既有风又有太阳的情况下两者同时发挥作用，实现了全天候的发电功能，比单用风力发电机和太阳能板更经济、科学、实用，广泛适用于各用电不便的偏远地区的农牧区住户。

4. 适用场景与前景分析

当前“三北”地区陆上风资源已经高度开发利用，加上海上风电技术不成熟，短期内难以进行大规模开发，现阶段我国能够继续开发利用的优质风资源日益匮乏。同时，我国幅员辽阔，很多区域都拥有可以被利用的风资源，虽然这些风资源无法发展大型风电，却足以进行中小型风电的开发。为了提高我国风力资源的利用率，需要将较小风速的风能也利用起来，在大规模集中式风电项目开发的同时，合理开发布局小型离网式风电项目，实现对我国各种风力资源的充分利用。离网式中小型风电有着其无与伦比的优势，这使其具有非常广阔的市场前景。

目前，我国已研制了数十种微小型风力发电机，已进入商品化生产，主要的是水平轴型，其功率最小为 50W，最大为 5kW。微型机技术成熟，结构简单，使用方便，成本相对较低。因此对于无电地区，采用 200～500W 风力发电机独立电源系统，为用户提供照明、电视、广播等生活用电是经济的，且收到社会效益显著。

本章参考文献

[1] 马荣江，毛春柳，单明，杨旭东. 低环境温度空气源热泵热风机在北京农村地区的采暖应用研究 [J]. 区域供热，2018 (01)：24-31.

[2] CARTER E，SHAN M，ZHONG Y，et al. Development of renewable，densified biomass for household energy in China [J]. Energy for Sustainable Development，2018，46：42-52.

[3] DENG M，ZHANG S，Shan M，et al. The impact of cookstove operation on $PM_{2.5}$ and CO emissions：A comparison of laboratory and field measurements [J]. Environmental Pollution，2018，243：1087-1095.

[4] DENG M，LI P，SHAN M，YANG X. Characterizing dynamic relationships between burning rate and pollutant emission rates in a forced－draft gasifier stove consuming biomass pellet fuels [J]. Environmental Pollution，2019，255：113338.

[5] 单明，张双奇，邓梦思，杨旭东. 生物质成型燃料用于北方村镇清洁取暖的技术与模式 [J]. 区域供热，2018 (01)：6-10＋43.

[6] 宁廷州. 对辊柱塞式成型机研制及其成型参数优化 [D]. 北京：北京林业大学，2016.

[7] 李爱松，李忠，聂晶晶，冯爱荣，曹泽鉴. 一体化集热屋面太阳能空气供暖的技术经济性 [J]. 煤气与热力，2018 (38)：29-36.

[8] MAO C，LI M，LI N，et al. Mathematical model development and optimal design of the hori-

zontal all glass evacuated tube solar collectors integrated with bottom mirror reflectors for solar energy harvesting [J]. Applied Energy 2019，238：54-68.

[9] 沈德昌，王元玥. 中国小型风电机组的发展和应用 [J]. 太阳能，2013 (5)：9-12.

[10] 陈二永，谢建，王东城，唐家祥. 风能太阳能综合利用试验研究—邱北县舍得山区农村能源建设的范例 [J]. 云南师范大学学报，1992 (2)：58-64.

第 7 章　农村建筑节能最佳实践案例

7.1　北京农村住宅围护结构节能改造项目

7.1.1　项目概况

1. 背景

针对我国农村地区长期存在的建筑保温差、室内舒适度低、取暖煤耗大和环境污染等一系列问题，北京市从 2006 年开始率先实施了农宅节能改造试点工作，先行建设了数百户试点项目，在深入总结技术路线和关键技术经济参数的基础上，从 2010 年起，在全市郊区开展规模化的农宅抗震节能改造工作，并通过一系列的补贴政策来激励农户的积极参与。北京农宅节能改造工作已连续开展了十年，截至“十二五”结束（2015 年年底），累计完成农宅改造 58 万户，其中新建翻建 13 万户，综合改造（抗震＋围护结构保温）3 万户，围护结构保温改造 42 万户。到 2018 年年底，累计完成农宅节能改造总户 100 余万户，成为整个北京市乃至全国建筑节能领域的标志性工作之一。

2. 北京市既有农宅基本情况

根据对北京市农村的大规模调研结果发现，既有农宅的户均建筑面积约 106.5m^2，正房平均 5.1 间，其中取暖房间数平均为 4.6 间，户均取暖面积约 97.8m^2，卧室平均 2.8 间，冬季常用卧室平均为 2.4 间。农村住宅形式以单层平房为主，坡顶单层平房比例最高，占 75％，其次为平顶单层平房，比例为 22％，楼房和其他形式的房屋很少。农宅结构形式主要为砖混结构和砖木结构，有 63％的农宅为砖混结构，35％的农宅为砖木结构，其他结构形式分布很少，约占 3％，如图 7-1 所示。

农宅墙体大部分为实心砖墙，总体来看，有 91％的农宅墙体材料为实心砖墙，

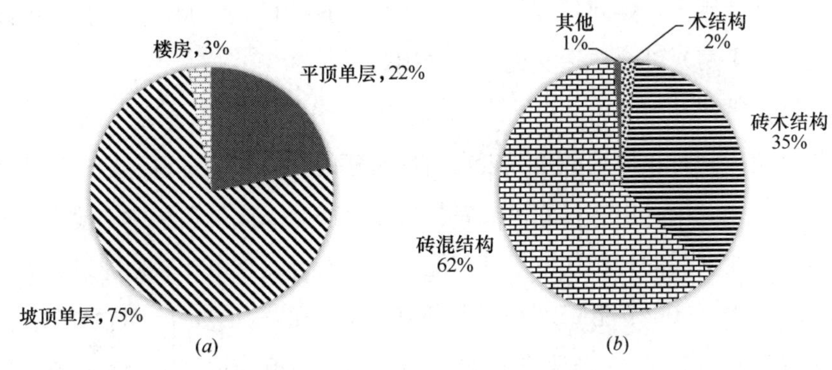

图 7-1 北京市农宅形式和结构形式分布

(a) 住宅形式分布；(b) 房屋结构形式分布

8%为空心砖墙。近几年由于受国家政策的限制，传统黏土砖在农村比较少见，尤其是对于新建翻建农宅，转向采用页岩砖，但是与传统黏土砖相比，墙体的保温性能并没有得到有效提升。

7.1.2 项目实施方案

北京市从 2010 年开始正式启动农宅抗震节能改造工作后，作为全国第一个大规模开展此类工作的地区，在缺少先前经验作为参照的情况下，采取边开展工作边总结的方式，不断探索出适宜性的技术措施、支持政策、实施流程及监管方案等。

1. 节能改造技术措施

北京市根据当地农宅自身的特点，分别从单项改造、综合改造和新建翻建三方面来制定不同的技术措施。

(1) 单项改造

单项改造指的是节能保温改造，即通过对农宅外墙进行外保温改造和对外门窗进行更换来达到节能保温的作用。进行单项改造的农宅需要重点在近五年内没有拆迁计划的非规划保留村内实施，并且要求其结构完好、居住安全。对于规划保留村内的农宅，要求其需要经鉴定达到抗震要求且在近五年内没有改造计划。

(2) 综合改造

进行综合改造指的是对农宅房屋结构进行抗震加固，并对围护结构进行节能保温改造。综合改造重点针对规划保留村内 2005 年以后建设并且抗震结构基本完好的农宅，应符合国家《建筑抗震加固技术规程》JGJ 116—2009 和《北京市既有农村住宅建筑（平房）综合改造实施技术导则》。

（3）新建翻建

新建翻建指的是在原址翻建或者在新址新建的农宅。进行新建翻建改造的农宅需有完善的审批手续、由本村农民或者村集体经济组织成员在集体土地上自筹资金建设的、单层或多层的自用住宅。其节能要求应符合北京市《居住建筑节能设计标准》DBJ11-602—2006 节能 65%设计标准中对围护结构的要求，抗震要求应符合《北京市农村民居建筑抗震设计施工规程》《农村危房改造抗震安全基本要求》。

在北京市农宅节能改造中，对既有农宅的墙体保温改造普遍采用了外墙外保温的做法，外保温的墙体集中在正房的北纵墙和东西山墙，其基本构造包括基层、界面层、粘结层、保温层、抹面层和饰面层。市政府印发的政策文件中要求外墙传热系数不大于 0.45W/（m^2·K）的要求，各区主要采用以膨胀聚苯板（EPS）和挤塑板（XPS）为主的墙体保温材料，政策文件具体规定了保温板类型、保温板厚度及防火等级要求，保温层厚度均大于或等于 50mm，且防火等级以 B1 为主，具体做法由乡镇政府招标的企业负责。各区对既有农宅外门窗的改造方案主要采用将其更换成塑钢和断桥铝合金为主的中空双层玻璃。表 7-1 给出了从政策文件和相关技术资料整理得到的北京市各区围护结构节能改造技术方案情况。

北京市各区墙体和窗户节能改造技术方案汇总 **表 7-1**

区名代号	保温材料	保温厚度（mm）	防火等级	窗户类型
1	EPS	80	B1	塑钢/断桥铝合金中空双玻
2	EPS	≥50	B1	塑钢/断桥铝合金/普通铝合金中空双玻
3	XPS	≥50	B1、B2	塑钢/断桥铝合金中空双玻
4	XPS	≥50	B1	塑钢/断桥铝合金中空双玻
5	EPS	70	B1	塑钢/断桥铝合金/普通铝合金中空双玻
6	EPS、XPS	60～80	B1	塑钢/断桥铝合金中空双玻
7	EPS	70	B1	塑钢/断桥铝合金中空双玻
8	EPS、XPS	60	B1	塑钢/断桥铝合金中空双玻
9	EPS	≥70	B1	塑钢/断桥铝合金中空双玻
10	XPS	60	B1	塑钢/断桥铝合金中空双玻

2. 支持政策、实施流程及监管方案

2008 年起新建抗震节能型新农宅工作和既有农宅节能保温改造工作，均列入了北京市政府的“实事工程”和“社会主义新农村建设折子工程”中，并以北京市建筑节能联席会议名义向各区分解任务，被群众称为“暖心暖居工程”。2011 年 12 月，市住建委、市新农办、市财政局和市规划委联合发布《关于印发〈北京市农民住宅抗震节能建设项目管理办法（2011～2012 年）〉的通知》，对北京市农宅抗震节能工作的责任进行了分工。市新农办负责具体落实各项工作，而改造任务的责任主体是各区政府，实施主体是各乡镇人民政府。各区新农办负责牵头组织各政府部门制定年度实施方案，解决工作中遇到的问题，相关建设项目的技术指导工作由区住建委负责。至 2017 年，共印发了 19 个相关政策，用于规范和指导改造工作的顺利推进，其中涵盖了农宅改造类型、改造目标、改造方法、奖励资金、项目监管、审计验收以及各政府部门的责任分配，如图 7-2 所示。

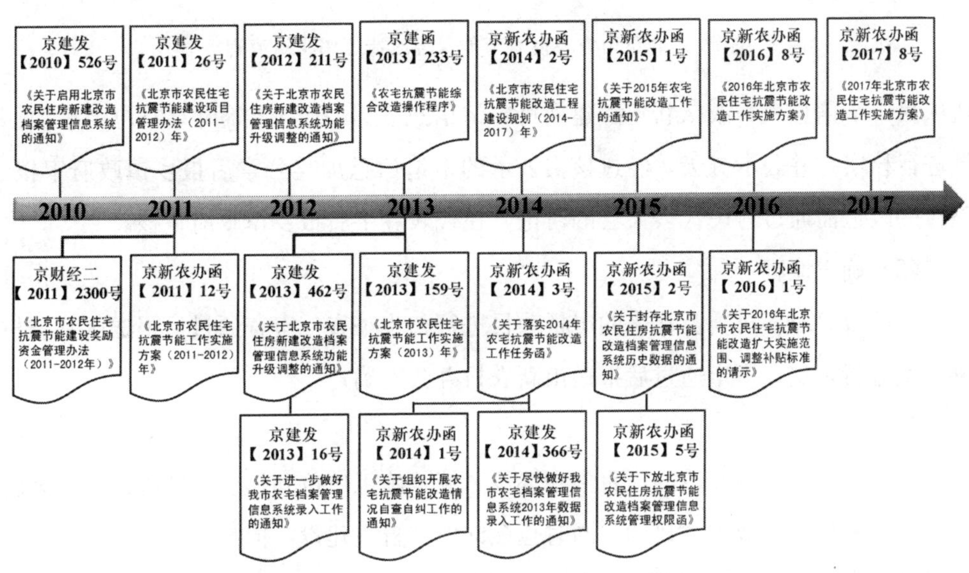

图 7-2 北京市农宅抗震节能改造政策文件（2010～2017 年）

北京市农宅抗震节能改造工作流程主要由五部分组成，即申报、确户、施工、验收以及资金拨付，总体如图 7-3 所示。在实施过程中各区根据实际情况具体的操作细节可能会有所不同。

（1）申报流程

本着自愿申请的原则，农宅抗震节能改造申请分为单户（散户）改造申请和整村改造申请。对于单户改造，农户需向村委会提出申请，填报《单项改造、综合改

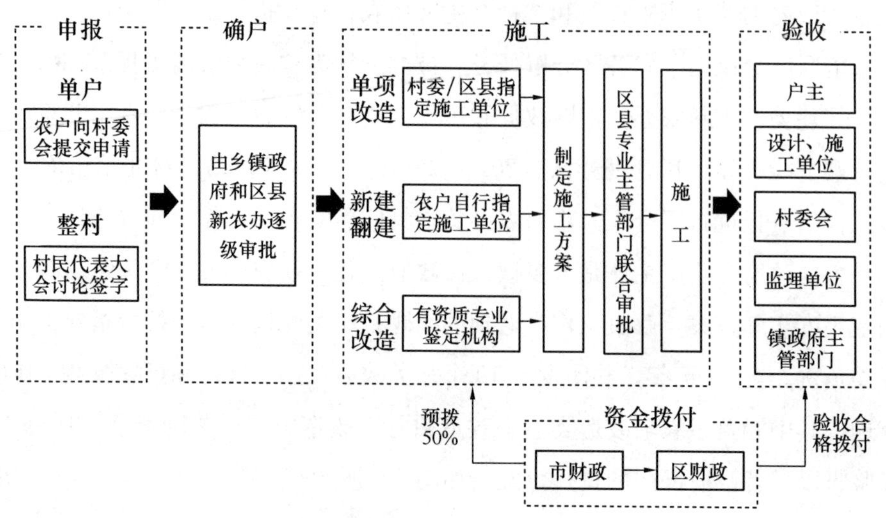

图7-3 北京市农宅抗震节能保温改造工作实施流程

造项目申请信息表》或《新建翻建项目申请信息表》，村委会需要对农户申报的信息进行核实，并公示五天，经过核实公示的申请信息加盖公章后报乡镇政府审核。整村的改造需通过村民代表大会的讨论，在代表签字后报乡镇政府审核。

（2）确户流程

乡镇政府对各村委会报来的申报项目进行初步审查，审查通过后报送区新农村办公室进行审定，审定通过后报送市新农村办公室确户。

（3）施工流程

市政府提倡单项改造的项目集中建设，统一施工单位和建筑材料以达到保证施工质量、降低施工成本的目的。同时也允许农户自主建设，但自主建设所选择的施工单位应是有资质的，所用的工匠应是经过培训取得专业资格证书的，建筑耗材提倡在区住建委定期发布的农民住宅建材产品供应商名录中选择。

在农宅综合改造之前，需通过有资质的房屋评估鉴定机构对该农宅评估鉴定。鉴定结论应围绕该农宅是否满足建筑抗震鉴定要求、是否应对该农宅采取加固、不加固或拆除等措施。从各区提供的技术资料来看，综合改造房屋的鉴定依据包括但并不局限于：《建筑抗震鉴定标准》GB 50023—2009、《建筑抗震设计规范》GB 50011—2010、《建筑结构检测技术标准》GB/T 50344—2004、《砌体工程现场检测技术标准》GB/T 50315—2011、《建筑结构荷载规范》GB 50009—2012、《砌体结构设计规范》GB 50003—2011、《混凝土结构设计规范》GB 50010—2010、《民用建筑可靠性鉴定标准》GB 50292—2015、《建筑抗震鉴定与加固技术规程》DB11/T 689—2009、《房屋结构安全鉴定标准》DB 11/T637—2009、《建筑工程抗震设防分类标准》DB 50223—2008。符合鉴定要求的农宅，该房屋评估鉴定机构应出具综合改造实施方案，经区住建委审核通过后实施。

新建翻建从各区验收情况来看，多为农户自主建设。个别险村搬迁的村有整村翻建的情况存在，由镇政府统一实施改造。并且，由于近年来新宅基地很少被批复，新建翻建改造以翻建居多。市政府出台的政策规定，新建翻建的土地管理应按照《北京市村庄规划建设管理指导意见》执行。其改造设计方案可参照《新农村住宅设计图集》，也可由有资质的设计单位出具，但需经过施工图审查机构审查后才能实施。对于跨度不超过 6m 的平房，设计可由以下施工人员完成：1）有资质的个人设计，包括：注册结构工程师、注册建筑师、注册建造师、注册监理工程师；2）取得培训合格证书的村镇建筑工匠。施工实施需由有资质的施工单位承担，农户个人或村集体要在开工前到乡镇政府办理工程报建备案手续并提供：宅基地证明文件、乡村建设规划许可文件以及与施工方签订的建设协议。

农宅改造项目进度信息需每月按时填报《单项改造、综合改造项目进度信息表》或《新建翻建项目进度信息表》，并录入北京市农民住房新建改造档案管理信息系统。在所有项目建设中，资料完整留存至关重要，具体体现在项目开工前、施工中及建设完成后的重要影响资料，能验证进行改造的农宅符合抗震节能保温要求的关键信息，如：地基深度、梁柱节点、保温层厚度等。

（4）验收流程

在农宅改造项目完成后，由各方签字分户验收信息表，即《单项改造、综合改造项目验收信息表》或《新建翻建项目验收信息表》。村委会将已完成农宅改造的项目报到乡镇政府进行核查、录入信息管理系统，再由乡镇政府报到区新农办、区住建委审核存档，最后由各区新农办报到市新农办确认。验收合格后，剩余奖励资金申请程序就可以启动，由区财政局提出申请。

从 2011～2015 年之间出台的政策来看，《单项改造、综合改造项目验收信息表》或《新建翻建项目验收信息表》验收意见方规定有所不同。在 2011 年印发的《北京市农民住宅抗震节能建设项目管理办法（2011～2012 年）》的通知中规定，进行单项改造、综合改造的项目需进行四方验收（详见该文件附件6），包括：农户户主、村委会、监理方、乡镇人民政府。而进行新建翻建改造的项目则需六方验收（详见该文件附件5），即：农户户主、设计方、施工方、村委会、监理方以及乡镇人民政府。在2012年发布的《关于北京市农民住房新建改造档案管理信息系统功能升级调整的通知》中，对新建翻建项目的验收调整为五方验收，包括：农户户主、设计方、施工方、监理方、乡镇人民政府。

在对各区政策调研中发现，验收签字方会有细微不同。比如，不同于市政府的四方验收，房山区和大兴区对于单项改造、综合改造的项目规定为五方验收，包括：农户户主、村委会、施工方、监理方、乡镇人民政府。门头沟区对单项改造、综合改造项目进行了六方验收，即：农户户主、村委会、监理方、乡镇人民政府、区住建委、区新农办。

7.1.3 项目运行效果

为综合评价农宅保温改造的实际效果，清华大学建筑节能研究中心先后对北京市5000多户农户开展入户调研，并选取其中部分典型农户进行围护结构传热系数、房间换气次数、取暖季耗煤量等进行了现场测试，得到了详实的实际运行数据。

1. 典型农户运行效果

不同类型围护结构的传热系数测试结果如表7-2所示，与没有保温的墙体或屋面相比，采取保温措施后的墙体和屋面的传热系数明显降低，墙体和屋顶的传热系数分别下降了69%和37%，农宅保温性能明显改善。

围护结构传热系数测试结果 表7-2

围护结构类型	传热系数值 [W/ (m^2·K)]
普通370mm砖墙	1.19
普通370mm砖墙+90mm厚聚苯板外保温	0.37
普通370mm砖墙+90mm厚胶粉聚苯颗粒内保温	0.32[1]
普通屋顶	1.03
普通屋顶+120mm厚聚苯板吊顶保温	0.65

[1] 90mm厚胶粉聚苯颗粒内保温的墙体传热系数与工程经验值相差较大，但测试过程遵照相关标准，原因可能是各种材料比例不同或者施工工艺造成的。

换气次数测试结果表明，改造后的农宅，在门窗关闭情况下的换气次数为 $0.5h^{-1}$ 左右，与未改造的农宅相比，换气次数可以降低 50%左右，农宅气密性能得到了加强。

所测试典型农户围护结构热工性能的改善在提高了农宅冬季室内热环境的同时，也降低了取暖耗煤量，农宅改造后，取暖季平均室温较原来提高了 4～7℃，而取暖煤耗却降低了 27%～44%，节能效果显著。

2. 北京市农宅建筑节能改造整体效果

截至 2016 年年底北京市共完成 71 万户农宅的抗震节能改造工作，农宅增加保温后可带来改善室内热环境状况、提升冬季室内温度、减少取暖能耗量和污染物排放量、保证农宅清洁取暖设备的实施效果等多重收益。在进行节能改造前的农户室内平均温度为 15.3℃，进行节能改造后的平均温度为 17.8℃，整体提升了 2.6℃；北京市农村 2012 年的生活用能中总取暖能耗为 442 万 tce，经测算每年可以实现节能量 59 万 tce，由此每年可以实现减少约 0.24 万 t 的 $PM_{2.5}$ 排放、4.3 万 t 的 CO 排放、170 万 t 的 CO_2 排放、0.09 万 t 的 SO_2 排放和 0.15 万 t 的 NO_x 排放。待北京市全部完成 149.5 万户农户的节能改造后，每年的总节能量可达 125 万 tce，对应每年可以减少约 0.5 万 t 的 $PM_{2.5}$ 排放、9 万 t 的 CO 排放、360 万 t 的 CO_2 排放、0.2 万 t 的 SO_2 排放和 0.3 万 t 的 NO_x 排放。

7.1.4 项目总结

北京农村地区围护结构节能改造是首个从城市层面进行的系统性改造工程，在技术和管理方面摸索出了很多经验，通过以政策为指引，示范为导向，建立长效机制，加大投入力度，分区实施落实，切实推进农宅抗震节能民生工程，这些都与十九大报告中所提出的全面建成小康社会、生态文明建设、乡村振兴战略、区域协调发展战略、可持续发展战略、精准扶贫、污染防治等关键词形成高度契合，为此，从市到区各级单位各部门积极响应号召，各司其职，为抗震节能改造工程的推进起到了关键性的作用。市新农办牵头，市建委提供技术指导，各区成立了专门工作小组，联合各乡镇，形成了有效的联动机制，同时充分发挥乡镇人民政府的属地管理优势。明确了市、区、乡镇三级村镇工程建设管理与服务的职责、管理机构和工作机制，并确立了村镇工程建设的管理服务体系。

北京市农宅抗震节能工作是构建和谐社会和提升社会治理水平的基础工程，不仅推进了社会主义新农村和美丽乡村建设进程，促进了北京市农村经济社会的协调发展，而且使人民群众得到了实惠，密切了党群、干群关系。农户对操作流程、施工质量、节能效果和自筹费用方面达到满意和非常满意的总比例都在80%以上，不满意农户比例都在10%以下，其中对操作流程、节能效果和自筹费用方面的不满意率分别仅为1%、2%和3%。

但是北京农村地区取暖要求高、取暖面积较大，其围护结构节能改造为整体改造方案，改造成本仍然偏高，其他城市无法完全复制这种模式。因此，我国北方农宅的围护结构节能改造方案还应在北京农村节能改造方案的基础上进一步优化，形成适用于其他农村地区的保温改造方案。

7.2 山东省商河县全面实施“四一”模式、创建新能源示范县项目

7.2.1 项目概况

1. 背景

商河是山东省济南市的下辖县，位于济南市北部，冬季取暖室外计算温度－5.2℃，历史极端低温－19.2℃。取暖期从11月25日到次年3月5日共100天。商河县现有农村住户12万户，分布在962个村。当地农宅房屋分散，以坡屋顶、砖木、砖混结构为主，建筑保温措施比例几乎为零，墙体结构和材料采用实心黏土砖等传统做法，窗户多为单层玻璃铝合金窗或木窗，平均层高较高，达3.3m，如图7-4（*a*）所示。典型农宅户型图如图7-4（*b*）所示，每户平均建筑面积约106m^2，房间数和取暖房间数分别为4间和1～2间，每户平均取暖面积约50m^2。2017年以前以燃煤、秸秆取暖为主，取暖方式主要有燃煤炉＋散热器的形式和燃煤炉的形式，如图7-4（*c*）、（*d*）、（*e*）所示，户均取暖能耗为937kgce/a，花费1000元以内。平均每户拥有土地6亩，主要农作物为玉米和小麦。

2. 改造方式探索

2017年，济南被列入“北方地区清洁取暖试点城市”，2017～2020年城区和农

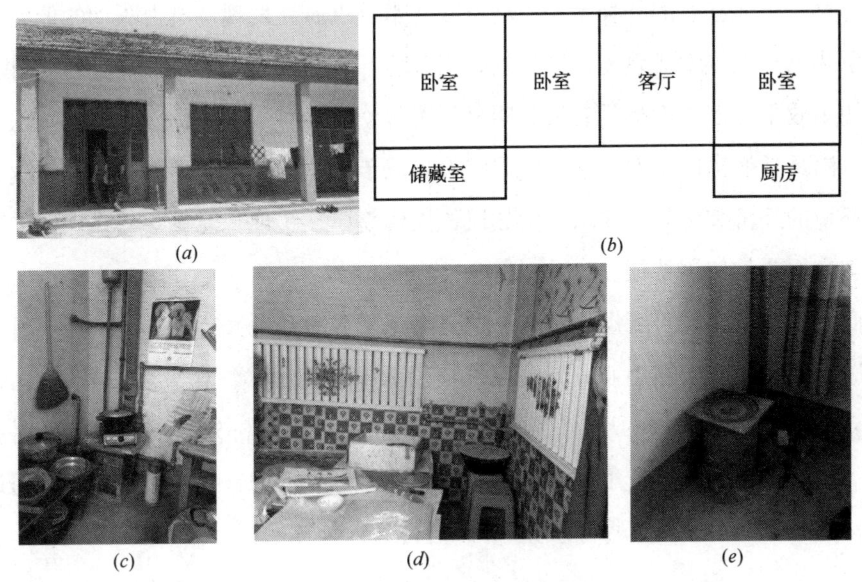

(*a*) (*b*)

(*c*) (*d*) (*e*)

图 7-4 商河县典型农宅及典型取暖方式

(*a*) 典型农宅外立面；(*b*) 典型农宅户型图；(*c*) 燃煤热水炉 (*d*) 散热器；(*e*) 燃煤炉

村地区实现 100%清洁取暖。商河提出率先建成“冬季清洁取暖无煤化示范县”。为改善空气质量、提高当地居民生活质量、实现清洁取暖，当地本着靠身边的典型引路，靠算账对比，用实例统一思想，先后实施了多项试点工程，在玉皇庙镇新董家村开展空气源热泵热风机试点，共 20 户，在间歇取暖（每天取暖 12h）的情况下，采取峰谷电价、去除用电补贴后，一个取暖季的运行费用约为 528 元；在玉皇庙镇许寺村开展空气源热泵热水机试点，共 65 户，一个取暖季的运行费用约为 960 元；为 315 户安装电锅炉、117 户安装碳晶电热板试点，一个取暖季的运行费用在 1500 元以上，为农村清洁取暖探索了路径。试点项目中各种方式的初投资和运行情况如表 7-3 所示。

商河县清洁取暖初始试点方案对比 **表 7-3**

对比方案	试点户数	设备输入功率	初投资（元）	运行费（元/年）
电锅炉	315	6kW	3000	3000
碳晶电热板	117	500W×2 片	1200	1500
空气源热泵热水机	65	3kW	12000	960
空气源热泵热风机	20	3kW	5000	528

通过对目前已有的几种常见清洁取暖技术试点研究发现，电力驱动的低温空气源热泵热风机在技术成熟度、经济性、可靠性、节能减排、安装和运行便捷程度、实际使用效果等多方面都具有较为明显的优势。农户对于热风机反馈较好，认为完全可以满足他们出门干农活想关闭取暖设备以节约运行费、回到室内希望快速获得适宜环境的经济和热舒适需求。而热风机操作简单、实现智能化一键式操作的特点完全契合用户的使用特征。

商河冬季清洁取暖无煤化示范县项目得到了亚洲开发银行的贷款，该项目总投资16.88亿元，其中利用亚洲开发银行贷款1.7亿美元（约合人民币11.9亿元），重点支持县城和乡镇734万m^2地热集中取暖和8万户农村分散式取暖，采用农户个人（受益对象）承担＋争取上级政府补贴＋争取亚行贷款相结合的方式，通过国际招标进行集中采购，以保障质量，降低价格。

7.2.2 项目实施方案

农村清洁取暖的合理模式应该从初投资、农户使用要求、取暖运行费和区域整体实施等多个维度来综合考虑，这样才是适宜的农村清洁取暖可持续化发展模式。在进行煤改清洁能源之后，最理想的状态是冬季取暖费用能与改造前基本持平，这种改造模式就可以不依靠政府的运行补贴而持续良性运行下去。2018年初，商河县人民政府聘请清华大学建筑学院作为该县清洁取暖工作技术方案总设计和实施方案总指导团队，基于清华大学前期所提出的农村清洁取暖“四一”模式为整体目标，即初投资每户平均不超过一万元、无补贴的年取暖运行费每年不超过一千元、设备一键式智能化操作，并整体建立在一个顶层规划上，结合商河县实际情况和试点实际运行效果，从用户侧围护结构保温和热源侧清洁改造两个方面深入开展农村清洁取暖示范工作。

围护结构热性能以及布局直接影响农村住宅热环境及能耗，而当地建筑墙体和窗户多为单层玻璃铝合金窗或木窗，平均层高较高，达3.3m，几乎没有保温措施。根据前期的调研和模拟研究发现，北墙、门窗和屋顶是围护结构的薄弱环节，加强这些部分的保温性能可以在节约成本的同时达到较好的保温效果。考虑到当地农宅具有层高较高、间歇使用、不常用房间普遍存在以及农村经济基础一般等诸多特点，制定针对农宅薄弱环节以内保温为主的经济型农宅保温技术方案，采用室内吊顶保温隔热包、室内新增高分子树脂保温吊顶、北外墙内侧高分子树脂保温板、北外墙内侧增加自保温壁纸贴、南向外门窗增加内保温帘等多种经济型农宅保温技术进行科学组合。

同时，由于农宅具有房间数量多、使用时段不规律、人员间歇性在室等特点，取暖设备或系统宜具备分室调节功能，充分利用农户的行为节能以达到最大化的有效取暖，选择空气源热泵热风机作为主要改造方式。空气源热泵热风机采用电能驱动的低环境温度压缩式热泵技术，具有启停迅速、升温快等优势，能够充分满足农宅间歇使用特点，减少无效热运行，且设备独立安装，无需另加末端，安装维护简便。热泵热风机设备自身即是取暖系统，无需加装散热器、地暖等末端，不会出现热水热泵取暖工程中的跑冒滴漏等问题，且户内多台热泵热风机均独立控制、独立运行，同时出现故障概率极低，生命周期内基本免维护，因而使其成为系统可靠性最高的取暖技术，非常适合于农村的实际情况和需求。

1. 低成本建筑保温改造

在用户侧围护结构保温方面，根据当地农宅特点，结合农村经济状况，提出经济型的靶向保温技术体系。通过理论模拟分析和现场实测等手段，进行不同农户和不同房间的个性化和精准化设计，合理分配资金预算以达到最佳的投入产出比。用户侧围护结构保温的基本原则：常用房间改造优先；围护结构内保温为主；屋面和薄弱北向外墙优先；南向充分利用阳光能量；增设吊顶来减少室内层高等，确保每户总初投资控制在 4000 元左右，运行能耗与无保温相比减少约 30%。经济型农宅保温具体组合技术方案如下：

(1) 室内吊顶保温隔热包+北外墙内侧壁纸自保温贴

利用坡屋顶的空间，在已有的可上人吊顶上部铺设保温隔热包，不破坏原有吊顶结构，屋顶保温隔热包，厚约 80mm，单价 40 元/m^2，共 60m^2，合计 2400 元；北墙墙面较为整洁平整，进行简单处理后，以带背胶或后刷胶的自保温壁纸贴，平整粘贴在清洁处理后的外墙内侧表面，厚 20mm，单价 45 元/m^2，共 30m^2，合计 1350 元；整户总初投资 3750 元，综合节能率约 30%。缝制成型的隔热包、铺设隔热包的吊顶内部情况和北墙壁纸贴敷设后情况分别如图 7-5 所示。

(2) 室内新增高分子树脂保温吊顶+北外墙内侧高分子树脂保温板

北外墙内侧高分子树脂保温板，厚 30mm，单价 35 元/m^2，共 35m^2，合计

图 7-5 室内吊顶保温隔热包以及北外墙内侧壁纸自保温贴

(*a*) 缝制成型的隔热包；(*b*) 铺设隔热包吊顶内部；(*c*) 北墙壁纸贴保温

1225 元；室内新增高分子树脂保温吊顶，厚 30mm，单价 35 元/m^2，共 30m^2，合计 1050 元；整户总初投资 2275 元，综合节能率约 30%。高分子树脂保温板和新增的吊顶保温及北外墙内保温如图 7-6 所示。

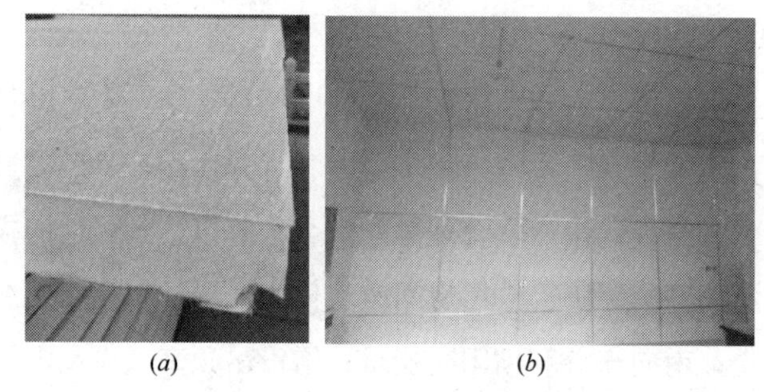

图 7-6 室内高分子树脂保温板内保温

(*a*) 高分子树脂保温板；(*b*) 室内新增吊顶及北墙内保温

(3) 室内新增高分子树脂保温吊顶＋北外墙内侧自粘壁纸保温贴＋外窗保温帘＋外门保温帘

门窗保温帘，单价 60 元/m^2，共 20m^2，合计 1200 元；北外墙内侧增加壁纸自保温贴，单价 45 元/m^2，共 30m^2，合计 1350 元；室内新增高分子树脂保温吊顶，厚 30mm，单价 35 元/m^2，共 30m^2，合计 1050 元；整户总初投资 3600 元，综合节能率约 35%。外门、外窗保温帘、吊顶保温与外墙内保温如图 7-7 所示。

经济型农宅保温技术方案具有如下优势：降低室内层高，减少间歇取暖启动负荷和无效热量损失，利于室内温度的快速提升；可实现房间个性化保温，重点房间优先；施工简单便捷，投资少、易操作；减小热源设备容量，降低设备投资；减小

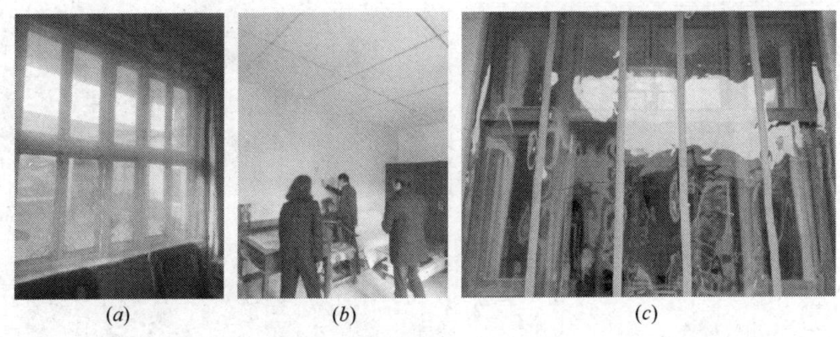

(a) (b) (c)

图 7-7 外窗内保温、外门保温、室内吊顶保温以及北外墙内保温

（a）外窗内保温帘；（b）保温吊顶与北外墙内侧壁纸保温；（c）外门保温帘

运行费用，提高室内热舒适。

2. 清洁取暖设备

低温空气源热泵热风机解决了常规空调系统运行范围窄、冬季低温环境（－20～－35℃）下制热效果差、耗电成本高等问题，具有高效节能、低温强热、灵活便捷等优势。本着县政府总牵头，科学制定推进目标和实施方案并确保实现；低环境温度空气源热泵热风机中标企业整片包干，承担所包干范围内热泵热风机取暖工程的具体实施工作，包括方案设计、设备安装、调试、售后维护等；农户通过支付少量费用获得热泵热风机所有权和使用权，同时享受后续设备维护等专业服务的原则，根据用户建筑房间使用习惯，一户在主要活动房间安装一台热风机，农户承担约1/3 的总投资，剩余部分由政府、企业及亚洲开发银行贷款共同垫资支付。

7.2.3 项目运行效果

1. 典型户效果测试

针对当地典型户进行测试，测试户型图和外立面如图 7-8（*a*）、（*b*）所示，该户为农村典型的三世同堂型农户，常住人口为 6 人，分别为 55 岁以上两人、32 岁青年两人、8 岁儿童一人、3 岁儿童一人，建筑总面积为 186.2m^2，层高 3.3m，在客厅安装一台热风机，如图 7-8（*c*）、（*d*）所示，客厅取暖面积为 33m^2。

根据 2018 年 12 月 15 日到 2019 年 3 月 15 日共计 90 天的测试结果，测试期内共耗电 934kWh，平均每天耗电量为 10.3kWh，逐日耗电量如图 7-8（*d*）所示。由图 7-8（*e*）、（*f*）可以看到，热风机开启时间集中在 7：00～21：00之间，与人

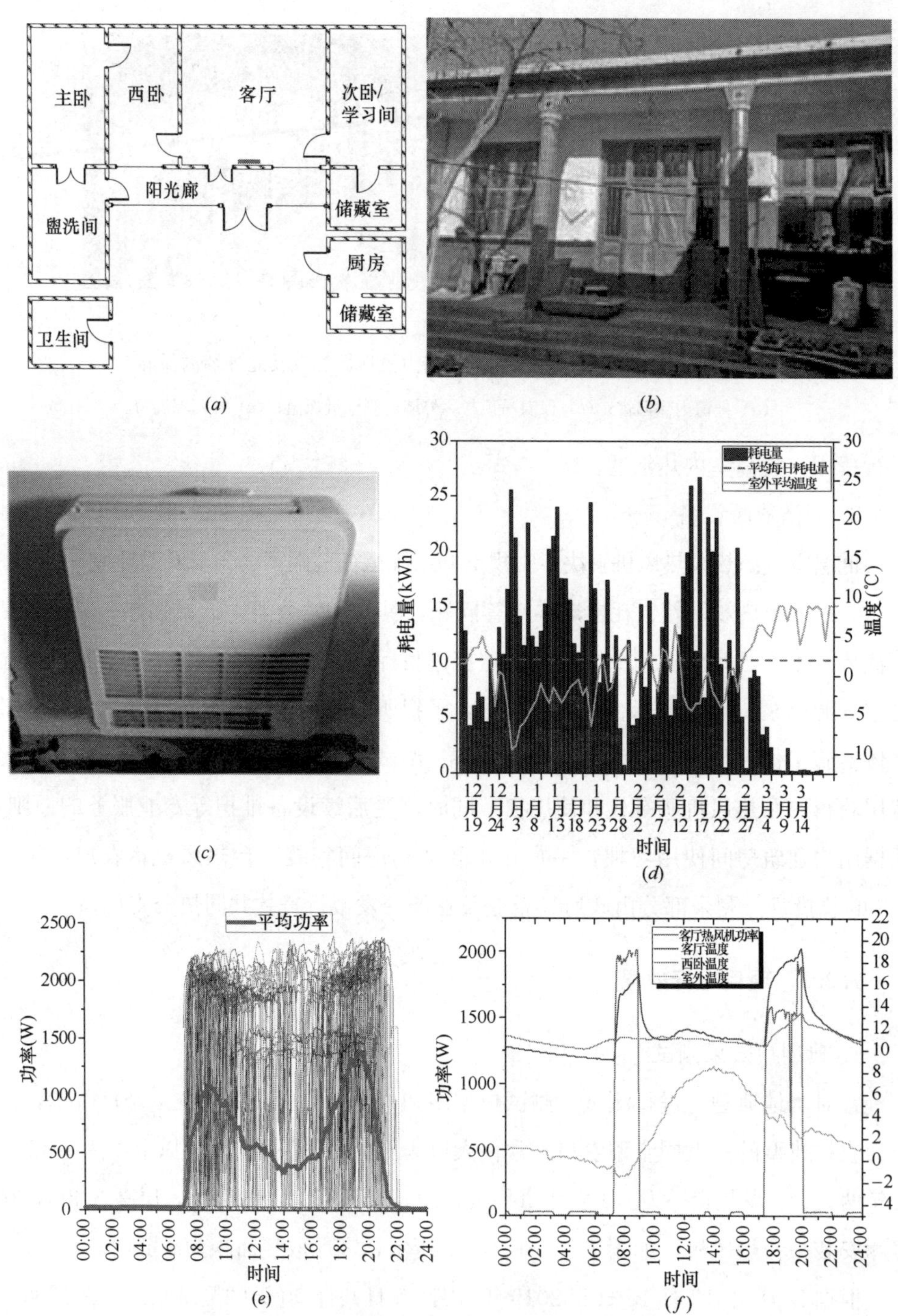

图 7-8　商河县典型户使用低温空气源热泵热风机取暖情况

(*a*) 户型图；(*b*) 典型户外立面；(*c*) 农户家中安装的低温空气源热泵热风机；(*d*) 逐日耗电量；(*e*) 每日瞬时功率及平均功率；(*f*) 每日逐时功率、典型日功率及室温员在室时间一致。用户会在中午室外温度升高、室温上升后主动关闭热风机以节能。由于经常出入房间，用户的衣装量较大，通常上衣穿保暖内衣＋针织衫＋棉服，室内温度维持在 12℃左右即认为可以接受，行为节能明显。此外，在傍晚开启客厅热风机时，用户选择将相邻西卧室的门打开，由于空气流通带动卧室温度提升，即可营造较为满意的入睡环境。

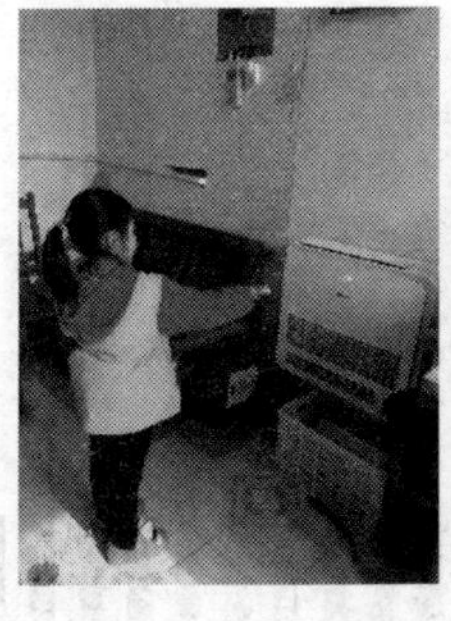
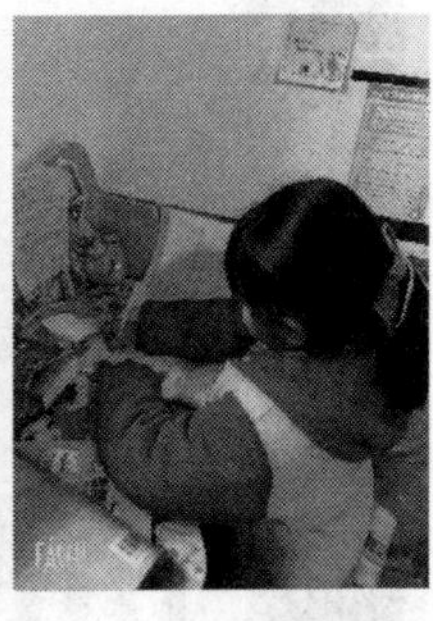

图 7-9 儿童操作低温空气源热泵热风机

值得一提的是，在实测过程中发现该户 8 岁上小学的儿童，在放学回家需要做作业的时候会根据自身需求熟练操作热风机，如图 7-9 所示，真正实现了“一键式”的简易操作。

2. 设备运行管理和效果监测平台

通过与格力、海信、美的、海尔集团建立合作，截至 2019 年，商河县共完成了 36671 户的热风机安装工作，其中 2018 年取暖季完成 5756 户，2019 年完成 30915 户。在运行管理上，利用大数据监测平台，如图 7-10 所示，远程可控，随

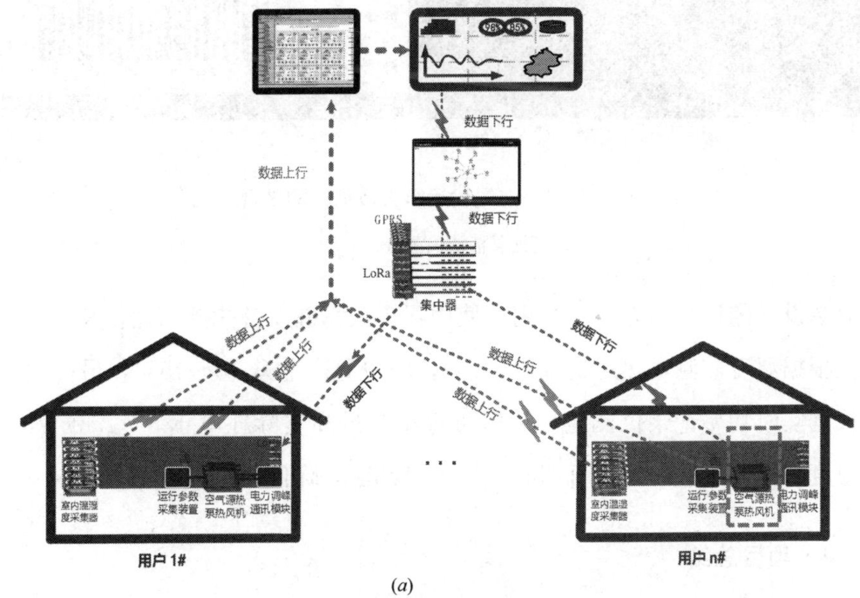

(*a*)

图 7-10 商河县热泵热风机运行大数据监测平台（一）

(*a*) 热风机运行数据监测系统架构示意图；

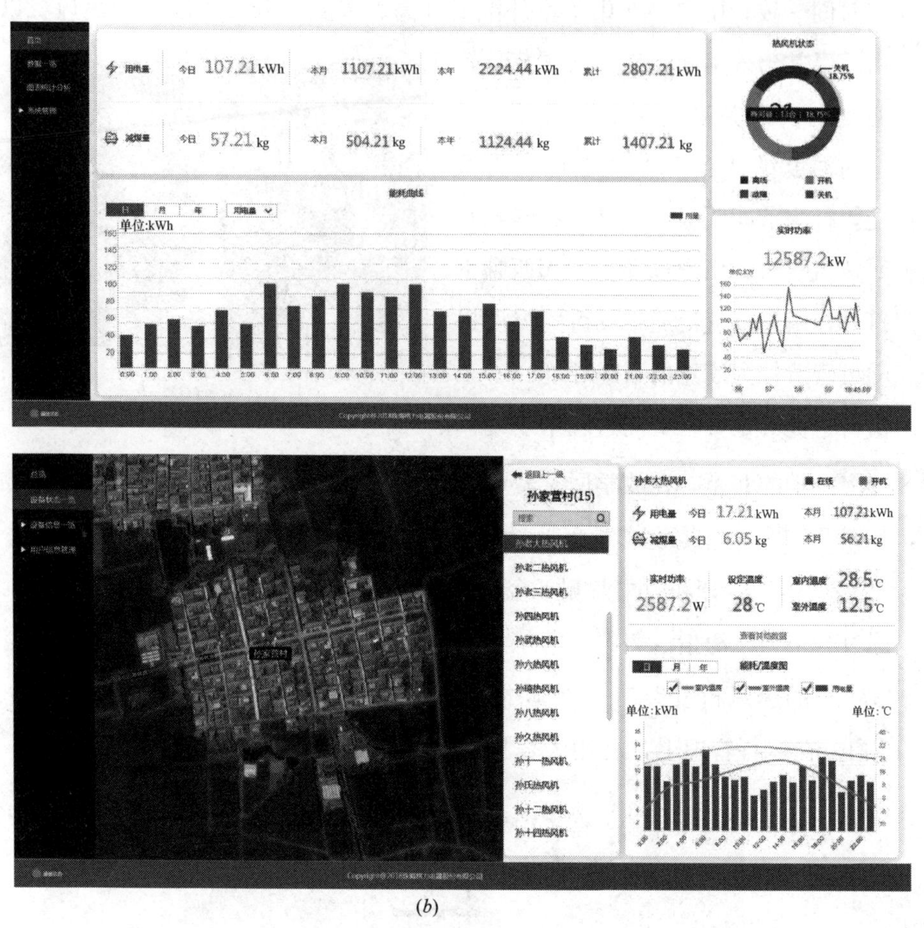

(*b*)

图 7-10 商河县热泵热风机运行大数据监测平台（二）

(*b*) 商河县清洁能源监测平台

时了解取暖设备的运行动态，追踪用户使用习惯，掌握设备能源消耗，及时响应用户需求。根据温度监测，热风机开启 1h 后，农户温度上升 10～15℃，最高温度达 19℃。根据实时功率记录仪测定，热风机每小时最高实际耗电 1.5～1.8kWh。设定室内温度降低及当室外环境升高时，耗电量都随之降低。

7.2.4 项目总结

商河县重点采用以经济型农宅保温技术为基础、以低环境温度空气源热泵热风机为主要清洁热源方案，全面实现农村清洁取暖的“四一”模式。用户侧能效提升与清洁能源改造同步进行，通过运行大数据为整体方案赋能，走出一条“清洁供、节约用、能承受、可持续”的农村清洁取暖特色道路，并以此积累项目经验，为后续清洁取暖提供依据。2019 年 3 月初，住房城乡建设部组织召开商河农村清洁取暖示范项目现场会，如图 7-11 所示，并在 3 月 5 日召开的首届中国农村清洁供热研讨及现场交流大会上对“商河模式”给予高度评价，认为商河模式：“思路正确、组织有力、工作扎实、农民满意、效果良好”，值得在全国推广。

图 7-11　首届中国农村清洁供热研讨及现场交流大会

2018 年，商河县全年优良天数达 227 天，同比增加 49 天，优良率 62.2%，环境空气质量综合指数 5.79，位于济南市各区县第一。商河县被生态环境部授予“国家级生态示范县”，成为商河县社会发展的里程碑。

7.3　低温空气源热泵热风机在严寒地域应用示范项目

7.3.1　项目概况

1. 背景

随着北方地区冬季清洁取暖工作的迅速推进，低环境温度空气源热泵热风机（以下简称热风机）由于其在技术成熟度、经济性、节能减排、实际使用效果等方面都有良好表现，成为北方清洁取暖的主流技术方案之一。为将热风机取暖适宜区域拓展到更北的严寒地区，整个行业进行了一些有益的尝试和探索，其中搭载三缸双级变容积比压缩机的热风机在蒙古国乌兰巴托的应用示范就是这类探索中的典型。

2. 蒙古国乌兰巴托基本介绍

蒙古国是我国北方邻国，处于我国和俄罗斯之间，全国人口约 320 万人。乌兰巴托是蒙古国的首都和最大城市，随着城市化浪潮席卷全球，从 20 世纪 90 年代开始，其他地区人口大量涌入乌兰巴托，导致其近30年人口占全国比重从1/4达到近1/2。由于乌兰巴托市中心缺乏平价住房且地方有限，加之人口激增造成住房进一步短缺，绝大多数外来移民只能在城郊扎下蒙古包或搭建小木屋，形成了从市中心向外辐射的“蒙古包区”。

目前全市有约60%的人口居住在蒙古包区。由于基础设施建设的严重滞后，蒙古包区缺乏集中取暖设施，冬季居民用炉子烧煤、烧木柴、烧废旧轮胎以及垃圾等取暖，造成严重的空气污染。

乌兰巴托地处内陆，属典型的大陆性气候，年平均气温－1.5℃，夏季最高气温达35℃，冬季漫长，最低气温可达－40℃，需要取暖时间长达8个月（9月15日至次年5月15日）是北京取暖季（11月15日至次年3月15日，共4个月）的2倍。取暖季期间，乌兰巴托室外温度低于－10℃的占比达51%，远超北京2%的占比。

3. 蒙古包

蒙古包主要由木架、羊毛毡和绳带三大部分构成。大部分蒙古包呈圆形，四周侧壁分成数块，长盖伞骨状圆顶，与侧壁连接。帐顶和四壁用羊毛毡围起来，并以绳索固定。门板一般安装在西南壁上，帐顶留圆形天窗，用来采光、通风，以及炉具的排烟。目前在乌兰巴托常见的蒙古包直径约6.1m，高2.5m，包内面积约28m^2。

进入蒙古包，包内右侧一般为家中主要成员座位和宿处，左侧一般为次要成员座位和宿处。蒙古包的中央设有供炊饮和取暖的火炉，烟筒从包顶的天窗伸出。蒙古包地上铺羊毛毡。现代卧榻有的铺设木床，有的设有矮床。

7.3.2 项目实施方案

1. 取暖技术

一般来讲，普通单级变频压缩机可以满足－10℃以上的制热需求，双缸双级压缩机可以满足－25℃以上的制热需求，也即是说以北京为代表的寒冷地区采用搭载双缸双级压缩机的热风机就可满足取暖需求。然而，属于严寒地域的乌兰巴托冬季室外最低温度达到－40℃，因此该项目选用了搭载三缸双级变容积比压缩机可在－40～54℃范围内可靠运行的热风机进行取暖。

普通单级变频、双缸双级以及三缸双级变容积三种压缩机实物剖面如图7-12所示。三缸双级变容积比压缩机技术，制热系统采用双级增焓压缩循环，由三缸双级变容积比转子式压缩机、冷凝器、蒸发器、闪蒸器和第一、第二级节流装置等部件组成。该技术通过单压缩机双级压缩喷气增焓变排量比运行，将压缩过程从一级压缩变为两级压缩，减小每一级的压差，降低压缩腔内部泄漏，提高了容积效率。同时，通过中间闪发补气降低排气温度，提高了容积制热量。压缩机采用独创的双级变容技术，实现变排量和变排量比两种双级压缩运行模式，从而实现热泵制热环境下制热量和能效的大幅提升。经测试，三缸双级变容积比压缩机与同系列的国外高效单级变频压缩机相比，在−15℃低温制热工况下，同能效时制热能力提高可达84%，同能力时制热能效提高可达10.9%。

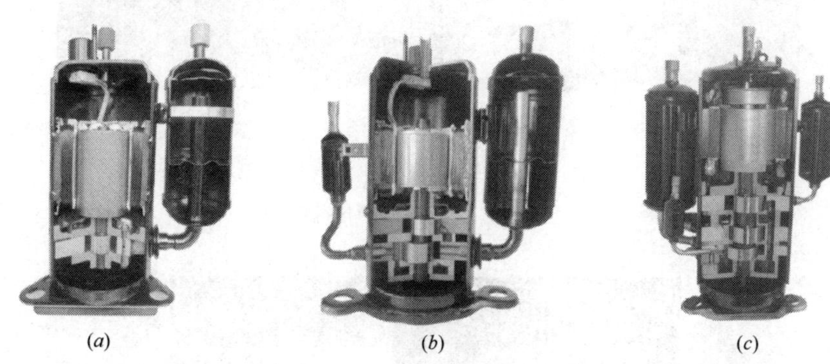

图 7-12 三种压缩机实物剖面图

(*a*) 普通单级变频压缩机；(*b*) 双缸双级压缩机；(*c*) 三缸双级变容积比压缩机

2. 示范项目简介

2017 年在当地政府的协助下，项目组在乌兰巴托—蒙古包区选择了 7 户家庭，用热泵热风机替代燃煤取暖（表 7-4）。7 户示范户基本情况如下表所示，其中 1 号和 2 号示范户为蒙古包建筑，3 号～7 号为单层房屋建筑。

乌兰巴托示范户基本情况汇总 **表 7-4**

示范户编号	建筑类型	取暖面积（m^2）	冬季常住人员
1 号	蒙古包	28	1 人：1 老人
2 号	蒙古包	28	3 人：1 对夫妇+1 小孩
3 号	房屋建筑	20	3 人：1 对夫妇+1 少年
4 号	房屋建筑	39	4 人：1 对夫妇+2 小孩
5 号	房屋建筑	28	6 人：1 对夫妇+4 小孩
6 号	房屋建筑	27	2 人：1 对夫妇
7 号	房屋建筑	42	4 人：2 小孩及其母亲+1 老人

综合考虑热负荷和实地安装条件并经示范户家庭同意，2017 年 12 月，在两户蒙古包示范户中各安装了 1 台名义制热量为 4kW 的热泵热风机，该热风机的制热量范围为 0.4～7.5kW，见图 7-13；在 5 户房屋建筑示范户中各安装了 1 台名义制热量为 8kW 的热风机，该热风机的制热量范围为 0.9～13.4kW，见图 7-14。

图 7-13　蒙古包空气源热泵热风机示范户

(a) 热风机室外机；(b) 热风机室内机

图 7-14　单层房屋建筑空气源热泵热风机示范户

(a) 热风机室外机；(b) 单层房屋建筑外观；(c) 热风机室内机

7.3.3　项目运行效果

1. 室内温度情况

在安装完成后，经简单培训用户即开始使用热风机取暖，替代原有燃煤取暖。对示范期间热风机的使用情况及室内外温度进行了连续测试，同时当地技术人员每周都对热风机的使用情况进行现场走访调研。

在示范期间，7 个示范户都成功使用热风机替代了燃煤炉取暖。图 7-15 显示了示范期间示范户室内外空气日平均温度情况，可以看到，无论室外温度如何，所有示范户室内空气日平均温度绝大部分时间保持在 20～25℃之间。

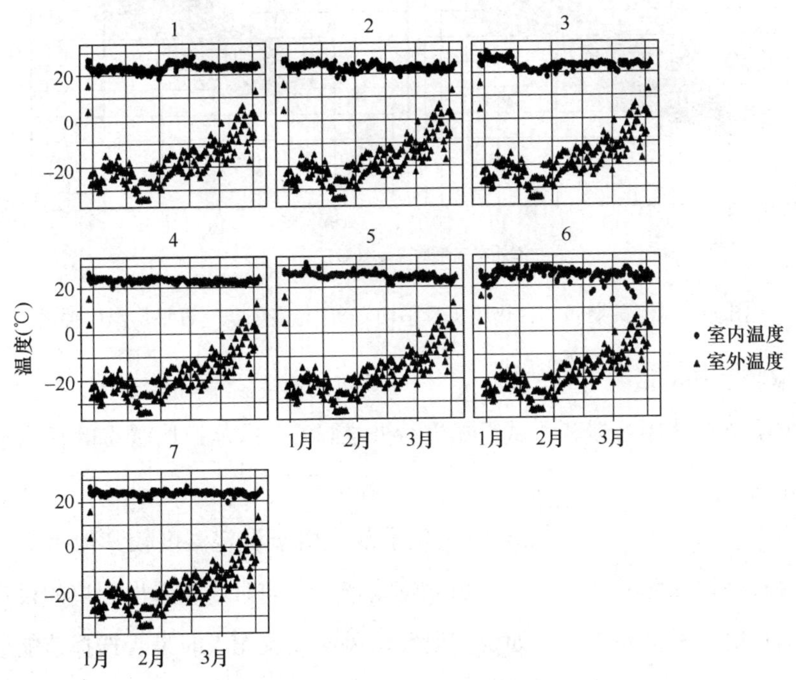

图 7-15 示范测试期间 7 户示范户室内外空气日平均温度

在图 7-15 中发现 6 号示范户在 3 月 1 日前后室内温度异常偏低，经调研确认是由于此间该户居民外出将热风机关闭所致。示范测试期间，热风机均按照用户设置正常运行，室内温度完全可达到并维持用户设定值。同时跟踪调研表明，用户对热风机取暖效果非常满意，均表示热风机完全能满足他们的取暖需求。

2. 热风机运行情况

示范期间，热风机日平均 *COP* 与室外空气日平均温度关系如图 7-16 所示。在室外空气日平均温度低于－20℃的严寒期（室外多日空气平均温度为－23.3℃），多日平均 *COP* 为 1.86。同时在示范期间，室外最低气温一度达到－39℃，热风机依然稳定运行。这些均表现出搭载三缸双级变容积比压缩机的热风机的在严寒地域的良好制热性能。

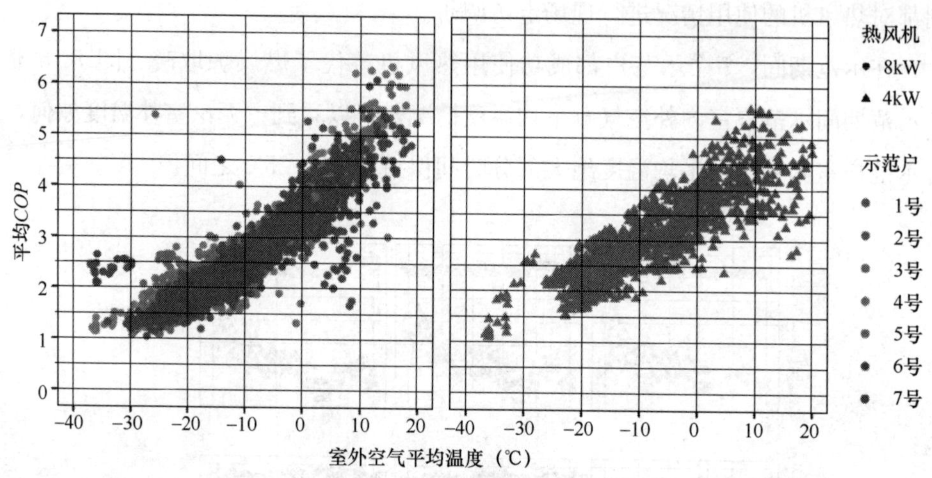

图 7-16 测试期间 7 台热风机日平均 *COP* 与室外空气日平均温度关系

3. 取暖季耗电量

根据示范户使用习惯和测试数据进行外推，7 户示范户取暖季的耗电量情况如表 7-5 所示。

从表中可以看出，1 号、2 号蒙古包示范户由于设定温度较其他示范户低，且设定风速较高，因此取暖季单位面积耗电量较少。同时不难看出用户的设定习惯对热风机的耗电量有重要影响，如设定温度、风速以及无人时是否选择节能模式或者关机等。分析显示，采用合适的使用习惯（偏低的设定温度和偏高的设定风速等）即使整个取暖季 8 个月每天 24h 连续运行，取暖季单位面积耗电量完全可以控制在 150kWh/m^{2}以下。

蒙古包示范户取暖季热风机耗电情况 **表 7-5**

示范户编号	取暖面积（m^2）	设定温度（℃）	设定风速	取暖季总耗电量（kWh）	取暖季单位面积耗电量（kWh/m^2）
1 号	28	17～20	中速	4453.1	159.0
2 号	28	20～26	中速	4807.3	171.7
3 号	20	24～30	中速	3934.3	207.1
4 号	39	24～27	中低速	6924.1	177.5
5 号	28	27～30	中速	5835.8	208.4
6 号	27	26～28	中高速	5598.7	207.4
7 号	42	28～30	低速	9792.9	233.2

4. 综合性对比

下面以一常见蒙古包为例，其室内面积约 28m²。分别采用热风机以及乌兰巴托现在蒙古包常见燃煤炉和直热式电暖器作为取暖方式，其初投资和一个取暖季的运行费及技术优缺点对比如表 7-6 所示。

不同取暖技术设备初投资、运行费及技术优缺点对比 表 7-6

取暖技术	初投资① （万 MNT②）	取暖季运行费 （万 MNT）	主要优点	主要缺点
热风机	200	61.9③	清洁能源； 舒适性好； 使用便捷； 能效高； 运行费低； 供热稳定； 安全性高	初投资高； 对电网容量 有一定需求
燃煤炉	40	80④	初投资低； 对电网容量 无需求	污染环境； 舒适性较差； 热效率低； 供热不稳定； 安全性差
直热式 电暖器	80	120⑤	初投资较低； 清洁能源； 使用便捷	能效比≤1； 运行费高； 舒适性差； 对电网容量需求大； 安全性较差

注：① 初投资包含设备费和安装费等。

② MNT 是蒙古国流通货币图格里克的英文简写，1 元人民币约合 390 蒙古图格里克。

③ 当地电价约为 130MNT/kWh。热风机取暖季单位面积耗电量按 170kWh/m²计。

④ 当地燃煤价格约 200000MNT/t。28m²蒙古包取暖季取暖用煤约 4t。

⑤ 当地电价约 130MNT/kWh。直热式电暖器取暖季单位面积耗电量按其能效比等于 1，并利用热风机耗电量和取暖季平均 *COP* 进行换算，结果为 330kWh/m²。

在三种技术中，热风机初投资最高，分别是燃煤炉和直热式电暖器的 5 倍和 2.5 倍，但其取暖季运行费是最低的。由于其相比燃煤炉清洁、舒适、干净、便捷、供热稳定、安全性高，相比直热式电暖器舒适、能效高、运行费低、对电网容量需求小、安全性高等特点，使其成为三者之中最适宜的清洁取暖方案。

5. 问题讨论

如前所述，乌兰巴托蒙古包区由于缺乏统一规划，基础设施建设较为落后，虽然大部分区域均已通电，但供电不稳定，经常停电。因此，若大规模采用热风机等电取暖设备替代燃煤取暖首先需要对电网容量和可靠性等进行评估和改造。

由于蒙古包侧壁承重能力有限，且为了保温层不被破坏等原因不允许热风机内机进行挂壁安装，因此，今后需要根据当地实际情况研究内机固定安装方法和相应配件。

能源价格对取暖方式运行经济性直接相关，乌兰巴托的电力绝大部分来自于燃煤发电，在燃煤价格逐步攀升的市场环境下，用电成本也势必增大。因此，在这一背景下，热风机的低运行费效益将会进一步显现。

7.3.4 项目总结

搭载三缸双级变容积比压缩机的热风机在蒙古国乌兰巴托的取暖应用示范表明相关热风机产品已具备在−40℃以上条件下的取暖应用能力，相关技术解决了热风机在严寒地区应用的行业难题，将热泵技术提升到了一个新的高度，同时把热风机取暖技术的适宜性从寒冷地区拓展到严寒地区。

到目前为止，该项目已实实在在运行了两年，让示范户切实感受到了热风机取暖带来的清洁、舒适、干净、便捷和安全。该项目的示范经验以及在示范过程中遇到的实际问题为热风机技术、产品的进一步改进，以及为热风机在严寒地区替代高污染取暖方式，推进清洁取暖提供了不可多得的典型数据和资料。

7.4 基于智能型生物质颗粒燃料取暖炉的北方清洁取暖项目

7.4.1 项目概况

长期以来，我国农村地区受经济发展水平和气候条件的影响，主要采用分散的燃煤或生物质直接燃烧进行炊事和取暖，散煤、秸秆和木柴等固体燃料的低效粗放式燃料排放了大量的$PM_{2.5}$、NO_x、SO_x等污染物，成为室内外空气污染甚至大范围雾霾天气的重要原因之一，同时还增加了农户患肺癌、肺气肿、高血压和过早死等疾病风险，因此必须尽快加以改善。为此，国家有关部门提出了在北方农村地区实行清洁取暖的政策，但从过去两年的执行情况来看，“煤改气、煤改电”存在相当大的困难和局限性。广大农村地区有着很好的利用可再生能源的条件，尤其是大量的农作物秸秆长期被抛弃和野外焚烧，如能充分发挥农村丰富的生物质资源优势，大力推广基于生物质成型燃料的清洁取暖解决方案，不仅可以给我国丰富的农林固体剩余物资源提供一条就近分散利用的可靠途径，还对推动全国节能减排工作，实现美丽乡村建设和可持续发展，都具有重大意义。

7.4.2 项目实施方案

该项目位于河北省饶阳县，该县作为河北省现代农业强县，拥有耕地面积 58 万亩，林地面积 34 万亩，其中，设施葡萄 11.5 万亩，总量全国第一，被誉为中国设施葡萄之乡。目前县域内包括葡萄秧、玉米秸秆、蔬菜叶等在内的大量农业废弃物难以处理，每年产量约为 30 万 t。在国家进行清洁能源改造的大环境下，因地制宜地充分发挥当地丰富的生物质资源，将其加工成颗粒燃料作为替代农村居民和农业温室大棚种植的清洁取暖燃料，成为一种经济性好且可持续性强的有效解决方案。

2019 年 10 月，饶阳县选取了 15 户典型用户开展“煤改生物质”清洁取暖试点，包括普通农户 12 户（每户取暖面积 80～120m^2）、经营性餐馆 1 处（取暖面积 130m^2）、村企业厂房 1 处（200m^2）和温室大棚 1 座（取暖面积 500m^2），其中农户、餐馆和村企业厂房用户均配置了额定功率为 15kW 的取暖设备，温室大棚用户配置了额定功率为 46kW 的取暖设备。所有取暖设备均为北京未来蓝天技术有限公司开发的全智能型生物质颗粒燃料取暖炉，如图 7-17 所示，该炉具是一种清洁高

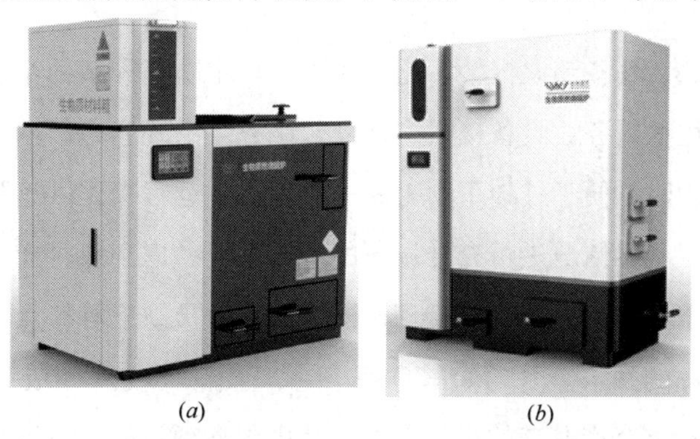

(a) (b)

图 7-17 智能型生物质颗粒燃料取暖炉

(a) 农户专用型；(b) 温室大棚专用型

效的户用生物质颗粒燃料常压热水锅炉，可以使用木质、秸秆等各类型的生物质颗粒燃料，无法使用燃煤，整体采用烟气再循环清洁燃烧专利技术，配有微小功率点火风机、送风机和引风机，绞龙机械送料，用专门设计的程序控制器及软件控制点火、运行以及负荷调节，自动化程度高。

生物质颗粒燃料在炉膛内分段完成干燥、着火、燃尽等多个阶段，燃烧器具备分级混合助燃结构，大空间炉膛可以保证大量挥发分及CO可燃气体的高效燃烧，并具备炉内沉降烟气净化功能。仅需人工定时（间隔8～10h）向料斗添加燃料和清灰，可同时解决取暖和炊事需求，农户操作简单，使用便捷，其燃料燃尽率高，具有技术先进、热效率高、污染排放低等优势，即便是极寒天气也可以保证当地农村清洁取暖及生活热水需求，主要具有以下特点：

（1）热效率高：高效燃烧器燃烧效率大于95%，内置除尘扰流一体强化传热结构，额定工况设备热效率可达80%以上；

（2）清洁环保：采用空气分级、炉内重力惯性组合除尘等清洁燃烧技术可保证清洁环保；

（3）功能齐全：具备取暖、热水、炊事功能，符合农村多样的生活用热需求，并具备自动控温、分时段设置等多重控制，将更专业的行为节能融入智能控制器实现大小火自动转换，保证供热需求的同时，进一步减少燃料消耗，控制烟气排放总量；

（4）操作简便：智能控制系统操作简单，功能切换均为一键式操作，符合农户需求；

（5）安全可靠：具备超温报警、超压保护、自主防冻等多种安全保护措施；

（6）可接入远程服务：具备接入“远程云服务”系统能力，具备便捷的维保提示、售后服务。同时，便于外地子女为家中老人提供远程操作供热服务。

在对当地农户基本情况进行充分调研的基础上，考虑到农村能源领域普遍具有的能源生产和消费分散、设施维护管理不便、专业人员缺乏等特点，提出建设基于生物质可再生能源的网络体系，如图7-18所示，使能源物联网成为解决农村能源生产、分配和消费整个产业链的最佳方案，其中包括项目的运行管理模式、燃料生产方式等。

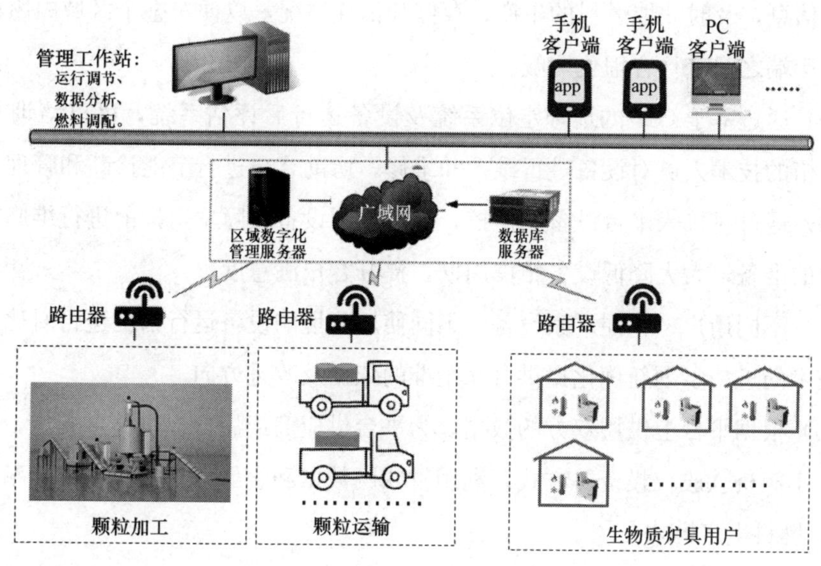

图 7-18 生物质清洁能源网络管理体系示意图

1. 运行管理模式

一般来讲，能源效率可以大致分为两类：一是技术效率，它取决于设备的先进程度，属于被动属性，例如高效率的锅炉可以降低燃料使用量；二是运营效率，它取决于用户的管理水平，属于主动技能，例如及时的设备维护保养可以提高设施使用寿命。项目采取基于物联网数据平台的系统化运行管理模式，将农村生物质能源领域的生产与消费设备的运行数据通过网络上传到统一的物联网数据平台，为能源领域的效率提升提供大数据基础支撑。

而政府作为农村能源领域变革的重要组织者和参与者，可以通过物联网数据平台收集、分析大量的实测数据，掌握包括能源生产、供销及利用等多种维度信息，便于政府部门制定区域能源战略及实施规划。单就农村户用生物质炉具设备技术而言，目前我国部分企业产品的技术已经处于国际领先水平，而未来具有较大提升空间的方向是运营管理，利用物联网平台技术可以极大提升运营管理效率：

（1）通过对燃料生产和取暖终端设备的实时监控，可以方便掌握设备运行情况，对于设备的使用异常和运行异常报警并及时做出处理，做到在故障初期快速反应，确保系统正常运行，延长设备寿命。

（2）根据成型燃料生产信息、供销信息以及取暖终端设备实时运行参数和运行时长等信息，及时获取燃料的生产、存储和消耗情况，以便对整个区域内燃料消费端和生产端之间进行合理化调配。

(3) 通过基于GIS的地理定位系统及设备运行后评估系统，可以培训与组织一批合格的技术人员对设备进行维护和维修，协助客户进行节能诊断和管理。

(4) 通过对接入平台设备的监控，合理预测设备故障率，提前进行维修零部件及器材的准备，大大降低设备维修周期，提升客户满意度。

(5) 不同用户、不同厂家设备、不同使用环境的设备运行情况进行对比，可为产品技术的进一步创新优化提供可靠精准的依据及改进方向。

(6) 根据平台上供用双方的数据，为平台供应商或用户提供金融支持，如融资租赁、小额贷款股权投资等方式，利用物联网数据和金融科技实现精准金融服务。

2. 燃料生产模式

为充分发挥生物质能源所具有的普遍性、易取性、可储存性和可运输性等诸多优势，从生物质颗粒燃料供应和终端设备利用两个方面建立区域性生物质可再生能源网络，以便实现本地化收集、本地化生产、本地化配送及消费生物质颗粒燃料。为了减少生物质成型燃料的流通环节，降低成本，实现技术的可操作性和长久运行性，选择以“一村一厂”的生物质颗粒燃料生产加工新模式，来切实推进生物质成型燃料在农村的推广应用，为农户提供清洁便捷的燃料获取及利用方式。该模式是以具有几百农户的一个或几个中小规模自然村、组为基本单位，由政府补贴建立分布式的小型生物质颗粒燃料加工点，租给村里承包人进行运营和管理。按照“来料加工、即完即走”的方式由承包人为农户进行代加工，并收取少量加工费，大部分用于支付设备电费、加工人员的工资和设备租金等基本开支。该项目后续将以村镇为基本单元，根据生物质的资源量和消费量，在5～10km经济运距范围内由清洁取暖政府主管部门统一规划标准化生物质加工网点。2019年由于试点规模较小，暂时采取直接外购玉米秸秆和花生壳颗粒的方式来保证农户燃料需求。

7.4.3 项目运行效果

分别选取普通农户、餐馆用户、温室大棚用户三个典型用户来分析智能型生物质颗粒燃料取暖炉的实际运行效果。

典型户1：该普通农户的建筑取暖面积约80m^2，取暖设备于2019年10月27

日安装完毕，并于 10 月 28～29 日、11 月 19 日，用户自主完成了试供暖运行，2019 年 11 月 25 日 17：05 分起截至 2020 年 2 月 2 日运行期间燃用的花生壳成型颗粒燃料，总消耗量 872kg，单位面积平均 10.9kg/m^2（折合 5.3kgce/m^2）。该农户取暖系统的供水、回水和室内空气温度数据分布如图 7-19 所示，从中可以看出，在取暖期间设备供水平均温度为 45.1℃、回水平均温度为 39.3℃、室内空气平均温度为 16.9℃。

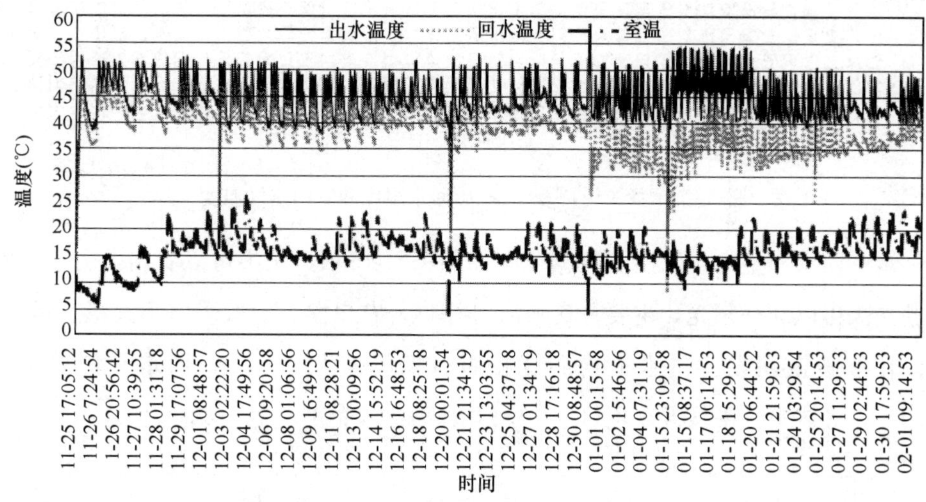

图 7-19 普通农户全冬季供/回水温度和室内空气温度情况

典型户 2：该餐馆用户属于家庭式经营性餐馆，建筑取暖面积约 130m^2，取暖设备于 2019 年 10 月 27 日安装完毕，2019 年 11 月 4 日 18：30 分起截至 2020 年 2 月 2 日期间累积运行 79 天，前期燃用玉米秸秆颗粒，11 月中旬起燃用花生壳颗粒燃料，总消耗量 1737kg，单位面积平均 13.4kg/m^2（折合 6.5kgce/m^2）。该餐馆用户取暖系统的供水、回水和室内空气温度数据分布如图 7-20 所示，从中可以看出，在取暖期间设备供水平均温度为 43.1℃、回水平均温度为 34.3℃、室内空气平均温度为 14.9℃。

典型户 3：该用户大棚取暖面积 500m^2，主要种植灵芝、蘑菇等食用菌，采用 46kW 智能型生物质锅炉为农业大棚增温，2019 年 12 月 9 日安装完毕并保持连续运行，截至 2020 年 2 月 3 日，累积运行 56 天，燃用花生壳颗粒燃料，总消耗量 5366kg，单位面积平均 10.7kg/m^2（折合 5.2kgce/m^2）。该温室大棚用户取暖系统

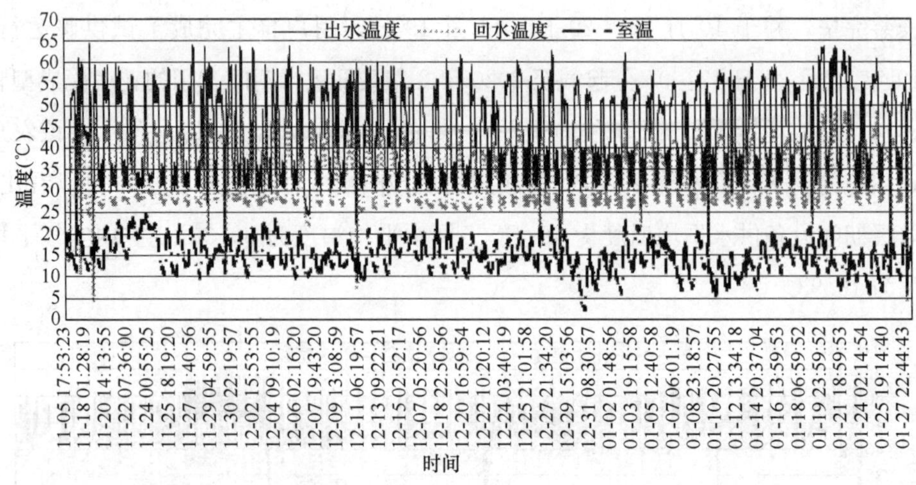

图 7-20 餐馆用户全冬季供/回水温度和室内空气温度

的供水、回水和室内空气温度数据分布如图 7-21 所示，从中可以看出，由于温室大棚白天可以获得阳光，主要是夜晚需要补热，农户白天一般采用小火状态运行，所以在取暖期间设备供水平均温度相对较低，仅为 27.5℃，回水平均温度为 19.9℃，棚内空气平均温度仍可达 15.2℃，满足菌类正常生长要求。

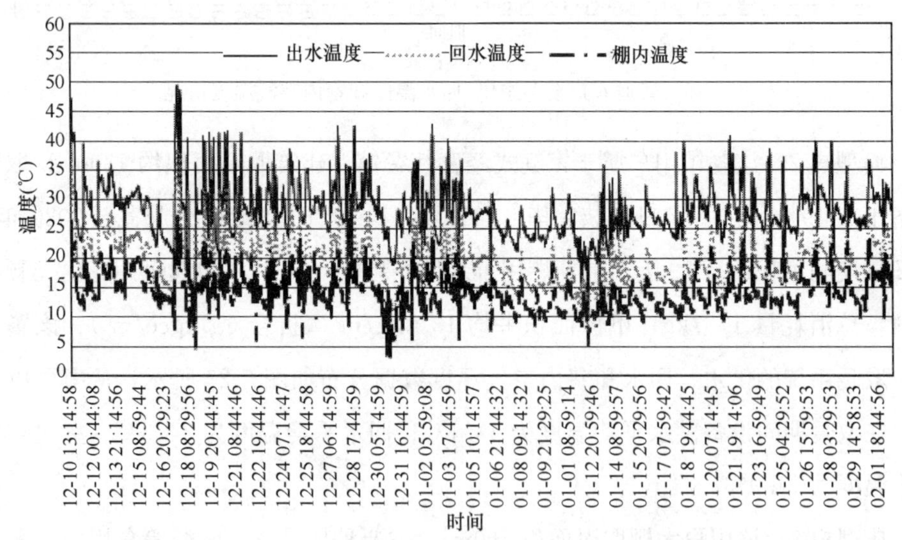

图 7-21 温室大棚用户全冬季供/回水温度和棚内空气温情况

从试点的 15 户用户中选取对智能型生物质颗粒燃料取暖炉使用时间相对较长的 10 户普通农村住宅取暖用户，对 2019～2020 取暖季的运行数据进行了分析，汇总结果如表 7-7 所示。

河北饶阳县典型生物质清洁取暖农户试点情况汇总 **表 7-7**

用户	取暖面积 (m^2)	运行天数 (天)	启炉时间	停炉时间	室内平均温度 (℃)	燃料用量 (kg)	燃料花费 (元)
1	120	62	12 月 3 日	在用	13.4	1553	932
2	130	79	11 月 4 日	在用	14.9	1737	1042
3	200	44	12 月 5 日	1 月 17 日	13.8	1044	626
4	80	68	11 月 25 日	在用	16.9	872	523
5	80	50	12 月 15 日	2 月 3 日	10.7	300	180
6	80	46	12 月 15 日	1 月 3 日	13.6	438	263
7	80	50	12 月 15 日	2 月 3 日	11.2	437	262
8	60	41	12 月 15 日	1 月 25 日	14.0	354	212
9	60	32	12 月 15 日	1 月 16 日	13.5	293	176
10	60	37	12 月 15 日	1 月 21 日	11.6	377	226

表 7-7 中各农户的燃料消耗量通过两方面进行核算和验证：一方面是通过智能型生物质颗粒取暖炉自带的远程数据传输功能，根据炉具运行时间和运行状态统计得到燃料消耗量；另一方面是取暖季结束后到农户家清点燃料使用袋数，计算消耗量。两种方式所得到的数据高度吻合，每户误差都在 3%以内。在进行清洁取暖改造之前，该地区农户的生活习惯也并不是全冬季的连续取暖，而只是在最冷季节采用烧煤或其他方式进行短时间取暖，所以改造成新型生物质取暖方式后，大部分农户也基本延续了原来的间歇性取暖模式，在 1 月底基本上就会主动关停取暖设备，整个冬季的取暖天数并不多，室内平均温度都保证在 11℃以上即可以满足农户的基本热舒适性要求。即使目前还在运行的少量面积较大的农户按照 120 天（取暖期计算天数）全取暖的模式运行计算，每户燃料总消耗量也不超过 2.5t，费用不超过 1500 元/户，折合花费 8～12 元/m^2，而且上述典型农户的房屋均无保温，如果进行一定程度的保温节能改造的话，则用户燃料使用量和运行花费可进一步降低。

近几年，项目组还分别在山东、山西、河北、河南、北京、黑龙江等多地开展了生物质清洁取暖试点，如图 7-22 所示，取得了良好的示范效果。

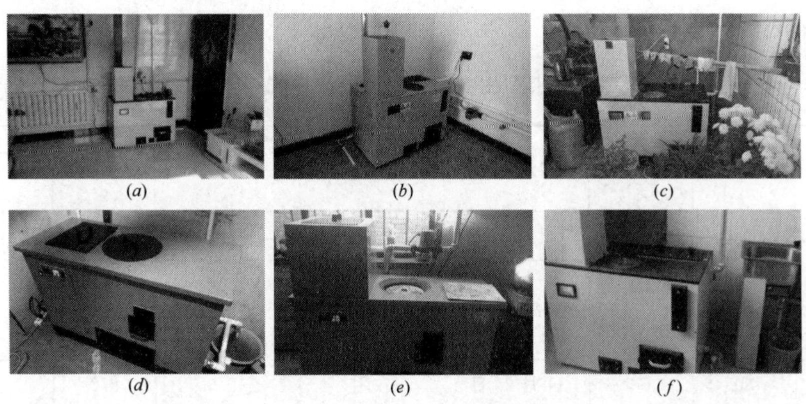

图 7-22　不同省份智能型生物质颗粒燃料取暖炉用户现场照片
(*a*) 山东用户；(*b*) 山西用户；(*c*) 河北用户；(*d*) 河南用户；(*e*) 北京用户；(*f*) 黑龙江用户

7.4.4　项目总结

生物质在取暖效果和经济性方面具有良好优势，农户使用智能型生物质颗粒燃料取暖炉的热效率可达80%以上（相较于普通煤炉40%～50%的热效率提升1倍左右，能够在使用低热值的秸秆燃料的情况下输出与煤相当的热量），每户年消耗玉米秸秆、小麦秸秆、树枝等农业废弃物加工的颗粒燃料2～3t，实现了农林废弃物的高效利用和农户的减支增收。未来根据当地情况逐步深入推广生物质清洁取暖工程，因地制宜实现能源供给保障及利用本土化，保障农村清洁高效取暖工程健康可持续发展同时，塑造具有本土特色的“人与自然和谐共生”的绿色循环经济生态圈。通过生物质颗粒燃料的本地化收集和生产，原料可以为农户带来100～200元/t的额外收益，缓解农作物秸秆无组织露天焚烧压力的同时，减少颗粒物、二氧化硫、氮氧化物等污染物排放，产生显著的经济、社会和环保效益。

7.5　河北安平县生物质“气-电-热-肥”联产近零碳利用模式

7.5.1　项目概况

1. 项目背景

河北省安平县总面积505km^2，人口33万，耕地面积47万亩，是一个农业大县和生猪养殖大县，2018 年出栏生猪 82 万头，也是农业废弃物产生大县，年产秸秆总量 15 万 t、畜禽粪污 102 万 t，既造成了环境污染问题，也成为农业产业发展的障碍。安平县先后被确定为国家畜禽粪污资源化利用试点县、国家农作物秸秆资源化利用试点县。该项目从环境保护和农业可持续发展出发，探索农业废弃物资源化利用及绿色低碳发展之路，项目实施单位河北京安生物能源科技股份有限公司（以下简称京安公司）先后被确定为国家农业废弃物循环利用创新联盟常务理事单位、国家畜禽养殖废弃物资源化利用科技创新联盟副理事长单位，也是河北省沼气循环生态农业工程技术中心发起单位。

2. 项目基本情况介绍

京安公司承担安平县农村沼气资源开发利用项目，投资 1.89 亿元，于 2019 年投产，项目建设厌氧发酵罐 6 座，共 30000m^3，通过利用畜禽粪污和秸秆进行混合厌氧发酵，生产沼气提纯成生物天然气，实现了秸秆和畜禽粪便综合治理利用。该项目配套建设青储池 50000m^3，年可消纳玉米秸秆 7 万 t，可处理畜禽粪污 10 万 t，年可生产沼气 1152 万 m^3，提纯生物天然气 636 万 m^3，铺设中低压输气管网 182km，可供周边 8595 户居民取暖和炊事用，并可覆盖供气范围内所有工商业用户。通过秸秆沼气提纯生物天然气项目、沼渣沼液生产有机肥项目、生物质热电联产项目，可基本实现全县畜禽粪污资源化利用整县推进和农作物秸秆全量化利用。按照“废弃物＋清洁能源＋有机肥料”三位一体的技术路线，将养殖、沼气、沼渣、沼液和种植技术进行优化结合，做到资源多级利用，物质良性循环，形成了完整的“气、电、热、肥”联产的技术路径。沼气综合利用项目实景见图 7-23，养农有机肥厂见图 7-24。

图 7-23 沼气综合利用项目

图 7-24 养农有机肥厂

7.5.2 项目实施方案

2017年得到安平县政府许可，京安公司投资6500万元建设供气管网，供应安平镇、两洼乡共23个村，8595户居民的炊事、取暖用气，以及为所属范围内工商业用户、教育园区供应生物天然气。供应生物天然气价格：居民气价为2.5元/m^3，非居民气价夏季2.95元/m^3、冬季3.5元/m^3。提纯后的生物天然气通过CNG加气站供应车用，年供气量约5000万m^3，实现销售收入1.5亿元，净利润1000万元。项目于2018年10月取得了河北省住房和城乡建设厅颁发的《燃气经营许可证》，所生产的沼气经提纯变成生物天然气后注入当地燃气微管网，为安平县兴宅社区居民全部供应生物天然气，清洁取暖、清洁供热等生物用能，打造近零碳社区。工艺流程如图7-25所示，“气、电、热、肥”及“种、养、肉、能、费”循环发展模式关系如图7-26所示。

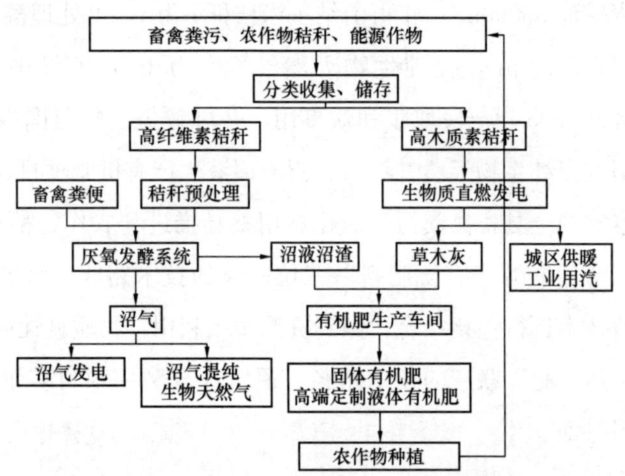

图7-25 安平“京安模式”工艺流程图

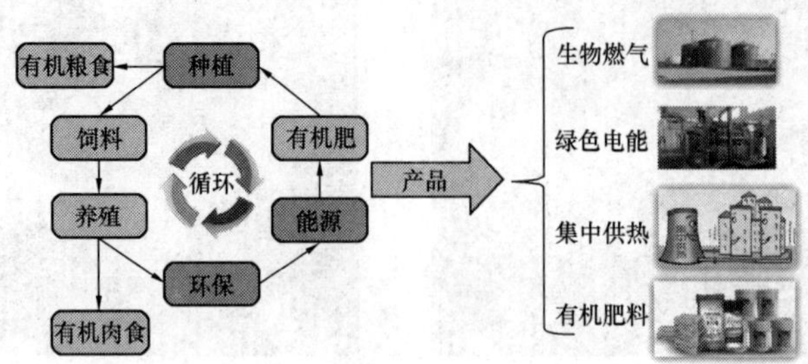

图7-26 “气、电、热、肥”及“种、养、肉、能、费”循环发展模式

7.5.3 项目运行效果

项目提纯生物天然气价格平均 3.1 元/m^3，有机肥销售价格固体有机肥 700～1500 元/t，液体有机肥 1200～3500 元/t，生沼液 50 元/t，熟沼液 130 元/t，碳减排交易收益 500 万元/年，项目可实现年产值约 1.5 亿元，新增就业岗位 100 个。该项目不仅有经济效益，更具有良好的社会效益和环境效益。

7.5.4 项目总结

项目实施后，区域环境得到了明显改善，对当地水源保护，改善农业生产环境和局部生活环境也都具有显著作用。通过将畜禽粪污和秸秆等农林废弃物转变为绿色电能、生物天然气，沼渣、沼液等副产品制作成为生物有机肥供应有机农业，处理畜禽粪污约 85 万 t/年，消纳秸秆约 7 万 t/年，减少二氧化碳排放约 10.8 万 t/年（已经 CCER 认证备案），减少 COD 排放 8.48 万 t/年，减少氨氮排放 0.53 万 t/年，节约标准煤约 5000t/年。项目区居民社区可全部实现清洁取暖，打造一体化环保生态供能体系。

7.6 倒倾角反射镜太阳能集热器供暖项目

7.6.1 项目概况

太阳能集热器作为一种直接从太阳光中获取能量的供暖装置，在农村生活热水方面已经取得了很大成功。但户用太阳能取暖，由于太阳能资源的不稳定及季节性变化，在没有大容量储热设备条件下，往往出现以下问题：（1）夏季无取暖需求时，太阳能资源过剩，集热器闷晒导致过热；（2）冬季太阳光照时间短，集热能力有限，无法完全满足用户取暖需求。为了解决以上问题，采用一种前倾式真空管集热器与平面反射镜相结合的技术方案（详见本书 6.2.9 节），在一定程度上解决了夏季过热和冬季供热不足的问题，从而使集热器季节性出力与用户侧取暖需求更为匹配，并在北京市昌平区进行了现场示范。

7.6.2 项目实施方案

该案例是位于北京市昌平区永安路的独栋农宅（北纬40°，东经116°）。项目建筑为一层平房，共有三间卧室，总取暖面积为87.6m^2，常住人口10人。住宅平面布局如图7-27（*b*）所示，住宅外墙为370mm砖墙，北侧房间3与相邻无取暖建筑连接，东外墙有50mm厚聚氨酯保温，其余外墙无保温，住宅外窗与外门均为普通双层玻璃铝合金框结构。带倒倾角的镜面反射器集热系统安装在二层天台上，见图7-27（*a*），该独立太阳能系统为一层住宅提供取暖和生活热水，系统包含集热器、水箱、循环水泵以及水暖管件等在内总初投资为1.5万元。

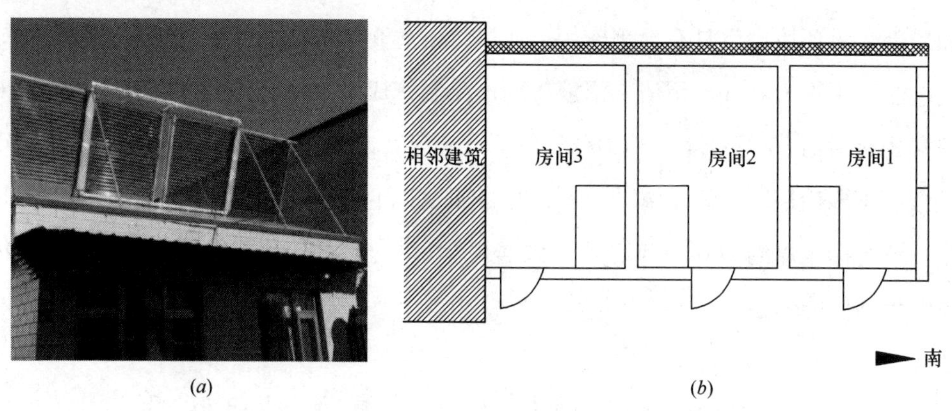

图7-27 倒倾角镜面反射器太阳能集热系统概况

（*a*）项目现场照片；（*b*）一层平面布局

该系统集热装置由锐倾角安装的镜面反射器和钝倾角安装的全真空玻璃管集热器阵列组成，如图7-28所示。楼上集热环路主要由两个集热阵列并联后与水箱形成开式循环，其中单个集热器方阵的集热部件由两块含25根横向排列的全真空玻璃管（内径47mm、外径58mm、管长1800mm）组成，两块集热器在中间联箱处并联组成一个方阵。与之相对应的不锈钢镜面反射板安装在集热器的底部，镜面与集热器呈90°夹角安装。

该项目集热装置总轮廓采光面积为13.88m^2，反射镜面积为15m^2，正南朝向安装。集热器收集的热量通过总进出水管与1.5t的水箱进行直接换热加热水箱内的水，水箱内热水通过取暖循环管道进入楼下，经过一个3kW的管道电加热设备

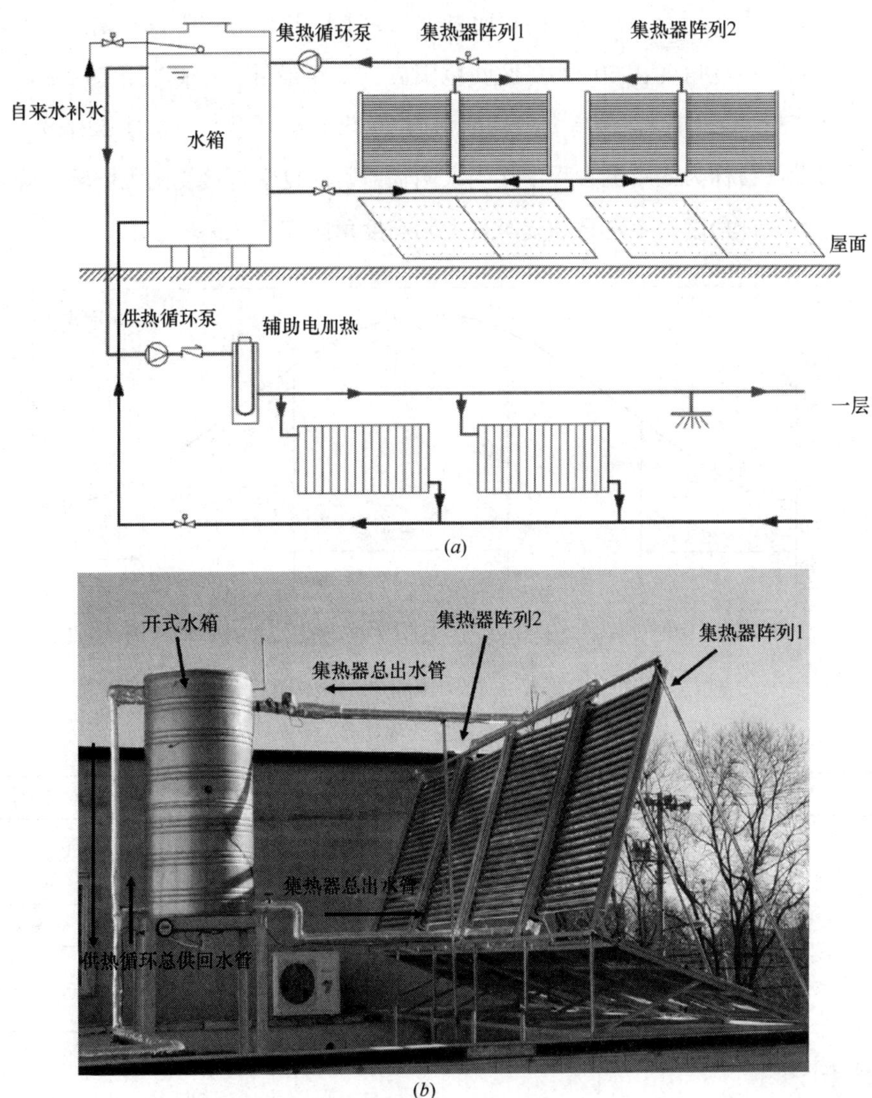

图 7-28 项目太阳能取暖系统

（a）系统原理图；（b）楼顶太阳能集热系统

后通过散热器末端向各房间供暖。该集热系统主要部件的详细信息见表 7-8。

1. 倒倾角反射镜太阳能集热器设计原理

为达到运行效率随季节变化的效果，集热器与反射镜的安装倾角与当地纬度及冬夏至太阳高度角有关。以该项目为例，北京逐日真太阳正午时的太阳高度角如图 7-29 所示，可以看出在取暖季（11 月 15 日至次年 3 月 15 日）太阳高度角偏低，每日太阳最高点在25°～47°区间内；而夏季（6月1日至8月31日）太阳高度角偏高，每日太阳最高角度在60°～70°区间范围内。全年最低太阳高度角为25°，出现在冬至日（12月22日），最高太阳高度角为70°出现在夏至日（6月22日）。该集热装置的设计目标为冬季最大程度接受太阳辐射，而夏季将接受的太阳辐射降至最低，因此其设计角度由冬至日和夏至日太阳高度角决定。

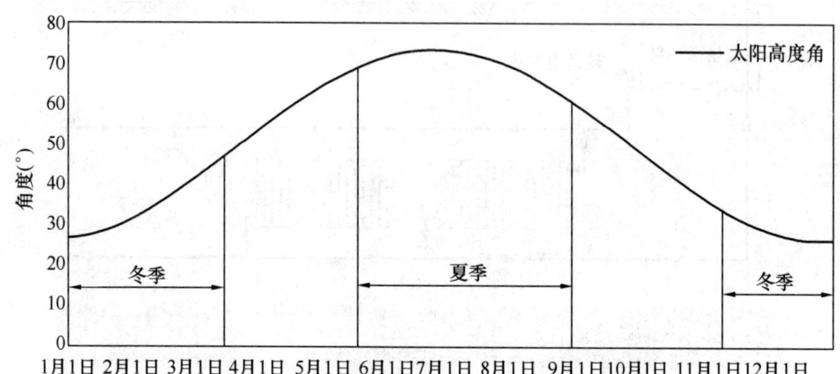

图7-29 北京逐日真太阳正午时太阳高度角

太阳能系统主要部件参数 **表7-8**

系统组成部件参数类型			单位	数值
单集热器阵列	全玻璃真空管	内玻璃管外径	mm	47
		外玻璃管外径	mm	58
		管长	mm	1800
		管间距	mm	75
		根数	根	50
		安装倾角	°	110
	反射镜	宽	mm	2000
		长	mm	3750
		安装倾角	°	30
	采光面积		m^2	5.22
	轮廓采光面积		m^2	6.69
	反射镜面积		m^2	7.5
系统总集热设备（2个阵列）	总采光面积		m^2	10.44
	总轮廓采光面积		m^2	13.38
	总反射镜面积		m^2	15
水箱		体积	m^3	1.5
管道电加热		功率	kW	3.0

如图 7-30（*a*）所示，该项目真空管集热器的安装倾角设计为钝角 110°，镜面安装倾角为 30°，两个平面相互垂直。其夏至日运行效果如图 7-30（*b*）所示，在真太阳时正午时，太阳直射入射到真空管的辐射完全被上方管道遮挡，而入射到镜面反射器上的太阳辐射则全部反射回天空，从而保证了夏至日当天集热器接受太阳辐射最小；如图 7-30（*c*）所示，在冬至日当天，真太阳时正午时太阳直射方向与集热装置总法向重合，保证了该天最大限度接受太阳辐射。这种钝角式集热器安装于镜面反射结合在一起，形成了一种系统热输出量和当地季节环境温度呈反向变化的独特年度走势。天气越冷的季节得热量越大，天气越热的季节输出热量越小，从而

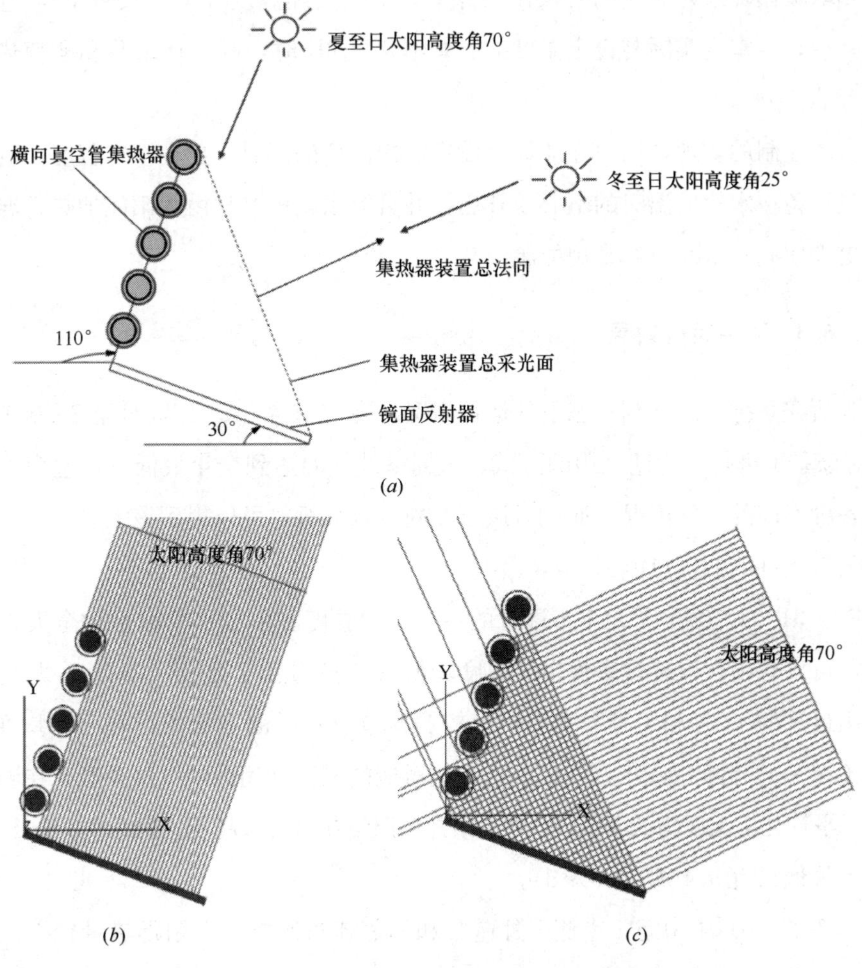

图 7-30 集热器安装倾角设计原理示意图

（*a*）集热器装置安装角度设计原理图；（*b*）夏至日正午时；（*c*）冬至日正午时

使该设备避免了夏季由于过热爆管的风险，而在冬季其镜面聚光作用弥补了太阳辐射的不足，与普通集热器相比，增大了吸热面上的能量密度，从而保证了在严寒气候下太阳能供热的可靠性。

2. 系统一键式控制

为了方便用户操作，该系统电辅热设备和取暖循环泵的控制进行简化并集成在了系统内部，用户只需简单设置室内温度，系统则会根据室内设定温度 T_{set}、监测采集的室内实际温度 T_a 以及水箱监测采集的实际温度 T_{tank} 对循环水泵和电辅热设备实现自动控制，其运行逻辑如下：当室内实际温度 T_a 比设定温度 T_{set} 低2K及以上，则取暖循环泵开启，同时在该条件下，水箱实际温度 $T_{tank} \leqslant 40℃$ 时，电辅热设备开启；当室内实际与设定温度的温差不超过2K时，则循环水泵和电辅热设备均不开启。

自动控制的实现，用户在能灵活设定室内温度的同时，也在一定程度上避免了电辅热设备在水箱低温时的不必要开启，并且为水箱第二日由太阳能加热升温蓄热留下更大空间，从而节约常规能源消耗。

7.6.3　项目运行效果

为研究系统在最不利状态下的运行情况，在2019年12月29日至2020年1月4日对该系统进行了为期一周的测试。该周室外气温达到全年最低，且包含了阴晴天等各种不同的天气情况。通过对该寒冷周进行分析，可以得到该系统在全年最严苛的天气条件下的供热能力。

图7-31（*a*）给出了北京市逐月的室外平均温度和单位水平面平均全天累计辐照量，可以看出在取暖季室外空气温度较低（月平均温度为−4～8℃），尤其在日地距离最远的12月和1月，太阳辐射较弱，单位水平面全天累计辐照平均在7～8MJ/(m^2·d）区间内。图7-31（*b*）为与对应的测试期间内的气象参数，在测试期间内，平均环境温度均低于0℃，水平累计辐照量在晴天最高能达到11MJ/(m^2·d)，在阴天最低只有5.4MJ/(m^2·d)。

图7-27（*b*）中房间1南侧受外遮阳和相邻建筑遮挡，太阳得热量较少，且与其他两个房间相比共有两面外墙，因此可认为该房间为取暖最不利房间。图7-32是该系统运行实测一周期间房间1的室内逐时温度，可以看出，该房间室温大部分

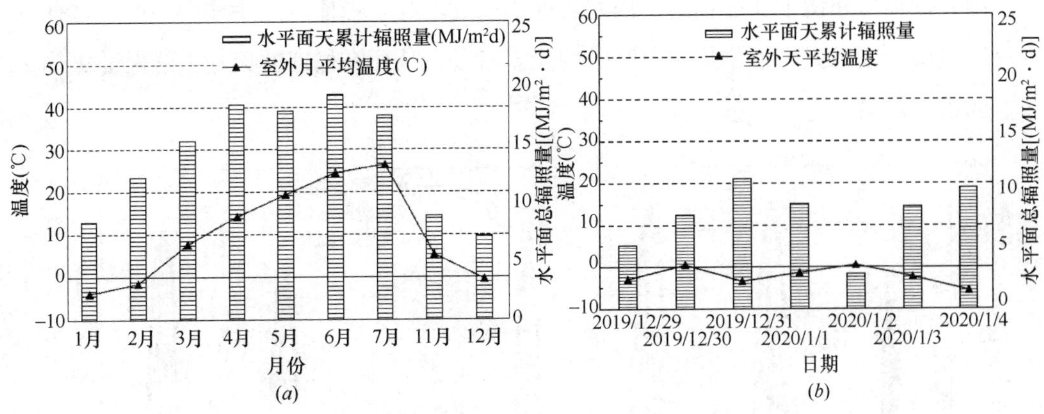

图 7-31　全年及测试周室外气象参数对比

(*a*) 全年室外气象；(*b*) 测试期间室外气象

时间在 10～15℃区间内波动，满足农宅在寒冷冬季的取暖需求。在白天有太阳辐照时，室内温度较高，而在夜间，通过水箱内余热和电辅热设备共同供暖，室内温度可达 10℃以上。

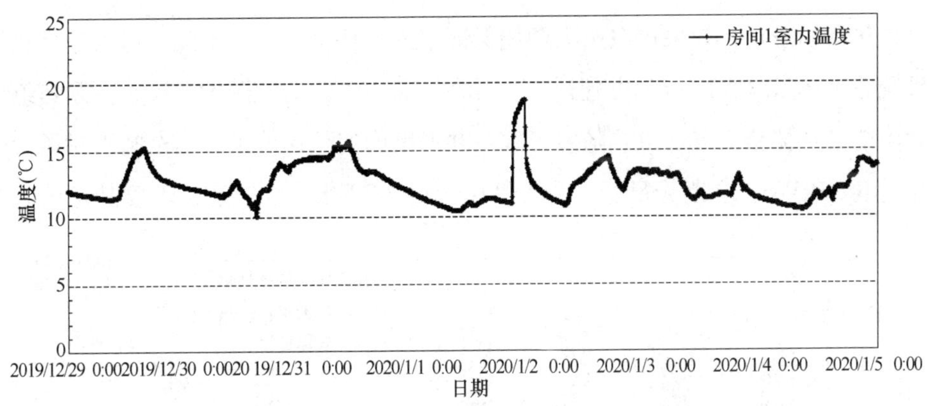

图 7-32　房间 1 的逐时室内温度

在测试期间，分别在屋顶水平面（0°倾角）、反射镜斜面（30°倾角）以及集热器的钝角采光平面（110°倾角）固定安装了 TBQ−2 太阳辐射全表，测试结果如图 7-33 所示，由图可知，水平面和 30°倾角斜面上接受的总太阳辐射照度区别不大。在 12 月 31 日至 1 月 1 日的全晴天情况下，30°斜面峰值时期接受辐射可达 660W/m^2。而对于安装在集热器采光面（110°）上的太阳辐射来说，由于其同时接受了太阳直接辐射和镜子反射辐射，因此表面辐照度增高，峰值可达 1080W/m^2。这种反射镜聚光效果提高了集热器可吸收的能流密度，从而在极寒的天气下能保证集热器的供暖效果。

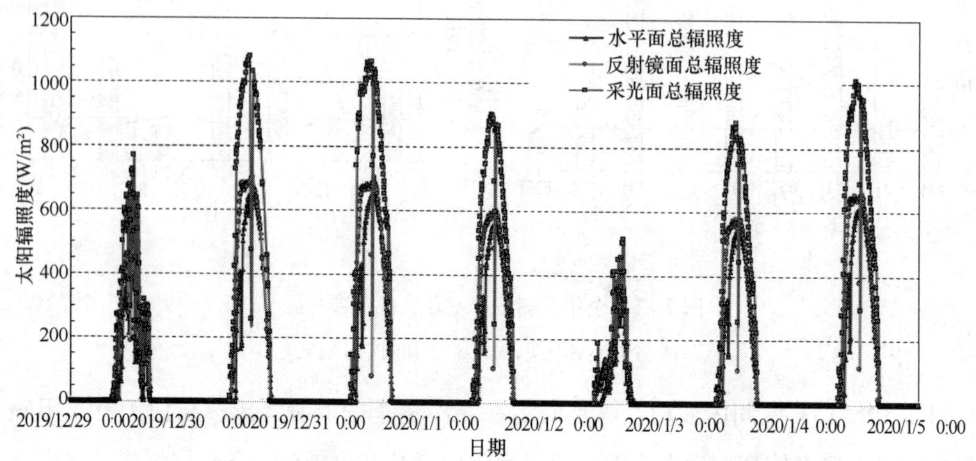

图 7-33 逐时水平面（0°）、反射镜斜面（30°）以及集热器采光平面（110°）方向总太阳辐射照度值

集热器的总运行效果可以由太阳能保证率进行评价，即太阳能运行累计供热量占系统总供热量（太阳能＋电辅热）的比率。图 7-34 给出了由两个集热方阵组成的太阳能集热器全天累计供热随室外辐照和温度的变化。可以看出全晴天时最大供热量达 56.5kWh；在阴天最低，全天供热量约 22kWh。由于系统需要满足该农宅

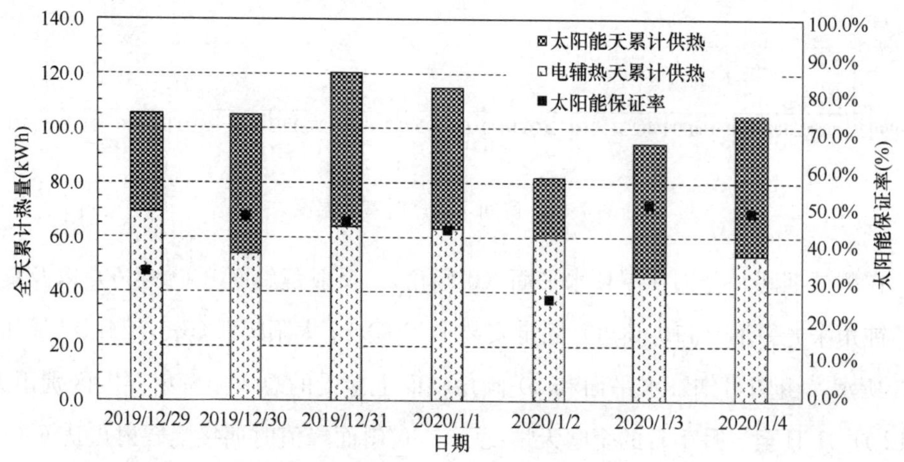

图 7-34 系统天累计供热量及太阳能不保证率

24h 的供热需求，太阳供热不足部分由电辅热设备进行补充。分析此取暖季最冷一周的测试可知，太阳保证率在 26.7%～51.5%波动，周平均保证率为 43.1%。

7.6.4 项目总结

该系统的集热装置通过真空管集热器与镜面反射器按冬至日、夏至日太阳方位进行合理设计，使得太阳能集热器在不需要根据季节调整的情况下更好地匹配了分散式用户全年的生活热水和冬季取暖需求。从设计层面上，通过倒倾角式真空管集热器与镜面反射器相耦合的方式，弥补了传统太阳能在冬季能源不足、夏季能源过热的难题，通过镜面聚光作用在严寒冬季也保证提供高品质热水的能力。该系统与常规太阳能系统相比具有以下优势：

（1）初投资低，该系统覆盖房间取暖面积 87.6m^2，初投约为 1.5 万元。

（2）增加反射面，有利于加强集热器冬季集热能力。

（3）真空管集热器的倒倾角式设计，在防止夏季过热及应对暴雪和冰雹等灾害情况下有较好的防护作用。

（4）一键式系统设计，简化了控制系统，便于农户操作。

为进一步检验该系统实际运行效果，对系统在全年最冷时间段，即 12 月底至 1 月初进行为期一周的连续监测，分析发现该系统在室外温度较低（天平均温度 −5～8℃）且太阳辐照较低［单位水平面全天累计辐照 5.4～11MJ/（m^2・d)］的情况下，最不利房间温度在 10～15℃之间，基本满足农宅室内温度需求。系统周平均太阳能保证率达 43%，该供暖系统具有在冬季严寒气候区适用性强的特点。